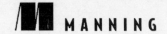

扩展 jQuery

Extending jQuery

〔美〕Keith Wood 著

李强 译

人民邮电出版社

北京

图书在版编目（CIP）数据

扩展jQuery ／（美）伍德（Wood，K.）著；李强译
. -- 北京：人民邮电出版社，2014.9
ISBN 978-7-115-36354-1

Ⅰ. ①扩… Ⅱ. ①伍… ②李… Ⅲ. ①JAVA语言—程
序设计 Ⅳ. ①TP312

中国版本图书馆CIP数据核字（2014）第160469号

版 权 声 明

- ♦ 著   [美] Keith Wood
- 译   李 强
- 责任编辑   傅道坤
- 责任印制   彭志环 焦志炜
- ♦ 人民邮电出版社出版发行   北京市丰台区成寿寺路 11 号
- 邮编 100164   电子邮件 315@ptpress.com.cn
- 网址 http://www.ptpress.com.cn
- 北京鑫正大印刷有限公司印刷
- ♦ 开本：800×1000 1/16
- 印张：18
- 字数：410 千字   2014 年 9 月第 1 版
- 印数：1 – 3 000 册   2014 年 9 月北京第 1 次印刷
- 著作权合同登记号   图字：01-2013-7460 号

定价：55.00 元
读者服务热线：**(010)81055410** 印装质量热线：**(010)81055316**
反盗版热线：**(010)81055315**

内容提要

jQuery 是当今应用最为广泛的一个 JavaScript 框架。它简化了 HTML 文件的遍历、事件处理、动画、Ajax 互动等操作，从而使开发人员可以更加容易、便捷地开发出强大的静态和动态网页。

本书分为 4 部分，共 14 章，讲解了为 jQuery 库创建自定义扩展的方法，从最大可重用性的角度来设计和编写插件的方法，以及为 jQuery UI 编写小部件和特效的方法。此外，本书还讲解了另外一些关键主题，如 Ajax、事件处理、动画和 Validation 插件等的扩展。

本书适合具有一定 jQuery 和 JavaScript 知识的前端开发人员阅读。

序

自从 2006 年 jQuery 首次亮相以来，它已发展成管理和增强 HTML 文档的最流行的 JavaScript 库。jQuery 的跨浏览器设计允许开发者专注于网站建设，而不必纠结于浏览器特性。到 2013 年，排名前 100 万（访问量）的网站中，超过一半使用了 jQuery。同样，构建在 jQuery 上的 jQuery UI 库也是最受欢迎的 UI 小部件。

它之所以如此流行，一个原因是 jQuery 团队不断添加功能，所以几乎开发者遇到的任何问题都可以用 jQuery 方法来解决。然而，每一个添加到 jQuery 核心代码中的功能，都意味着无论网站有没有用到这个功能，访问者都需要下载更多的 JavaScript 字节。这样一个庞大的整体库为开发带来了方便，但是却降低了性能，因而并不是一个好的权衡。

为了应对代码膨胀的危害，jQuery 只是把最为常用的功能包括在库中，并提供一个可供开发者扩展的基础。经过多年的发展，jQuery 插件已经形成了一个令人难以置信的生态系统。它的驱动力来自于每个开发者解决特定问题的需求，以及他们在广泛的 jQuery 社区中慷慨分享的代码。jQuery 的成功很大程度上归功于这种精神，以及团队通过类似于 plugins.jquery.com 这样的网站对这种精神的促进。

Keith Wood 很适合通过本书作为读者的向导。他是 jQuery 论坛的常客，并在很多年里都是最佳贡献者，为解决开发者遇到的实际问题提供了许多高质量的回答。他也通过开发许多流行的 jQuery 插件获得了自己的威望。Keith 有着对 jQuery 扩展的专业理解和作为导师的直觉，他知道哪些 jQuery 话题需要深入的解释，而不是泛泛而谈即可。

本书深入研究了 jQuery 功能扩展的几乎每一个方面——无论是基于个人需求还是出于职业目的。最为常见的扩展类型是扩展 jQuery Core 方法的基础 jQuery 插件，但是本书用同样的篇幅介绍了基于 jQuery UI 小部件的插件，它们通常为可视化的扩展提供更好的基础。关于 jQuery UI 小部件的详细文档非常稀缺，因而这些章节就显得尤为珍贵。

我特别高兴的是，Keith 在单元测试的话题上投入了一些时间。有一套全面的单元测试似乎是不必要的额外工作，但是几个月后，一个插件的一个正常变化会导致整个网络团队在线上进行数小时的调试，同时涌入大量用户投诉，读者才会发现单元测试的价值。单元测试并不能找出所有错误，但是它们扮演完整检查的角色，防止一些不耐烦的开发者在做手动回归测试时，所造成的一些遗漏。

无论读者学习 jQuery 扩展的动机是什么，请考虑为开源社区贡献一份力量，让其他人也能从中受益。这契合了 jQuery 的哲学。与其他人分享自己的知识不仅能帮助他人，同时也能提升自己的专业认可度。

Dave Methvin
JQuery 基金会总裁

译者序

　　jQuery 是如今 Web 上使用最为广泛的 JavaScript 库，全世界一半以上的网站都在使用它。它提供了跨浏览器的支持，可以让开发者不必纠结于特定浏览器的细节差异。jQuery 的语法简洁，其独特的选择器、链式调用、事件机制、对 Ajax 的支持都可以让开发者用很少的代码实现自己的需求。最重要的是，它本身还提供了强大的扩展点，从而使得它有了无限的扩展可能性。简言之，只有想不到，没有做不到。

　　本书适用于有一定 jQuery 使用基础，并想进一步在 jQuery 上开发自己的扩展功能的读者。如果读者没有 jQuery 基础，也没有关系，可以边读边学，但是至少需要熟悉 JavaScript 语言。如果读者连 JavaScript 语言都不熟悉，建议先读一本 JavaScript 的入门书籍，再来阅读本书。

　　本书着重介绍 jQuery 的扩展点，几乎覆盖了每一个方面，主要分为 4 大部分。

　　第 1 部分介绍了简单的扩展，包括简单的插件、选择器和过滤器的扩展。

　　第 2 部分介绍了插件和函数，包括插件的基本开发原则、集合插件、函数插件，以及如何为插件进行测试、打包和书写文档。

　　第 3 部分介绍了扩展 jQuery UI，包括 jQuery UI 小部件框架、鼠标交互，以及特效。

　　第 4 部分介绍了 jQuery 的其他扩展，包括复杂属性的动画、Ajax 的扩展、事件的扩展，以及验证规则的扩展。

　　本书的作者 Keith Wood 是一位在 jQuery 社区中极有声望的开发者，jQuery 中的 Datepicker 插件就是他的作品。他在本书中深入地介绍了每一个扩展点，并且给出了详细的示例。非常感谢他为读者带来了这样一本好书，也非常感谢他能在我翻译本书的过程中抽出宝贵时间为我解释一些疑惑和难点。

　　我要感谢我的妻子。翻译本书时，我花费了大量的时间，因而没能好好陪她。特别要感谢我的搭档朱悦倩，她校对了全书的初稿，修正了许多错误，并提出了宝贵的修改意见。正是她细腻的性格、对语言的独特感悟以及认真负责的态度，使得本书的质量大幅提高。尽管我们在翻译的过程中谨小慎微，但仍然难免会有一些疏漏。如果读者发现了任何错误或不足，请不吝指教。

李强

2014 年 7 月于杭州

关于译者

　　李强，架构师，现就职于道富银行技术中心，从事金融软件架构设计工作，参与开发了多个大型金融项目。他还是《HTML5+JavaScript 动画基础》一书的译者。读者可以通过 sparkli@hotmail.com 与他联系。

关于作者

  Keith Wood 有 30 多年的开发经验，他从 2007 年初开始对 jQuery 作出贡献。他已经写了 20 多个插件，包括最初的 Dorld Calendar 和 Datepicker、Countdown 和 SVG，并且把它们发布到 gjQuery 社区。他也经常在 jQuery 论坛上回答问题，并且成为 2012 年前五名的贡献者。

  在日常工作中，他是一个网站开发者，使用 Java/J2EE 开发后端，以及使用 jQuery 开发前端。他生活在澳大利悉尼，与他的搭档 Trecialee 一起利用业余时间写作了本书。

致谢

我首先感谢 John Resig 和 jQuery 团队为全世界的 Web 开发人员提供了这样一个有用的工具。

我还要感谢 Marc Grabanski 允许我为 Calendar/Datepicker 作出贡献，由此开启了我开发插件的生涯。

写一本书总是一个团队的努力。我要感谢 Manning 的编辑团队：Bert Bates、Frank Pohlmann 和 Cynthia Kane，技术校对团队：RensoHollhumer 和 MichielTrimpe，以及整个制作团队的支持和指导。特别感谢 Manning 的 Christina Rudloff，是他最初打算做一本 jQuery UI 书的想法促成了本书的问世。

感谢多年来联系我并为我提供意见、建议、错误，以及将我的插件进行本地化的开发者，特别是那些做出贡献的开发人员。

感谢对本书早期版本的书稿提供了意见，并由此提高了最终产品质量的审阅者：AmandeepJaswal、Anne Epstein、BradyKelly、Bruno Figueiredo、Daniele Midi、David Walker、EcilTeodoro、Geraint Williams、Giuseppe De Marco、PhD、Jorge Ezequiel Bo、Lisa Z. Morgan、Mike Ma、Pim Van Heuven 和 Stephen Rice。

特别感谢 jQuery 基金会总裁 Dave Methvin 为本书作序并称赞本书。

最后，要重点感谢我的搭档 Trecialee。读者所看到的内容很多都是她贡献给这个项目的（尽管她不懂本书的内容）。

前言

　　我在 2007 年初第一次接触 jQuery，就立即发现它的直观和简单易用。我能快速地选择元素，并显示和隐藏它们。接下来我试着使用了一些第三方插件，但是发现它们的实用性和可用性都相差很大。

　　幸运的是，我最初写的插件成为了 jQuery 社区的一个主要插件。当时我偶然间看到了 Marc Grabanski 的 Clean Calendar 插件（他已经把它转为了一个 jQuery 插件），我喜欢它提供的日期输入界面，于是就开始研究它，并添加更多功能，作为探索 jQuery 能力的一个途径。最终我把这些提供给了 Marc。从此，我们开始了接下来几年在这个插件上的合作。

　　后来，这个 Calendar 插件被重命名为 Datepicker 插件，jQuery UI 团队也选择将其作为他们的日期选择插件的基础。

　　自那时开始，我一直出于需要和兴趣开发其他一些插件。最流行的一些包括另一个允许选择日期范围或多个独立日期的 Datepicker、一个提供非公历日期的 Calendars 插件、一个显示到达给定时间所剩余时间的 Countdown 插件，以及一个允许用户和页面上 SVG 元素交互的 SVG Integration 插件。这段时间，我学习了许多关于 JavaScript 和 jQuery 的知识，以及如何为 jQuery 编写插件。

　　创建插件是重用功能的一个理想方式，能使其简单地被纳入其他网页。它还可以让开发者更彻底地测试代码，确保在所有使用环境中的行为一致性。

　　这几年间，jQuery 在功能和大小上都显著增长，但是它让开发者的工作更为简单的目的并没有改变。欣欣向荣的插件社区证明了 jQuery 团队提供这个易于扩展的平台的远见。我希望本书中提供的见解能让读者在自己的项目中最大化地使用 jQuery 的功能。

关于本书

jQuery 是 Web 上使用最广泛的 JavaScript 库。它提供了许多功能，使得 Web 开发更加容易。但是它只专注于提供广泛适用和使用的功能，并不能做开发者希望的所有事情。开发者可以为每个网页编写代码实现自己的需求，但是如果发现在多个页面间有重复代码，就是时候创建一个 jQuery 的插件了。

一个插件允许开发者把代码打包在一个可重用的模块中，它可以被很容易地应用在其他网页上。开发者可以受益于只需一份代码库，这样不仅可以降低测试和维护代价，也能使整个网站有一致的外观和行为。

设计 jQuery 的目的是适应这些插件，允许它们成为 jQuery 环境的一级成员，并可以与内置的功能一起使用。本书介绍如何使用最佳实践原理来创建一个 jQuery 插件，使其在不干扰其他插件的情况下与 jQuery 集成，并且提供了一个灵活和健壮的解决方案。

本书读者对象

这是一本关于扩展 jQuery 来创建可重用插件的书。读者可以是那些想知道 jQuery 的扩展点，在他们的项目中创建可重用模块的技术主管，也可以是那些想了解 jQuery 背后如何书写健壮代码细节的网页开发者，还可以是那些想要为 jQuery 社区创建一个最佳实践的插件的第三方插件开发者。

这里假定目标读者熟悉 jQuery。他应该可以使用 jQuery 来选择元素，然后操作这些元素来改变属性，显示或隐藏元素，或者附加事件处理器；也应该熟悉使用已有的第三方插件为自已的页面添加功能。

关于 jQuery 本身的介绍，请参考 Bear Bibeault 和 Yehuda Katz 的 *jQuery in Action，Second Edition*（Manning，2010）。

jQuery 是一个 JavaScript 库，所以开发者也应该熟悉 JavaScript 语言。大多数插件代码都是直接的 JavaScript 和一些 jQuery 调用或者集成点。代码中经常用到匿名函数、三元运算符和闭包结构。读者如果已经知道这些术语是最好不过，否则需要先温习一下 JavaScript。

为了更深入地了解 JavaScript 语言，请参考 John Resig 和 Bear Bibeault 的 *Secrets of the JavaScript Ninja*（Manning，2012）。

路线图

本书分为 4 部分。第 1 部分（第 1~3 章）包括提高 jQuery 体验的简单扩展。第 2 部分（第 4~7 章）介绍了插件和函数的最佳实现方法。第 3 部分（第 8~10 章）专注于扩展 jQuery UI 来提升页面。第 4 部分（第 11~14 章）涵盖了其余部分，包括动画、Ajax、事件处理，以及 Validation 插件，这些不是 jQuery 的一部分，但是却扮演了重要的角色。

- 第 1 章简短地介绍 jQuery 的历史，并讨论利用集成的方式可以扩展什么，从而增加它的功能。
- 第 2 章着眼于 jQuery 的组成模块，并更详细地介绍如何扩展它们，然后开发一个简单的插件来展示插件开发的基础。
- 第 3 章展示如何扩展 jQuery 的选择器，从而找到页面上的更多元素。
- 第 4 章向后退了一步，介绍开发一个健壮且有用的插件时需要应用的最佳实践原则。
- 第 5 章基于前一章介绍的原则，在一个框架上开发了一个集合插件。集合插件操作从页面上选出的一组元素。
- 第 6 章着眼于提供与特定元素无关的功能的函数插件，其中使用本地化和 Cookie 处理作为示例。
- 第 7 章讨论测试和打包插件，确保插件能正确工作，并且能很容易地被获取和使用。本章还介绍如何为插件书写文档和创建示例，这样潜在用户就可以从中获取更多信息。
- 第 8 章展示如何使用 jQuery UI 小部件框架来创建集合插件——在外观和行为上与其他 jQuery UI 组件集成。
- 第 9 章通过创建一个捕获签名的小部件，介绍如何在插件中使用 jQuery UI Mouse 模块与鼠标拖动操作进行交互。
- 第 10 章完成 jQuery UI 的介绍，包括如何创建开发者自己的视觉特效，以及如何调整动画属性的变化率。
- 第 11 章介绍如何使用非简单数值属性实现动画，其中使用背景位置作为示例。
- 第 12 章深入研究 jQuery 的 Ajax 处理能力，展示如何通过预过滤器、传输器及转换器来增强它们。

- 第 13 章讨论 jQuery 的特殊事件框架，如何使用它在 jQuery 中创建新事件，以及如何增强现有事件。
- 第 14 章展示如何扩展 Validation 插件来添加额外的验证规则，这些规则可以与内置规则一起用在单个元素上。

代码等资源下载

jQuery 和 jQuery UI 都是 MIT 许可证[①]下的开源库。它们可以分别从相应的网站直接下载：http://jquery.com/ 和 http://jqueryui.com/。

本书中所有的示例源代码都可以从 Manning 网站上的本书页面中找到：http://www.manning.com/ExtendingjQuery。

---

① Massachusetts Institute of Technology license agreement, https://github.com/jquery/jquery/blob/master/MIT-LICENSE.txt。

目录

第 1 部分

简单的扩展

jQuery 是如今网络上使用最广泛的 JavaScript 库，它提供的许多功能使前端开发人员的工作变得简单。开发者可以通过扩展 jQuery 来提供一些可重用的附加功能，使它变得更加强大。

第 1 章首先简要地介绍了 jQuery 的历史，然后讲解开发者可以在哪些方面扩展 jQuery，最后通过一些现有的 jQuery 插件来展示扩展的可能性。

第 2 章更为详细地介绍了 jQuery 的架构以及可能的扩展点。然后，为了让读者快速上手，介绍了如何开发一个可以马上使用的简单插件。

最简单的扩展就是增强 jQuery 的选择器——可以用来选择元素的一个字符串。第 3 章将会通过许多例子来介绍如何创建自己的选择器。

第 1 章　jQuery 扩展

本章涵盖以下内容：
- jQuery 的起源和目的；
- 开发者可以扩展 jQuery 的什么；
- 现有扩展的例子。

　　jQuery 是如今网络上使用最广泛的 JavaScript 库，它提供的许多功能使前端开发人员的工作变得简单，例如遍历 HTML 文件对象模型（DOM）来查找开发者想要的元素并对这些元素应用动画效果。此外，jQuery 的开发者早就意识到它不是（也不应该是）万能的，所以他们提供了一些扩展点，允许把一些额外的功能添加到 jQuery 中。这一远见为 jQuery 的流行作出了不小的贡献。

　　本书讲解了如何扩展 jQuery 的各方面来提供更易重用以及更易维护的代码。除了那些可以操作页面上元素集合的标准插件外，开发者还可以创建自定义选择器、工具函数、自定义动画、增强的 Ajax 处理器、自定义事件，以及验证规则。为了让其他人也能最大程度使用你的代码，本书也讲解了如何测试、打包，以及书写文档的内容。

1.1　jQuery 的背景

　　jQuery 的网站对 jQuery 的定义是"一个快速、小巧、功能丰富的 JavaScript 库。它有易于使用的可跨浏览器的 API，这使得像 HTML 遍历操作、事件处理、动画，以及 Ajax 这样的事情更简单"（http://jquery.com/）。

它是一个 JavaScript 的函数库，可以让开发者容易地访问、检查或更新 HTML DOM，以及在遵循 Web 2.0 范式的基础上，能提供更动态的网页和体验。它的主要特性如下。

- 类似 CSS 语法的元素选择功能，并且可以扩展。
- 元素遍历。
- 元素操作，包括移除、内容更新，以及属性修改。
- 事件处理，包括自定义事件。
- 特效与动画。
- Ajax 支持。
- 功能扩展的框架（本书的主题）。
- 各种工具函数。
- 跨浏览器支持，包括屏蔽浏览器的差异。

jQuery 是一个免费的开源库，它现在采用 MIT 许可证（http://jquery.org/license/）。之前的版本也使用过 GUN 通用公共许可协议第 2 版（GNU General Public License, Version 2）。

1.1.1　起源

jQuery 最初由 John Resig 开发，并于 2006 年 1 月在 BarCamp NYC[①]上宣布。他无意中看到 Ben Nolan 写的 Behaviour 代码，并且发现了其中的理念的潜力——使用伪 CSS 风格的选择器来绑定 JavaScript 函数和各种 DOM 元素。但是 John 并不喜欢它冗长的语法以及缺乏对多级选择器的支持[②]。他提出了新的语法，并在随后加以实现，这就是 jQuery 的基础。

程序清单 1.1 是一段 Behaviour 代码，用来把一个 click 事件附加到一个 ID 为 example 的元素内部所有的 li 元素上。click 事件的处理器移除这个被点击的元素。程序清单 1.2 是现在开发者很熟悉的相应的 jQuery 代码。

程序清单 1.1　简单的 Behaviour 代码

```
Behaviour.register({
    '#example li': function(e){
        e.onclick = function(){
            this.parentNode.removeChild(this);
        }
    }
});
```

[①] John Resig，"BarCampNYC Wrap-up"，http://ejohn.org/blog/barcampnyc-wrap-up。

[②] John Resig，"Selectors in Javascript"，http://ejohn.org/blog/selectors-in-javascript。

程序清单 1.2　对应的 jQuery 代码

```
$('#example li').bind('click', function(){
    $(this).remove();
});
```

　　为什么起 jQuery 这个名字呢？最初，这个库叫作 jSelect，以反映它选择页面上元素的能力。但是 John 在网上搜了这个名字，发现它已经被用掉了，所以改名为 jQuery[①]。

1.1.2　发展

　　自从 jQuery 公布以来，它已经发布了许多个版本，如表 1.1 所示（并没有列出所有版本）。多年来，它的功能和体积都增加了不少。

表 1.1　jQuery 的版本（没有列出全部）

版　　本	发 布 日 期	体　　积	备　　注
1.0	2006 年 8 月 26 日	44.3 KB	第一个稳定版本
1.0.4	2006 年 12 月 12 日	52.2 KB	修复 1.0 版本的缺陷
1.1	2007 年 1 月 14 日	55.6 KB	改进了选择器的性能
1.1.4	2007 年 8 月 23 日	65.6 KB	jQuery（$）可以被重命名
1.2	2007 年 9 月 10 日	77.4 KB	
1.2.6	2008 年 5 月 26 日	97.8 KB	
1.3	2009 年 1 月 13 日	114 KB	内核中引入了 Sizzle 选择器引擎、Live 事件，重新封装了事件
1.3.2	2009 年 2 月 19 日	117 KB	
1.4	2010 年 1 月 13 日	154 KB	提高性能，增强 Ajax
1.4.1	2010 年 1 月 25 日	156 KB	加入了 height()、width()和 parseJSON()
1.4.2	2010 年 2 月 13 日	160 KB	加入了 delegate()函数，提高性能
1.4.3	2010 年 10 月 14 日	176 KB	重写了 CSS 模块，支持元数据操作
1.4.4	2010 年 11 月 11 日	178 KB	
1.5	2011 年 1 月 31 日	207 KB	延迟回调管理，重写了 Ajax 模块，提高遍历性能
1.5.2	2011 年 3 月 31 日	214 KB	
1.6	2011 年 5 月 2 日	227 KB	显著地提高了 attr()、val()函数的性能，加入了 prop()函数
1.6.4	2011 年 9 月 12 日	232 KB	
1.7	2011 年 11 月 3 日	243 KB	新加入事件 API：on()和 off()，提高了事件代理的性能
1.7.2	2012 年 3 月 21 日	246 KB	
1.8.0	2012 年 8 月 9 日	253 KB	重写了 Sizzle，改造了动画处理，更加模块化
1.8.3	2012 年 11 月 13 日	261 KB	
1.9.0	2013 年 1 月 14 日	261 KB	为 2.0 版本做了一些清理
1.9.1	2013 年 2 月 4 日	262 KB	修复缺陷
2.0.0	2013 年 4 月 18 日	234 KB	不再支持 IE 6~8
1.10.0	2013 年 5 月 24 日	267 KB	与 2.x 的功能/版本同步
1.10.2	2013 年 7 月 3 日	266 KB	
2.0.3	2013 年 7 月 3 日	236 KB	

　　虽然 jQuery 库的体积已经大幅增加，但是压缩后（去除不必要的注释和空格）的代码

[①] John Resig 的评论，"BarCampNYC Wrap-up"，http://ejohn.org/blog/barcampnyc-wrap-up/。

只有它源代码的 1/3 大小（最新版本只有 91 KB）。而压缩后的版本在网络上以 gzip 格式被使用时，还能再缩小到 1/3 左右，这样下载最新版本只需要 32 KB 就可以了。通过使用一个可用的 CDN（内容分发网络），文件可能已经被缓存在客户端，这样根本都不用下载了。

使用 CDN

可以使用下面的 script 标签之一从 CDN 上下载 jQuery。开发者可能需要根据自己的需求更改一下版本号。

使用 MediaTemple 提供的 jQuery CDN

```
<script src="http://code.jquery.com/jquery-1.9.1.min.js">
</script>
```

开发者也可以引用这个站点上的 jQuery Migration 插件，它可以用来辅助开发者把老版本的 jQuery 迁移到 jQuery 1.9 或者更新的版本。

```
<script src="http://code.jquery.com/
jquery-migrate-1.1.1.min.js"></script>
```

使用谷歌（Google）的 CDN[①]

```
<script src="http://ajax.googleapis.com/ajax/libs/
jquery/1.9.1/jquery.min.js"></script>
```

所有已经发布的 jQuery 版本都可以在谷歌的 CDN 上找到，但是 jQuery 不能控制谷歌的 CDN，所以相对 jQuery 的发布时间可能会有些延迟。

使用微软（Microsoft）的 CDN[②]

```
<script src="http://ajax.aspnetcdn.com/ajax/jQuery/jquery-1.9.1.min.js"></script>
```

所有已经发布的 jQuery 版本都可以在微软的 CDN 上找到，但是 jQuery 同样不能控制微软的 CDN，所以相对 jQuery 的发布时间可能会有些延迟。

jQuery 现在包括 Sizzle 选择器引擎，它提供了在 DOM 中选择出开发者想操作元素的基本能力。Sizzle 把这些选择器代理到浏览器的底层实现，不过在需要保证跨浏览器的统一体验时，它也会使用 JavaScript。

1.1.3　现状

jQuery 已经成为互联网上最为流行的 JavaScript 库，许多机构和个人在自己的网站中已经采用了这一技术。微软已经正式地支持它并把它作为 Visual Studio 产品套件的一部分。BuiltWith 的报告显示，在排名前 1 万的网站中，有 60%使用 jQuery；排名前 100 万的网站中，有 50%使用 jQuery[③]。W3Techs 的报告显示，在所有的网站中，有 55%使用 jQuery。在那些使用了 JavaScript 库的网站中，有 90%在使用

---

① 谷歌开发者，"Google Hosted Libraries—Developer's Guide"，https://developers.google.com/speed/libraries/devguide#jquery。

② ASP.NET，"Microsoft Ajax Content Delivery Network"，http://www.asp.net/ajaxlibrary/cdn.ashx。

③ BuiltWith，"jQuery Usage Statistics"，http://trends.builtwith.com/javascript/jQuery。

jQuery[①]。

插件开发者社区欣欣向荣，他们在 jQuery 的基本精神下提供免费的代码。开发者可以在网上搜索合适的模块，或者使用最近刚刚改版的"官方"插件库（http://plugins.jquery.com）。有些插件非常好，有可靠的代码、良好的文档和示例。但也有比较糟糕的方面，难以使用，缺陷较多，还可能缺乏相关文档。当读者读过这本书，并能运用其原则，其插件应该会属于前一类。

jQuery 论坛（https://forum.jquery.com）也是很活跃的，有超过 25 万个回复和 11 万个问题。论坛里有一些专门的板块致力于使用和开发 jQuery 插件。

现在 jQuery 的开发工作由 jQuery 基金会（http://jquery.org）管理。它成立于 2009 年 9 月，管理所有的 jQuery 项目，包括 jQuery Core、jQuery UI、jQuery Mobile、Sizzle 和 QUnit。来自 jQuery 社区的捐款和捐赠为基金会提供资金支持。

1.2 扩展 jQuery

如果 jQuery 能提供很多功能，开发者为什么还要扩展它？为了保持 jQuery 的大小可控，只有那些通用的和广泛使用的功能被加入了核心代码中（尽管对于什么是有用的功能还有诸多争论）。jQuery 提供了如基本元素的访问和修改、事件处理、动画、Ajax 处理这些大多数用户都需要的功能。而其他更为特殊的功能则留给其他人去开发。

幸运的是，jQuery 团队已经意识到 jQuery 内核不是万能的，所以他们提供了许多扩展点。开发者可以在已有的 jQuery 架构和功能的基础上去扩展新的功能。

开发者不但可以扩展 jQuery 来提供额外的功能，还可以把自己的扩展打包为一个插件，以便在其他网站上得以重用。这样开发者就只需维护一份代码，任何改进都会立即应用到使用了这些插件的网站上。开发者可以在隔离的可控环境下测试自己的插件，以确保它们如期运行。

1.2.1 开发者可以扩展什么

正如 jQuery 的核心库提供了许多功能一样，开发者也可以通过多种方式来扩展 jQuery。接下来的几小节里将会介绍这些方式。

选择器与过滤器

jQuery 的选择器和过滤器允许开发者在网页上识别和收集自己希望操作的元素。尽管 jQuery 已经内置了节点名、ID 和 class 的标准选择器，但开发者还可以添加伪类（pseudo-class）选择器（扩展 CSS 定义的伪类），从而提供一致和简洁的方式来过滤前

---

① W3Techs，"Usage of JavaScript libraries for websites"，http://w3techs.com/technologies/overview/javascript_library/all。

一个选择结果。开发者也可以添加集合过滤器，它可以获取到前一个选择器得到的整个集合以及每个元素在集合中的位置。第 3 章将会介绍如何创建这些选择器。

通过创建一个自定义选择器，开发者可以把整个选择的逻辑统一在一个地方，使它更容易在其他地方被重用，也保证了在整个项目中都有一致的实现。同时，这些选择器也更容易维护。当修改缺陷或者增加功能时，修改结果马上就能应用到各实例上。

集合插件

集合插件是可以应用在选择器返回的元素集合上的函数。这种函数就是大多数人所说的 jQuery 插件，它们也是第三方插件最大的构成部分。集合插件提供的功能从简单的属性修改，到通过监听元素上的事件来改变行为，再到用一个新的实现方法替换原来的整个组件。只有想不到，没有做不到。

第 4 章将讲解一系列插件开发的原则。第 5 章将讲解作者自己所使用的插件开发框架，以及它是如何实现这些原则的。这些原则概括了开发插件的一些最佳实践，使插件在降低与其他代码耦合度的情况下，更好地与 jQuery 进行集成。

插件开发中很重要的一点就是测试它的功能，使用单元测试工具可以使开发者更加容易、一致地测试代码，以保证它们如期运行。当开发者的代码准备好发布时，它需要被打包，这样就能更加容易地被其他人获取并整合入他们的项目中。开发者还需要提供一个网页来演示插件的功能，这样目标用户就能看到它能做什么以及是怎样工作的。为了让其他人更加了解自己的插件，开发者还必须为插件的每个方面都提供文档。第 7 章将会介绍这些方面。

函数插件

函数插件是一些不直接操作元素集合的工具函数。它们在 jQuery 的框架上提供了额外的功能，而且通常使用 jQuery 原生的功能来完成它们的职责。第 6 章将会详细介绍如何添加工具函数。

这些函数插件的例子包括向控制台发送调试信息以监控代码运行，或是获取和设置页面 cookie 值。把这些功能制作成一个 jQuery 插件，可以为用户提供一个熟悉的代码调用方式，并且降低了与外部代码相互影响的可能性。之前提及的原则中，有一部分也会被应用到这类插件中，比如测试、打包、演示以及书写文档。

jQuery UI 小部件（Widget）

jQuery UI 是一个用户界面交互、特效、小部件以及主题的集合，构建在 jQuery JavaScript 库之上（http://jqueryui.com/）。它定义了一个小部件开发框架，从而允许开发者用一致的方式来创建插件，并且可以用一些现成的主题来设计界面风格。第 8 章将介绍小部件框架以及如何用它来创建自己的组件。

jQuery UI 小部件框架同样遵循第 4 章中的插件开发原则，并且以一致的方式为所有 jQuery UI 小部件提供公共功能。基于这个框架来开发插件时，开发者就自动获得了这些内置的功能，从而只需要专注于开发插件独有的功能。如果开发者把 ThemeRoller 中定义的主题应用到自己的小部件上，它将马上与其他 jQuery UI 组件融为一体。如果开发者重新应用一个主题，它们的外观都会跟着变化。

许多 jQuery UI 小部件都依赖鼠标拖动来完成它们的功能，jQuery UI 团队已经意识到这种交互方式的重要性。不用从头开始，开发者只需要使自己的小部件扩展 jQuery UI 的鼠标模块，并设置一些自定义的条件，就可以支持鼠标拖动，这样就可以专注于小部件本身功能的开发。第 9 章将介绍如何使用鼠标模块来创建依赖鼠标操作的小部件。

jQuery UI 特效

jQuery UI 也提供了一组可以应用在页面元素上的特效。开发者可以使用其中一些来隐藏或显现元素，比如 blind（隐藏）、clip（裁剪）、fold（折叠）和 slide（幻灯片）。有些可以用来吸引注意，比如 highlight（高亮）和 pulsate（跳动）。开发者也可以定义自己的特效，并且像使用内置特效一样使用它。第 10 章将介绍如何创建新的 UI 特效。

动画属性

jQuery 提供了一个动画框架，开发者可以将其应用在任何数值类型的元素属性上。它允许开发者把属性从一个值变化到另一个值，并且可以控制这个过程的持续时间和步长。但是，如果开发者想动画的属性不是一个简单的数值类型，就需要自己来实现这个功能了。比如，jQuery UI 提供了一个可以变幻颜色的动画模块。第 11 章将为复杂类型的属性创建一个动画。

Ajax 处理

jQuery 的 Ajax 功能是它的一个明显优势，它使加载和处理远程数据变得十分简单。开发者可以在 Ajax 调用时指定期望返回的数据类型：简单文本、HTML、XML、JSON。当远程调用返回结果时，后台会有一个转换过程把字节流转换为开发者期望的格式。开发者可以添加自己的转换逻辑，从而通过识别开发者指定的特殊格式直接进行转换。第 12 章将详细介绍如何扩展 Ajax 处理来直接处理一个通用文件格式。

事件处理

jQuery 的事件处理功能允许开发者在元素上附加多个事件处理器，用来响应用户交互、系统事件以及自定义触发器。jQuery 提供了几个让开发者创建自己的事件定义和触发点的钩子，使代码与现有功能一致。第 13 章将介绍如何实现一个新的事件，用来更容易地与鼠标交互。

验证规则

Jörn Zaefferer 开发的验证插件被广泛地用来在客户端验证提交到服务器之前的用户输入。尽管这个插件不属于 jQuery 内核功能，但它也提供了一些可以用来创建自定义验证规则，并将其应用在现有流程里的扩展点。第 14 章将介绍如何创建自己的验证规则以及把它们与内置的行为进行集成。

1.3   扩展的示例

网上有数以百计的 jQuery 插件可以用来提高网站的用户体验。这个数字证明了
jQuery 自身的强大和易用性，以及开发者的深谋远虑——提供了允许增强功能的扩展
点。本书不能覆盖到所有的这些插件，但是接下来几小节会用一些简单的例子来说明扩
展的可能性。

1.3.1   jQuery UI

jQuery UI（http://jqueryui.com/）项目是一组构建在 jQuery 核心库上的插件，它由
若干小部件组成，包括 Tabs（选项卡）、DatePicker（日期选择器）和 Dialog（对话框），
如图 1.1 所示，还包括一些 UI 行为，比如 Draggable（拖）和 Droppable（放）。此外，
它还提供了一些动画效果用来显现和隐藏元素，或者把开发者的注意力吸引到元素上。

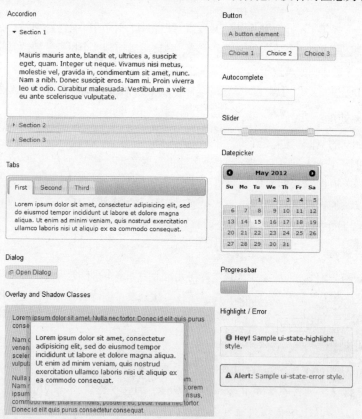

图 1.1   jQuery UI 小部件和样式的例子

jQuery UI 用它自己的小部件框架为它的 UI 组件提供了一致性。这个框架管理小部件的创建和销毁、状态维护以及鼠标交互的处理。第 8 章和第 9 章将对这个小部件框架进行检验，并介绍如何基于它创建自己的小部件。

这个项目把它的组件和行为与 ThemeRoller（http://jqueryui.com/themeroller/）这个工具进行整合，使用它可以很容易地生成一个一致的主题，用来定义所有小部件的外观。

jQuery UI 有大量的示例与全面的文档，让开发者能发挥它的能力。通过它的模块化设计，开发者可以只下载需要的部分。或者开发者可以从 CDN 上下载整个包以及标准的主题。

1.3.2 验证

前面提到过，Jörn Zaefferer 的验证插件[①]被广泛地应用于客户端验证（见图 1.2）。它简化了为元素分配验证规则的过程，以及它们的状态和关联错误信息的管理。它的目标是不引人注目——仅在表单提交或者字段变化时产生错误信息。

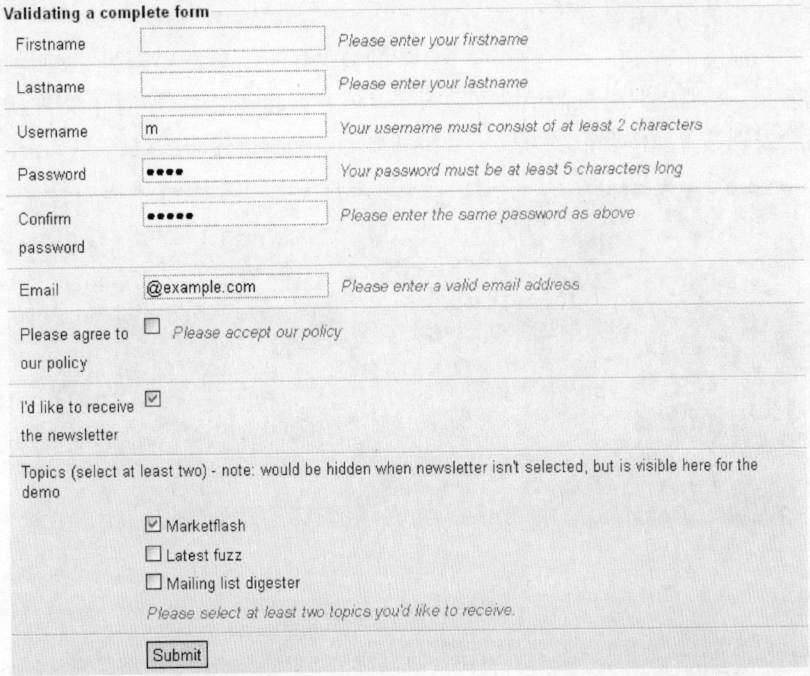

图 1.2 运行中的验证插件，在出错的字段旁边显示错误信息（斜体）

规则可以被作为属性指定在每一个字段上，也可以在代码中通过元素名指定，或者可以在 jQuery 选择后使用链式函数指定。有许多可用的内置验证规则，包括 required、digits、date、email 和 url。有些验证规则可以接受额外的参数来改变自己的行为，比如

---

① JQuery Validation Plugin，http://jqueryvalidation.org/。

minlength 和 maxlength。还可以创建依赖于网页上其他元素的状态的规则。

　　验证插件提供了自己的扩展点，允许开发者创建自定义验证规则，然后可以使用与内置规则同样的方式把它们应用在特定的元素上。第 14 章将介绍如何创建自定义规则。

　　每一条规则都有一个关联的错误信息用来显示给用户。这些信息可以被单独重写，也可以被翻译为包内提供的超过 30 种语言中的一种。开发者可以在初始化参数中控制错误信息的位置和分组。

　　这个插件有大量的文档和示例来帮助开发者使用它。总之，它是一个代码和文档质量都很高的插件，并且非常有用。

1.3.3　图形幻灯片

　　插件可以以更加不同和更具吸引力的方式展现内容，以提升网页效果。例如，Nivo Slider 插件（http://nivo.dev7studios.com/）可以把一个图片列表转换为一个画面之间有各种转换效果的幻灯片。

　　把 Nivo Slider 应用在程序清单 1.3 中的 HTML 上，就能得到图 1.3 所示的一吸引眼球的效果。尽管这只是最简单的默认效果，但是看起来也很不错了。正如所预期的，开发者会发现这个插件有很多可以用来控制显示效果和行为的参数。

图 1.3　运行中的 Nivo Slider

程序清单 1.3　图形幻灯片的标签

```
<div class="slider-wrapper">
    <div id="slider" class="nivoSlider">
        <img src="images/slide1.jpg" alt="" />
        <img src="images/slide2.jpg" alt=""
            title="You can add captions too..." />
        <img src="images/slide3.jpg" alt="" />
    </div>
</div>
```

1.3.4　集成谷歌地图

有些插件封装了现有的 API，以达到简化使用或者屏蔽跨浏览器差异的目的。gMap（http://gmap.nurtext.de/）插件就是其中之一，使用它可以把谷歌地图（Google Map）集成在开发者的网页中。虽然开发者也可以使用谷歌地图自己的 JavaScript API，但是这样的插件封装了原生 API，并提供了更简单的接口。

使用程序清单 1.4 就能得到图 1.4 所示的地图，这也说明了这个插件的易用性。

程序清单 1.4　添加一个 Google 地图

```
$('#map').gMap({zoom: 4,
    markers: [{address: 'Brisbane, Australia',
        html: 'Brisbane, Australia', popup: true}]
});
```

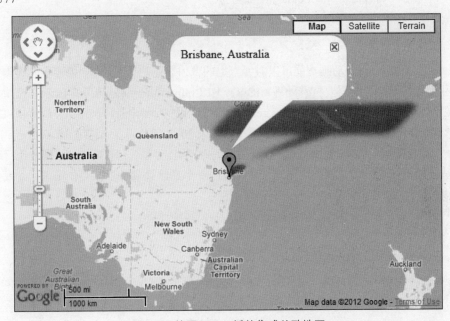

图 1.4　使用 gMap 插件集成谷歌地图

1.3.5　Cookies

jQuery Cookie 插件（https://github.com/carhartl/jquery-cookie）简化了页面上 Cookie 的交互。这个插件与前面介绍的有些区别，它不操作网页上的某个元素，而是提供了一个工具函数来让开发者操作整个页面的 cookie。

创建一个 cookie 只需要提供它的名字和值，就这么简单：

```
$.cookie('introShown', true);
```

开发者可以提供额外的参数来定制 cookie——设置它的过期时间（cookie 默认随着当前会话的结束而过期）、域名和路径、是否需要安全传输 cookie，以及 cookie 内容是否需要加密。

```
$.cookie('introShown', true, {expires: 30, path: '/'});
```

取回 cookie 时，只需要知道它的名字。如果查询的名字没有 cookie，则返回 null。

```
var introShown = $.cookie('introShown');
```

把一个 cookie 的值设为 null 就是删除它。

```
$.cookie('introShown', null);
```

第 6 章将详细介绍 Cookie 插件。

1.3.6　颜色动画

原生的 jQuery 动画功能可以对元素上的数值属性进行操作。如果要在其他类型的属性上支持动画，则需要特殊处理。jQuery UI（http://jqueryui.com）的 Effects 模块支持颜色动画（http://jqueryui.com/animate/），它可以设置十六进制值（#DDFFE8 或#DFE）、RGB 组合［rgb（221, 255, 232）或 rgb（86%, 100%, 91%）］，或者色彩名（lime）。

把各种颜色格式转换为统一格式后，每个颜色分量（红/绿/蓝）分别被执行动画，从开始值变化到结束值。通过把这些功能以一个动画插件的形式提供出来，开发者就可以像使用 jQuery 的标准功能一样来使用它：

```
$('#myDiv').animate({backgroundColor: '#DDFFE8'});
$('#myDiv').animate({width: 200, backgroundColor: '#DFE'});
```

第 11 章将讲解动画插件。

> **开发者需要知道**
>
> jQuery 是网络上使用最广泛的 JavaScript 库。
>
> jQuery 提供了基础和通用的功能，但是可以通过多种方式扩展它。
>
> 围绕 jQuery 的第三方插件社区非常繁荣。

1.4　总结

如今，jQuery 已经成长为网络上使用最广泛的 JavaScript 库。虽然它提供了许多内置功能，但不可能为每个人的需求都提供支持，所以它专注于提供基础架构和一些非常通用的功能，并且提供了许多扩展点以允许扩展它的行为。

开发者几乎可以在 jQuery 的任何部分添加功能，从自定义选择器，到为非数值属性创建动画，创建新的事件，再到创建完整的 UI 组件。唯一的限制就是开发者的想象力。

插件可以使开发者更加统一地在多个页面间进行重用代码。它降低了测试和维护的代价，因为只有一份代码需要维护。

下一章中，在更深入地挖掘设计更复杂插件的最佳实践之前，读者将会通过创建一个简单的插件看到扩展 jQuery 是多么容易。

第 2 章　第一个插件

本章涵盖以下内容:
- jQuery 的架构;
- 创建一个简单的集合插件。

jQuery 是一个可以使得与网页上元素交互更容易的 JavaScript 库。它通常被用于通过直接选择或者遍历 DOM 来查找元素，然后在这些元素上应用一些功能。开发者可以添加或删除这些元素，或者改变它们的属性，还可以为它们添加事件处理器用来响应用户的动作。开发者也可以随着时间推移改变元素的属性来产生动画。jQuery 也提供了 Ajax 让开发者容易地从服务器上获取数据，并且不阻塞当前页面及其内容。

上一章中提到过 jQuery 不是万能的，所以它提供了许多扩展点或集成点，从而培育了一个欣欣向荣的第三方插件社区。

本章着眼于 jQuery 的架构，它允许插件与内置的代码一起工作。然后通过介绍一个简单的集合插件（可以操作一组元素）来说明可以做些什么。以后章节将详细介绍每一个扩展点，以及如何使用它们来提升 jQuery 的能力，并且提出了一套插件开发的指导原则和最佳实践。

2.1　jQuery 的架构

jQuery 的源代码由许多文件组成，这是为了开发阶段的需要。在构建阶段，它们将会被合并为单个 JavaScript 文件（供产品使用的最小化版本，或者方便调试的完整版本）。每一个源代码文件专注于 jQuery 的一个特定功能，其中许多提供了扩展点，可以用来增强内置功能。

一个扩展点是指一个可以用来注册特定类型（如集合函数或者 Ajax 增强）新功能的 jQuery 属性或者函数，这些新功能被视为和相应的内置功能完全一样。当框架处理到开发者的插件的引用时，就会调用相应的插件代码。

图 2.1 反映了组成 jQuery 的模块或文件，以及它们之间的依赖。

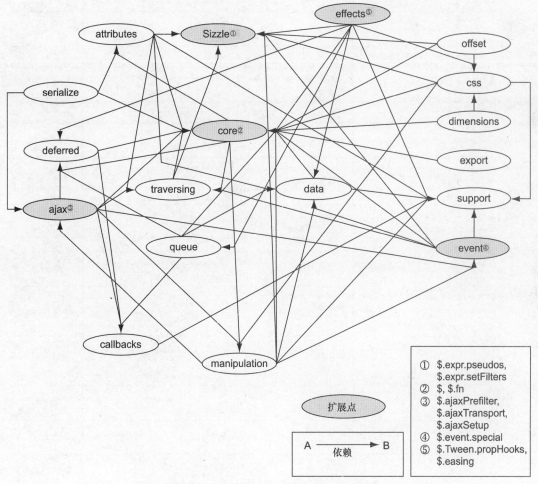

图 2.1　jQuery 的模块、依赖关系和扩展点

jQuery 的主要可扩展模块（图 2.1 中的阴影部分）包括：提供了选择 DOM 元素功能的 Sizzle 库；包括 jQuery 函数本身的 core 模块、处理 Ajax 的 ajax 模块、处理事件的

event 模块，以及提供动画功能的 effects 模块。

2.1.1　jQuery 的扩展点

表 2.1 列出了 jQuery 和 jQuery UI 所提供的扩展点，接下来的几小节中会介绍它们。回想一下，$是函数 jQuery 的一个别名（除非通过调用 noConflict 释放$）。

表 2.1　jQuery 的扩展点

扩 展 点	目 的	示 例	参 见
$	工具函数	`$.trim` `$.parseXML`	第 6 章
$.ajaxPrefilter	Ajax 预过滤器	`$.ajaxPrefilter('script',...)`	第 12 章
$.ajaxSetup	Ajax 数据类型转换器	`$.ajaxSetup({converters:` `{'text xml',$.parseXML}})`	第 12 章
$.ajaxTransport	Ajax 传输机制	`$.ajaxTransport('script',...)`	第 12 章
$.easing	缓动动画	`$.easing.swing` `$.easing.easeOutBounce`	第 10 章
$.effects	jQuery UI 视觉效果（jQuery UI 1.8-）	`$.effects.clip` `$.effects.highlight`	第 10 章
$.effects.effect	jQuery UI 视觉效果（jQuery UI 1.9+）	`$.effects.effect.clip` `$.effects.effect.highlight`	第 10 章
$.event.special	自定义事件	`$.event.special.mouseenter` `$.event.special.submit`	第 13 章
$.expr.filters $.expr[':'] $.expr.setFilters	选择器 （jQuery 1.7-）	`$.expr.filters.hidden` `$.expr.setFilters.odd`	第 3 章
$.expr.pseudos $.expr[':'] $.expr.setFilters	选择器 （jQuery 1.8-）	`$.expr.pseudos.enabled` `$.expr.setFilters.first`	第 3 章
$.fn	集合插件	`$.fn.show` `$.fn.append`	第 5 章
$.fx.step	属性动画 （jQuery 1.7-）	`$.fx.step.opacity`	第 11 章
$.Tween.propHooks	属性动画 （jQuery 1.8-）	`$.Tween.prop` `Hooks.scrollTop`	第 11 章
$.validator.addMethod	验证插件规则	`$.validator.add` `Method('USPhone', ..., ...)`	第 14 章
$.widget	jQuery UI 小部件	`$.widget('ui.tabs', ...)`	第 8 章、 第 9 章

2.1.2　选择器

jQuery 将 Sizzle 选择引擎作为它自己代码的一部分。这个独立的库用来执行选择处理，让开发者在网页上定位到自己需要的元素。在可能的情况下，它会把操作代理到浏览器提供的本地函数上以提高性能，其余部分直接由 JavaScript 实现。例如，开发者想在 ID 为 preferences 的元素中，找到所有跟在 input 字段（也可能是 checkbox 的标签）后的 label 元素，就可以使用如下代码：

```
$('#preferences input + label')...
```

Sizzle 允许开发者通过节点名、类名、子节点或属性值来选择元素。开发者也可以使用各种伪类选择器，包括层叠样式表（CSS）规范定义的和 Sizzle 自己添加的，例如：checked，：even 和：not。通过把多个选择器组合在一个选择字符串中，开发者可以找到想要的元素。

伪类选择器

CSS 规范："伪类基于特征对元素进行分类，而不是基于它们的名字、属性或者内容；原则上，特征是不可以从文档树上推导得到的。"这些选择器都通过一个冒号（：）后面跟着位置条件（如：nth-child(n)）、内容条件（：empty）和否定条件（：not(selector)）进行区分。

开发者可以通过扩展$.expr.pseudos（jQuery 1.8 之前的版本中是$.expr.filters）添加自己的伪类选择器，并在选择过程中使用。最后要说的是，一个选择器只不过是一个函数，它接收一个元素作为参数，如果这个元素被接受，则返回 true，被拒绝，则返回 false。

通过扩展$.expr.setFilters，开发者可以在当前的一组匹配元素中，通过位置进行过滤元素。开发者需要提供一个函数，它返回匹配到的元素集合（jQuery 1.8 之后版本）或返回一个布尔标志来标识是否包含（jQuery 1.7 及之前版本）。

关于如何为 jQuery/Sizzle 添加自定义选择器和过滤器的详细内容，请参见第 3 章。

2.1.3　集合插件

集合插件是最为常用的 jQuery 扩展，被用来操作使用选择器或者遍历 DOM 得到的一组元素。

这些插件必须扩展$.fn，用一个函数来实现自己的功能。这样，它们就能被整合到 jQuery 内置的处理流程中。如果读者看一下源码，会发现$.fn 只是$prototype 的别名。这就意味着，任何加入$.fn 的函数对所有 jQuery 集合对象都是可用的，例如使用选择器或者 DOM 元素调用 jQuery 得到的结果。这样，这些函数就能在恰当的上下文中在这些集合上调用。

所有集合插件都应该返回当前元素集合，或者当它提供了某种形式的遍历功能时，也可以返回一个新集合。这样，它们就能与其他 jQuery 函数一起链式调用——jQuery 操作的一个核心范式。

　　第 4 章将介绍一系列包括最佳实践的原则。第 5 章则介绍一个实现了这些最佳实现的插件开发框架。

2.1.4　工具函数

　　可以通过直接扩展$把那些不能操作元素集合的 JavaScript 函数（例如内置的 trim 和 parseXML）添加到 jQuery 中。虽然不是必须把它们包括到 jQuery 中来（它们也可以被定义为独立的 JavaScript 函数），但这样它们可以充分利用 jQuery 的其他功能，并且保证使用风格的统一。另外，把它们加进来也减轻了全局命名空间的混乱，降低了命名冲突的可能性，同时也保证功能相关的函数能放在一起。

　　工具函数没有固定的参数列表，但是它们可以接收需要的任何参数。

　　第 6 章将介绍如何为 jQuery 添加新的工具函数。

2.1.5　jQuery UI 小部件

　　jQuery UI 是官方提供的一组构建在基本 jQuery 库之上的 UI 组件、行为和特效。它提供了一个实现最佳实践原则的小部件开发框架。

　　通过调用 jQuery UI 的$.widget 函数可以创建小部件。这个函数的第一个参数是新的小部件的名字（包括命名空间来防止名字冲突）；第二个参数是可选的，用来指定继承的基“类”；第三个参数是一组自定义函数和覆盖，用来增强基本的功能。小部件框架会负责把小部件应用在选择好的元素上，并设置、获取和保存控制小部件外观和行为的选项，还有当小部件不再需要时的清理工作。函数$.widget.bridge 在幕后维护用户调用的集合函数与定义小部件时提供的功能之间的映射。

　　第 8 章将进一步详述 jQuery UI 小部件和它提供的框架。第 9 章将探讨如何使用 jQuery UI 的鼠标模块来实现一个围绕鼠标拖动功能的新组件。

2.1.6　jQuery UI 特效

　　jQuery UI 另一个主要部分是网页元素的一系列动画特效。这些动画大多数用来隐藏和显现一个元素，比如 blind（百叶窗）和 drop（掉落）；还有一部分用来吸引用户的注意，比如 highlight（高亮）和 shake（晃动）。

　　可以通过扩展$.effects.effect（jQuery 1.9 之前的版本中是$.effects）把新的特效整合到 jQuery UI 的特效处理中，然后这些特效就可以在 jQuery UI 提供的 effect 函数或者 show、hide、toggle 这些增强函数中使用了。每个特效都是一个函数。它把一个回调函数添加到当前元素的 fx 队列中，前一个入队的事件处理完毕后，这个回调函数会执行特效的动画。

　　缓动（Easings）定义了一个属性值如何随着时间变化，可以被用在动画中控制加速和减速。缓动虽然是 jQuery 基本的一部分，但只提供了两个实例——linear（线性）和 swing（摇摆）。jQuery UI 则提供了 30 种额外的缓动。开发者可以通过扩展$.easing 添加自己的缓动，需要定义一个函数来返回动画过程中当前时间间隔（通常是 0 到 1）的属性变化值（通常也是 0 到 1）。

想得到更多关于 jQuery UI 特效的信息，以及关于缓动的介绍，请参见第 10 章。

2.1.7 动画属性

jQuery 的动画功能允许开发者改变一个选定元素的多个属性值。这些属性通常会影响元素的外观，或者移动元素的位置，改变元素大小或边框尺寸，或者调整它内容字体的大小。不过 jQuery 只能在数值类型的属性（包括一个单位）上进行动画。开发者需要添加自定义动画来支持更加复杂的属性。

通过扩展$.Tween.prop-Hooks 来实现在其他属性上的动画，开发者需要提供两个函数，一个获取属性值，另一个设置属性值。在 jQuery 1.8 之前的版本中，开发者需要扩展$.fx.step，并提供一个函数来执行动画的一帧。

第 11 章将介绍如何为 jQuery 添加一个新的动画。

2.1.8 Ajax 处理

Ajax 处理是 jQuery 所提供的功能中的一个关键部分。它可以更容易地从服务器获取信息并更新当前页面，而且不用刷新整个页面。因为获取的数据可能有多种格式，jQuery 使用*预过滤器*（prefilter）控制开始读取数据之前的处理，使用*传输器*（transport）获取基本的数据，使用*转换器*（converter）把数据转换为一个可用的格式。这些机制都可以被增强，以满足特殊需求。图 2.2 是一个标准的 Ajax 调用成功的时序图。

jQuery 架构

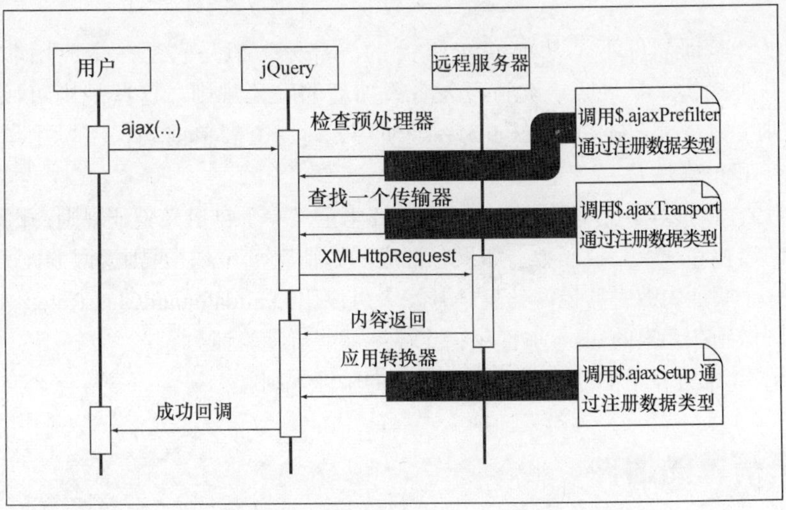

图 2.2　Ajax 时序图，标出了扩展点

通过调用$.ajaxPrefilter 函数，开发者可以定义一个在请求某个特定格式的数据（比如 html、xml 或者 script）时被调用的函数。因为开发者的函数持有一个用来获取数据的 XMLHttpRequest 对象引用，所以开发者可以完全控制每个请求，包括取消请求。

开发者可以通过调用$.ajaxTransport 函数为特定数据格式定义一个处理函数，处理真正获取数据的过程，这样开发者可以自定义如何访问数据（比如把图像数据直接加载到 Image 元素中）。默认使用 XMLHttpRequest 对象。

最终，数据通常以文本格式返回，但是在做一些初始化处理后可能会更有用，比如把 XML 解析为 DOM。通过调用$.ajaxSetup 函数，开发者可以定义新的转换器把结果转换为另一种格式，并作为 Ajax 请求的结果返回。

关于如何通过定义自己的预过滤器、传输协议以及转换器，请参见第 12 章。

2.1.9　事件处理

jQuery 允许开发者为选出的元素附加事件处理器，以响应用户动作。在发生基本的鼠标、键盘及状态变化的事件时，这些处理器会被调用。如果有必要，开发者可以定义一个自定义事件来处理特殊的场景。

开发者可以通过扩展$.event.special 添加一个自定义事件。每一个事件的定义都提供这一事件的类型，以及设置事件处理的函数，当这个事件不再需要时的卸载函数，以及在适当情况下触发事件的函数。

第 13 章将详细介绍如何创建和处理自定义事件。

2.1.10　验证规则

尽管验证插件不是基本 jQuery 库的一部分，但是它是一个应用非常广泛的插件，并且提供了扩展点，允许开发者添加新的验证规则。这些规则可以和内置的那些规则（如 required 和 number）一起使用，在提交表单前确保字段中填写的数据的完整性和正确性。

开发者可以调用$.validator.addMethod 来定义一个自定义验证规则，开发者需要提供规则的名称和一个验证函数，如果验证成功，则返回 true，否则返回 false。此时还需要指定一个验证失败时的错误信息。开发者可以用$.validator.addClassRules 函数使自己的新规则做到在元素的 class 属性中指定名字就能自动验证。

第 14 章将介绍如何定义开发者自己的验证规则。

2.2　一个简单的插件

jQuery 插件简直可以做任何事情，大量的第三方插件就可以证明这一点。从影响单个元素的简单插件，到改变多个元素的外观和行为的复杂插件，比如验证插件，应有尽有。

最为常用的一类 jQuery 插件是集合插件，它被用来为使用选择器或者遍历 DOM 得到的一组元素添加功能。开发者可以创建一个水印插件作为这种类型的插件的一个简单示例，它在必要时为字段内部提供一个标签。这会让开发者对如何构建一个插件有一定的感知。

2.2.1 占位文字

为了节省表单所占用的空间，有时开发者会省略字段的标签，并用一个占位符（字段内的一段文字，在开始输入时隐去）来代替。当字段为空时，占位符则显示出来。为了保证更好的用户体验，占位文字通常为灰色，以表示这不是字段的真实值。这个标签功能通常被称为水印（watermark）。

可以在插件初始化时指定占位文字，但是更好的方式是在每个字段上指定这个文本。这样可以一次设置多个字段，并且每个字段都有自己的标签。Input 字段的 title 属性是存放这个占位文字的理想之处，它的目的是保存这个字段的简短描述，当鼠标悬浮在字段上时会显示在一个提示框（Tooltip）中。对于有视觉障碍的人，title 可以在字段获得焦点的时候被读出来，用来识别该字段。

当字段获取焦点时，如果存在占位文字，则需要把它移除，并更改字段的样式以清除灰色字体。类似地，当字段失去焦点时，如果字段还是空，开发者需要恢复占位字符和样式。图 2.3 显示了水印插件在输入数据的不同时期的运行状态。

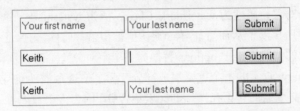

图 2.3　运行中的水印插件：输入前、输入名字后、准备提交

为了获取最大的灵活性，显示占位文字时字段的样式应该由 CSS 控制。开发者可以在字段显示占位符时为它指定一个类（class），并在它失去焦点或输入一个真实值时移除这个类。实际的外观则由一个 CSS 样式控制，并且可以很容易地由用户覆盖。

2.2.2 水印插件的代码

因为 Watermark 插件可以应用在页面的多个元素上，所以它是一个集合插件。这意

味着它的操作对象是通过选择器或者遍历 DOM 得到的一组元素。这样，它就需要扩展
$.fn 来把自己的功能整合到 jQuery 的选择和调用流程中。

程序清单 2.1 是 Watermark 插件的完整代码。

程序清单 2.1   Watermark 插件

```
$.fn.watermark = function(options) {                                          ❶ 声明
    options = $.extend({watermarkClass: 'watermark'}, options || {});           插件
设置选项 ❷   return this.focus(function() {                                      函数
                var field = $(this);                        ❸ 当字段获取
                if (field.val() == field.attr('title')) {      焦点时
如果当前显示的是        field.val('').
      占位符 ❹          removeClass(options.watermarkClass);  ❺ 移除
                }                                               占位符
            }).blur(function() {
                var field = $(this);                        ❻ 当字段失去焦点时
如果为空 ❼   →  if (field.val() == '') {
                    field.val(field.attr('title')).
                        addClass(options.watermarkClass);   ❽ 恢复
                }                                               占位符
            }).blur();
    };                                          ❾ 初始化字段
```

这个插件通过声明$.fn.watermark❶来扩展$.fn，使它能与 jQuery 的选择和操作流程
融为一体。新定义的这个属性（watermark）以它所提供的功能命名，将来也用这个名字
来访问。这个属性的值是一个函数，它接收一个参数（options）并为目标字段添加新功
能。它只用到了一个选项，就是当一个字段显示占位文字时的样式类名。开发者需要为
这个选项提供一个默认值，但是同时允许用户覆盖它❷。首先，开发者需要把这个默认
值定义为一个对象，属性为 watermark Class，值为 watermark。这个对象可以被用户提
供的任何选项所扩展，从而可能导致默认值被覆盖。|| {}结构保证了当用户在初始化时
没有提供参数的情况下，把 options 替换为一个空对象（不改变默认值）。

作为 jQuery 哲学的一个重要组成部分，为了使这个插件支持与其他插件的链式调
用，这个函数必须返回它正在操作的元素集合❸。因为大多数内置的 jQuery 函数也返回
这个集合，开发者可以返回调用标准 jQuery 功能的返回结果。

开发者需要为每个选定的字段添加一个 focus 处理器❸。在这个处理器中，因为当
前字段需要被用到多次，所以被保存为一个 jQuery 对象的引用。接下来，开发者检查当
前字段的值是否等于字段的 title 属性的值❹。如果是，则通过把字段值设置为空来移除占
位文字❺，并移除选项中指定的标记类。

因为开发者在同样的字段上执行同样的操作，可以再接一个 blur 处理函数❻。再次
保存一个当前字段的引用，以便重用。这次如果当前字段值为空❼，则恢复占位文字（从
title 属性获取）和标记类❽。

最后，触发刚刚定义的 blur 处理函数来根据字段的当前值进行初始化❾。

2.2.3　清除水印

因为占位文字设置为每个字段的值，若不做些处理，它将被提交到服务器。使用占位符是一个纯粹的用户界面行为，所以也应该在客户端提交表单之前清除这些值。

清除这些占位符的一个简单方法是定义另一个集合插件来完成这个任务。程序清单2.2中的代码就是这个另外的函数。

程序清单 2.2　清除水印

```
$.fn.clearWatermark = function() {           ❶ 定义插件函数
    return this.each(function() {
        var field = $(this);                         ❸ 如果当前显示
❷ 遍历字段   if (field.val() == field.attr('title')) {      的是占位符
            field.val('');
        }                              ❹ 移除它
    });
};
```

因为开发者操作的仍然是页面上的一组元素，所以再次通过扩展$.fn来定义插件函数$.fn.clear-Watermark❶。使用 each 函数返回当前选定集合的引用，以便链式调用❷。对于每一个选定的元素，如果它的当前值与字段的 title 属性相同❸，则重置它❹。

开发者可以在把这些字段值提交到服务器或者做其他处理之前调用这个函数。开发者可以在必要的时候通过在每个字段上触发 blur 处理函数来轻易地恢复占位文字。

2.2.4　使用水印插件

直接把前面的代码放在需要的页面上，就能使用这个水印插件。还可以把代码放到一个单独的 JavaScript 文件（jquery.watermark.js）中，并把它加载到开发者的页面中。类似地，插件的样式也可以直接放在页面上，或者从一个单独的 CSS 文件（jquery.watermark.css）加载。把样式和代码放在单独的文件中有利于在其他页面上进行重用。

图 2.4 展示了一个使用水印插件的页面。程序清单 2.3 是这个页面的代码。

图 2.4　使用水印插件的简单页面

程序清单2.3   使用水印插件

```html
<!DOCTYPE HTML PUBLIC "-//W3C//DTD HTML 4.01//EN"
    "http://www.w3.org/TR/html4/strict.dtd">
<html>
<head>
<title>jQuery Watermark</title>
<link type="text/css" href="jquery.watermark.css" rel="stylesheet">
<script type="text/javascript"
    src="http://ajax.googleapis.com/ajax/libs/jquery/1.8.3/jquery.min.js">
</script>
<script type="text/javascript" src="jquery.watermark.js"></script>
<script type="text/javascript">
$(function() { // Shorthand for $(document).ready(function() {
    $('input.wmark').watermark();
    $('#submit').click(function() {
        $('input.wmark').clearWatermark();
        alert('Welcome ' + $('#first').val() + ' ' + $('#last').val());
        $('input.wmark').blur();
    });
});
</script>
</head>
<body>
<h1>jQuery Watermark</h1>
<p>
    <input type="text" id="first" class="wmark" title="Your first name">

<input type="text" id="last" class="wmark" title="Your last name">
    <input type="button" id="submit" value="Submit">
</p>
</body>
</html>
```

加载水印样式 ❶

加载 JQuery ❷

加载水印插件 ❸

当 DOM 加载完毕 ❹

应用水印插件 ❺

当单击提交时 ❻

在使用后恢复水印 ❽

清除水印 ❼

受影响的字段 ❾

首先为水印插件加载包含样式的 CSS 文件❶。这个样式使占位文字显示为灰色（假定使用默认的标记类）：

```
.watermark { color: #888; }
```

首先必须加载 jQuery 库❷，以保证后续的插件代码可以使用它❸。当 DOM 被加载完毕并一切就绪时❹，开发者就可以使用这个新插件了。

通过在选定的字段（包含 wmark 类的 input 字段）上调用插件函数，开发者可以应用插件的功能❺。回想一下，这个插件返回之前选定的元素集合，这样后续的操作就可以进行链式调用。因为这些字段被初始化为空，所以插件会读取每个字段的 title 属性，并把它作为占位文字填充字段。

在这些字段被提交并做进一步处理时❻，开发者首先需要在使用这些字段值前把字段的占位文字清除❼。根据流程，开发者可以通过在受影响的字段上触发 blur 处理函数来恢复占位文字❽。

可以在文档的 body 中找到使用水印插件的实际字段❾，它们被设置了 wmark 类以便选择。

当开发者在浏览器中打开这个页面时，会发现一开始两个输入框都有灰色的占位文字。当把焦点移动到其中一个字段上时，占位符会消失，并且开发者可以输入合适的值。如果开发者没有输入任何值，当焦点离去时，占位文字又会恢复回来并且字段会被灰掉。当单击提交按钮时，所有的占位文字都会被移除，字段值会被显示在提示框中，并且如果有必要的话，占位文字会被恢复。

这个简单的集合插件让读者领略了一个 jQuery 插件用寥寥几行代码能实现什么功能。通过把代码放在一个单独的文件中，开发者可以轻松地在其他需要同样功能的页面上重用它。接下来的几章将介绍一些开发者需要努力应用在自己的插件上的最佳实践原则，使自己的插件的功能更加强大和健壮。读者还可以看到两个为常见的控件需求提供基础设施的控件框架，以及如何测试、打包和用文档说明自己的插件，以便其他人能更好地使用。

> **开发者需要知道**
>
> jQuery 被设计为可扩展的。
>
> jQuery 有许多扩展点，允许开发者为它添加不同类型的功能。
>
> 创建一个简单的插件很容易。
>
> 通过扩展 $.fn 可以添加一个可以操作一组选定元素的集合插件。
>
> 把开发者的插件代码放在单独的文件中，以便在其他页面上重用。

> **自己试试看**
>
> 修改水印插件，从 data-label 属性中获取占位文字。这样就可以在提供一个占位文本的同时，还可以用 title 属性表达更长的提示信息。

2.3 总结

jQuery 的开发者很有远见，他们专注于在 jQuery 库中提供最常用的功能和基础设置，同时包括许多扩展点，以便在以后添加功能。这些增强功能在整合入 jQuery 后，就会和内置的功能一样。

jQuery 有许多扩展点，每一个都允许开发者增强某一方面的功能。从自定义选择器，到集合和工具插件，到 jQuery UI 小部件和特效，再到自定义 Ajax 处理和事件，开发者可以让 jQuery 按照自己的想法来工作。每一个扩展点都将会在本书以后章节中详细展开。

本章用一个简单的集合插件说明了如何用几行代码创建出一个有用的简单插件。把代码打包在单独的文件中，这样开发者就可以在其他页面中进行重用。

在下一章中，读者将会看到如何通过在内置选择器的基础上添加一个自定义选择器来扩展 jQuery——这是开发者能做的最简单的扩展。

第 3 章　选择器和过滤器

本章涵盖以下内容：
- 现有的选择器类型；
- 添加自己的伪类选择器；
- 添加集合过滤器。

　　jQuery 背后的原则之一是"选择-执行"的操作模式，开发者选择一个或多个感兴趣的元素并对它们进行操作。jQuery 使用一个内置的 Sizzle 选择器引擎（一个纯 JavaScript 的 CSS 选择器引擎，它可以很容易地被放入宿主库中，http://sizzlejs.com/）来执行选择。在可能的情况下，它会把操作代理到浏览器提供的本地函数。必要时，它也会用 JavaScript 执行选择。

　　虽然已经有了不少内置的选择器，但是在有些情况下，创建一个能与 jQuery 其他功能集成的自定义选择器，会使代码更加清晰和整洁。幸运的是，创建一个新的选择器是开发者能在 jQuery 上做的最简单的增强。

注意：尽管 Sizzle 选择器引擎最初是作为 jQuery 的一部分来开发的，但它现在已经是一个可以使用在任何 JavaScript 库中的独立项目了。Sizzle 的代码已经被移交给 Dojo 基金会（http://dojofoundation.org/，不要与 Dojo Toolkit 混淆），以便更多的社区参与开发。目前，它已经吸引了多个 JavaScript 社区的兴趣，大家的目标是为所有人的利益来增强这个引擎。

3.1　什么是选择器和过滤器

jQuery 选择器基于 CSS 规范定义的选择器。它们是一些用来定位 HTML DOM 元素的字符串。过滤器是选择器在 jQuery 中的另一个术语。它们都用来匹配和缩小现有的元素集合，并且从当前上下文中的所有节点开始。

3.1.1　为什么要添加新的选择器

jQuery 已经内置了大量的选择器，为什么开发者还要创建自己的呢？如果开发者需要用好几步选择才能从页面上找到一个特定元素，而且这个过程需要在一个或者几个页面上被多次用到，这时就要考虑创建一个自定义的选择器来实现了。

尽管开发者可以通过组合 jQuery 的选择器和函数来获取一个元素集合，创建一个自定义的选择器意味着其特定选择过程更加清晰、简洁，同时保证了在多个页面上使用时的一致性。通过选取一个合适的名字，开发者可以清楚地表达选择器的意图。而多步选择往往不能表达真实的意图。同样，开发者的调用代码也会很简洁，而且不容易忘掉某个步骤，因为只有一个地方定义了相关的选择过程。选择器的代码也易于测试，并且当修改了缺陷和增强了功能时，立即就能应用到所有使用它的地方。

举个例子，为了选择列表中除第一个和最后一个之外的其他所有元素，开发者可以用下面的内置选择器组合：

```
$('li:not(:first, :last)', list)...
```

或者开发者可以定义自己的选择器，然后像这样使用：

```
$('li:middle', list)...
```

如果你想找到所有包含了强调文本的段落，可以这么写：

```
$('p:has(b | i | em | strong)')...
```

或者开发者可以定义一个自己的选择器，以免忘记或打错某个元素：

```
$('p:has(:emphasis)')...
```

接下来两小节简要地回顾 jQuery 内置的选择器。然后介绍如何定义一个自己的选择器。

3.1.2　基本选择器

jQuery 内置了许多基本的选择器，允许开发者通过元素名、ID、类、与（或）属性和值（见表 3.1）来选择元素。其中大多数都由浏览器提供的本地函数实现，所以比起其他选择器，它们的性能要高一些。

表 3.1　基本的 jQuery 选择器

名　称	选择器语法	功　能
全选选择器	*	选取所有元素，不管它们的名字
元素选择器	元素名	选取名字匹配的所有元素，例如 input
ID 选择器	#ID	通过 ID 匹配一个元素，例如： #field1
类选择器	.类（.class）	选取类名匹配的所有元素，例如： div.tabs
后代选择器	父 子	选取父元素中任意位置的*子元素*，例如： #list1 li
子元素选择器	父>子	选取父元素的直接子元素，例如： #tabs > div
相邻元素选择器	前 + 后	选取紧跟着*前*面元素的*后*面的兄弟元素，例如： input + label
兄弟选择器	前~后	在同一个父元素内，选取紧跟着*前*面元素的*后*面的兄弟元素，例如： h2 ~ p
属性选择器	[属性名]	选取有这个属性的所有元素，不管它的值，例如： input[readonly]
属性相等选择器	[属性名=“值”]	选取有这个属性并且属性值与给定值相等的所有元素，例如： label[for="field1"]
属性不等选择器	[属性名!=“值”]	选取不包含这个属性名，或者包含这个属性名但属性值不匹配的所有元素，例如： a[target!="_blank"]
属性开头选择器	[属性名^=“值”]	选取有这个属性并且属性值以给定值开头的所有元素，例如： a[href^="http:"]
属性结尾选择器	[属性名$=“值”]	选取有这个属性并且属性值以给定值结尾的所有元素，例如： a[href$=".pdf"]
属性包含选择器	[属性名*=“值”]	选取有这个属性并且属性值包含给定值的所有元素，例如： a[href*="google"]
属性包含单词选择器	[属性名~=“值”]	选取有这个属性并且属性值包含给定单词（以空格分开）的所有元素，例如： a[title~="Google"]
属性包含前缀选择器	[属性名|=“值”]	选取有这个属性并且属性值等于给定值，或者以给定值开始并紧接着有一个连接符 (-) 的所有元素，例如： a[class|="ui-state"]
多属性选择器	[属性名 1=“值 1”] [属性名 2=“值 2”]	选取匹配这些属性选择器的所有元素，例如： input[type="checkbox"][disabled]
多选择器	选择器 1，选择器 2	合并多个选择器的选择结果，例如： input, select, textarea

使用这些选择器可以组合出特定的选择逻辑。例如要找在 ID 为 content 的元素中，跟在 input 元素后面的所有 label 元素（有可能包括 checkbox 标签），开发者可以这么做：

```
$('#content input + label')...
```

3.1.3 伪类选择器

jQuery 提供了为数众多的伪类选择器，它们实现和扩展了 CSS 定义的伪类。伪类是 CSS 规范的一部分。它对元素进行分类是基于特征（characteristics），而不是它们的名字、属性或者内容；而这些特征是不可能从文档树上推断得到的。这些选择器都由一个冒号（:），后面跟着的选择器名称以及一个可选参数构成。

例如，开发者可以通过组合两个伪类选择器来找到所有被选中的复选框：

```
$('input:checkbox:checked')...
```

要注意的是，这些选择器是由 JavaScript 实现的，不能被代理到浏览器的内置功能上，所以它们会比基本选择器慢一些。

伪类选择器分为多种类型。普通伪类选择器在筛选元素时只检查元素本身的属性或内容。有些伪类选择器（*集合过滤器*）则会考虑前一个选择的整个结果集，并基于元素在集合中的位置来筛选它们。另一种（*子元素过滤器*）还会顾及一个元素与它兄弟元素的关系，无论这些兄弟是否在当前集合中。这些类型在正常使用中没什么区别，不过在写开发者自己的选择器时就会很重要。

表 3.2 列出了 jQuery 内置的伪类选择器。

表 3.2　jQuery 的伪类选择器

名　　称	选择器语法	类　　型	功　　能
动画选择器	:animated		选取正在动画的所有元素，例如： `div.content:animated`
按钮选择器	:button		选取所有 button 元素和 button 类型的 input 元素，例如： `form :button`
复选框选择器	:checkbox		选取所有 checkbox 类型的 input 元素，例如： `input:checkbox`
选中选择器	:checked		选取所有被选中的 checkbox 和 radio 元素，例如： `input[name="gender"]:checked`
包含（contain）选择器	:contains(value)		选取所有包含了给定文字的元素，例如： `h1:contains(Chapter)`
禁用元素（disabled）选择器	:disabled		选取所有被禁用的元素，例如： `input:disabled`
空元素选择器	:empty		选取不包含子元素和文本节点的元素，例如： `span:empty`
可用元素（enabled）选择器	:enabled		选取所有可用元素，例如： `input:enabled`
索引选择器	:eq(index)	集合过滤器	在前一个选定集合中根据索引值（从 0 开始）选取一个元素，例如： `li:eq(1)`

名　称	选择器语法	类　型	功　能
偶数元素选择器	:even	集合过滤器	在前一个选定集合中选取所有偶数位（从 0 开始）的元素，例如： tr:even
文件选择器	:file		选取所有 file 类型的 input 元素，例如： input:file
首元素选择器	:first	集合过滤器	选取前一个选定集合中的第一个元素，例如： select option:first
首位子元素选择器	:first-child	子元素过滤器	选取所有父级元素下的第一个子元素，例如： table td:first-child
首位类型选择器	:first-of-type	子元素过滤器	选取所有父级元素下元素名为指定名称的第一个元素（jQuery 1.9 中新增），例如： p:first-of-type
焦点选择器	:focus		选取当前焦点所在的元素，例如： input:focus
大于选择器	:gt(index)	集合过滤器	在前一个选定集合中选取比给定索引值大的所有元素，例如： li:gt(1)
包含（has）选择器	:has(selector)		选取至少有一个子元素与给定的选择器相匹配的父级元素，例如： form:has(input.error)
标题选择器	:header		选取所有标题元素：h1,h2 等，例如： :header
隐藏选择器	:hidden		选取所有隐藏元素，例如： form input:hidden
图像选择器	:image		选取所有 image 类型的 input 元素，例如： input:image
输入选择器	:input		选取所有 input，select，textarea 和 button 元素，例如： form :input
语言选择器	:lang(language)		选取所有指定语言的元素（jQuery 1.9 中新增），例如： p:lang(fr)
末元素选择器	:last	集合过滤器	在前一个选定集合中选取最后一个元素，例如： #mylistli:last
末位子元素选择器	:last-child	子元素过滤器	选取所有父级元素下的最后一个子元素，例如： table td:last-child
末位类型选择器	:last-of-type	子元素过滤器	选取所有父级元素下元素名为指定名称的最后一个元素（jQuery 1.9 中新增），例如： p: last-of-type
小于选择器	:lt(index)	集合过滤器	在前一个选定集合中选取比给定索引值小的所有元素，例如： option:lt(2)
非选择器	:not(selector)		选择所有与给定的选择器不匹配的元素，例如： div:not(.ignore)
第 N 个子元素选择器	:nthchild(index)	子元素过滤器	选取所有父级元素下的第 N 个子元素，例如： table td:nth-child(3)

名　称	选择器语法	类　型	功　能
倒数第 N 个子元素选择器	:nth-last-child(index)	子元素过滤器	选取所有父级元素下的倒数第 N 个子元素，例如： table td:nth-last-child(3)
倒数第 N 个类型选择器	:nth-last-of-type(index)	子元素过滤器	选取所有父级元素下元素名为指定名称的倒数第 N 个元素（jQuery 1.9 中新增），例如： p:nth-last-of-type(2)
第 N 个类型选择器	:nth-of-type(index)	子元素过滤器	选取所有父级元素下元素名为指定名称的第 N 个元素（jQuery 1.9 中新增），例如： p:nth-of-type(2)
奇数元素选择器	:odd	集合过滤器	在前一个选定集合中选取所有奇数位（从 0 开始）的元素，例如： tr:odd
唯一子元素选择器	:only-child	子元素过滤器	选取所有父级元素下的独子元素，例如： li a:only-child
唯一类型选择器	:only-of-type	子元素过滤器	选取所有父级元素下指定名称的唯一（没有兄弟）元素（jQuery 1.9 中新增），例如： p:only-of-type
父元素选择器	:parent		选取包含子节点（包括文本元素）的所有元素，例如： li:parent
密码选择器	:password		选取所有密码类型的 input 元素，例如： input:password
单选框选择器	:radio		选取所有 radio 类型的 input 元素，例如： input:radio
重置选择器	:reset		选取所有 reset 类型的元素，例如： form input:reset
根节点选择器	:root		选取文档的根节点（jQuery 1.9 中新增），例如： :root
选中选择器	:selected		选取所有下拉列表中的选中元素，例如： #mylist :selected
提交选择器	:submit		选取所有 submit 类型的元素，例如： input:submit
锚点选择器	:target		选取 URI 上指定的锚点元素（jQuery 1.9 中新增），例如： :target
文本框选择器	:text		选取所有 text 与 textarea 类型的 input 元素，例如： form :text
可见元素选择器	:visible		选择所有可见元素，例如： span:visible

3.2　添加一个伪类选择器

通过扩展$.expr.pseudos（jQuery 1.8.0 之前为$.expr.filters）可以很容易地添加一个自己的伪类选择器，开发者需要定义选择器的名字并提供一个处理函数。相反地，添加一个其他类型的选择器则比较困难,因为底层的 Sizzle 选择引擎在设计时并没有考虑扩展性。

3.2.1   一个伪类选择器的结构

　　jQuery 内置的一个伪类选择器的例子是:has,它用来选那些包含与指定选择器匹配的节点的父级元素。例如,下面的选择器用来选取所有这样的 fieldset 元素——内部包含标记了 error 类的 input 元素:

```
$('fieldset:has(input.error)')...
```

注意: Sizzle 选择器引擎以及 jQuery 对它的用法在 jQuery 1.8.0 以后的版本中发生了重大变化。

　　为了确保完整性,本章同时包括了 1.8.0 版本之前和之后的自定义选择器。

　　下面的代码是:has 选择器在 jQuery 1.8.0 中的定义(程序清单 3.2 是 jQuery 1.7.2 中的版本)。

程序清单 3.1   :has 选择器的定义(jQuery 1.8.0)

```
var Expr = Sizzle.selectors = {
    ...
    pseudos: {
        ...                                              ❶ 标记一个接收单
        "has": markFunction(function( selector ) {          个参数的选择器
            return function( elem ) {
                return Sizzle( selector, elem ).length > 0;   ← ❸ 接受或拒绝
            };                                                    当前元素
        }),
        ...
定义选
择器函 ❷
数
    },
    ...
};
```

　　jQuery 1.8.0 之后的伪类选择器的设计比早期 jQuery 版本中的更为精简,最终的函数只接收当前元素(elem)这么一个参数,如果选择器接受当前元素,则返回 true,否则返回 false。如果选择器需要额外的参数来完成它的选择,那么这个参数可以从包在最终函数外的一个*闭包*(closure)(一个保存数据的局部作用域)中获取。通过标记闭包函数可以指定哪些参数是必需的。如果选择器不需要参数,开发者就不必标记这个函数,也不用把它包在一个闭包中。

　　:has 选择器需要一个用来测试包含元素的子选择器作为参数,所以需要把选择器函数包装在一个闭包中以支持用户指定参数(selector)❶,然后标记这个函数(通过 markFunction 或它的别名 createPseudo)以表明如何调用它。这个包装函数扩展了 Expr.pseudos(后来被命名为$.expr.pseudos)。然后,选择器函数❷搜索与给定子选择器所匹配的元素。它直接调用 Sizzle 函数并使用当前元素作为上下文来定位元素❸。如果定位到的元素个数大于 0,则返回 true;否则返回 false。

注意: 为了向后兼容，jQuery 1.8 把之前使用的 filters 映射到了现在新的 pseudos 属性上。现在，
插件可以使用旧的形式以保证在所有 jQuery 版本上的兼容性。

程序清单 3.2 中的代码是:has 选择器在 jQuery 1.7.2 中的定义。

程序清单 3.2　:has 选择器的定义（jQuery 1.7.2）

```
var Expr = Sizzle.selectors = {
    ...
    filters: {
        ...
        has: function( elem, i, match ) {                     ❶ 定义选择器函数
            return !!Sizzle( match[3], elem ).length;         ❷ 接受或拒绝当前
        },                                                        元素
    ...
};
```

　　jQuery 1.7.2 的:has 选择器函数❶接收三个参数，分别是当前元素（elem）、它在当
前集合中的位置（i），以及一个由 Sizzle 用来提取选择器的伪类正则表达式分组匹配到
的字符串数组（match）。这个数组内的第一个字符串（match[0]）是整个选择器字符串，
第二个是选择器名称，第三个是任何括号内被引号（单或双）包起来的值，第四个
（match[3]）是选择器的参数。

　　这个选择器函数扩展了 Expr.filters（也可以通过它的别名$.expr.filters 引用）。它在
当前元素的上下文中搜索匹配的子元素，如果选择器接受了当前元素，则返回 true，否
则返回 false❷。

注意: JavaScript 中的!! 结构强制把任意类型的值转化为一个严格 Boolean 类型的值。
JavaScript 有许多"假"（falsy）值，它把下面这些都当作 false: false，NaN（not a number，
非数字），"（空字符串），0（数字），null，还有 undefined。第一个! 把值转换为 true
或 false，然后再否定它；第二个!则把这个布尔值恢复到其本来意义。

　　现在读者已经看过伪类选择器是如何实现的，可以自行创建一些伪类选择器，包括
一个精确内容匹配选择器、一个模式匹配选择器、一个列表或加重元素选择器，以及一
个元素标记为包含外语内容的元素选择器。

3.2.2　添加一个精确内容匹配选择器

　　有一个内置的:contains 选择器用以选择那些内容中包含给定文本的元素。但是如果
开发者希望得到那些内容与给定文本精确匹配的元素呢？可以添加一个:content 伪类选
择器来完成这个功能。

　　开发者可以像下面这样调用这个选择器，找到那些内容与"One"精确匹配的列表项。

```
$('li:content(One)')...
```

在这种情况下，这个选择器获取元素内的所有文本内容，然后与给定的文本作精确比较。程序清单 3.3 给出了在 jQuery 1.8.0 中的实现，程序清单 3.4 是在 jQuery 1.7.2 中的实现。

程序清单 3.3　一个精确内容匹配选择器（jQuery 1.8.0）

```
/* Retrieve all text content of an element.
   @param element   (element) the DOM element to get the text from     ❶ 规范文本内容
   @return  (string) the element's text content */                        获取
function allText(element) {
    return element.textContent || element.innerText ||
        $.text([element]) || '';
}
/* Exact match of content. */                                           ❷ 定义:content
$.expr.pseudos.content = $.expr.createPseudo(function(text) {             选择器
    return function(element) {                                          接受或拒绝当前
        return allText(element) == text;                               ❸ 元素
    };
});
```

因为这个选择器需要一个参数来指定需要匹配的文本，在 jQuery 1.8.0 及之后的版本中需要创建一个闭包来捕获这个参数（text），并且标记这个函数以表示需要一个参数（通过调用 createPseudo）❷。这个包装函数扩展了 $.expr.pseudos，并通过选择器的名字识别。最内层的函数是选择器的实现❸。它从元素内部获取所有文本内容（通过调用 allText❶来屏蔽各种浏览器的差异），然后与给定的文本作精确比较，如果接受当前元素，则返回 true，否则返回 false。

程序清单 3.4　一个精确内容匹配选择器（jQuery 1.7.2）

```
/* Retrieve all text content of an element.
   @param element   (element) the DOM element to get the text from
   @return  (string) the element's text content */
function allText(element) {                                            ❶ 规范文本内容
    return element.textContent || element.innerText ||                    获取
        $.text([element]) || '';
}

/* Exact match of content. */
$.expr.filters.content = function(element, i, match) {                 定义:content 选
    return allText(element) == match[3];                              ❷ 择器
};
```

jQuery 1.7.2 的代码是很相似的，不过选择器函数接收的参数不同，而且它必须扩展 $.expr.filters❷。再次调用 allText 来获取元素内部所有的文本内容❶，然后与给定的文本（match[3]）做精确比较。通过返回 true 或 false 来表示是否接受当前元素。

注意: 目前，开发者只能在初始化 jQuery 的回调函数 document.ready 被调用前，以内联的方式添加这些代码。下一章中，读者将会看到如何把自己的代码构建为一个独立的插件，以便容易地在其他页面上重用。

不同版本 jQuery 的选择器

  为了兼容所有的 jQuery 版本，开发者可以检查是否存在新的 createPseudo 函数，然后相应地创建过滤器，代码如下（3.2.1 小节中已经介绍过 !! 操作符）：

```
var usesCreatePseudo = !!$.expr.createPseudo; // jQuery 1.8+
if (usesCreatePseudo) {
    $.expr.pseudos.xxx = $.expr.createPseudo(function(param) {
        ...
    });
}
else {
    $.expr.filters.xxx = function(element, i, match) {
        ...
    };
}
```

3.2.3 添加一个内容模式匹配选择器

  在前一小节中，读者已经看到如何创建一个精确匹配选择器。现在可以再向前迈一步，创建一个匹配元素内容的正则表达式选择器：:matches。表 3.3 中列出了它的调用方法。

表 3.3 模式匹配选择器

选 择 器	匹 配 内 容
$('p:matches(One)')...	所有包含文本"One"的段落
$('p:matches(One|Two)')...	所有包含文本"One"或"Two"的段落
$('p:matches(~chapter \\d+)')...	所有包含文本（不区分大小写）"chapter"且后面有一个空格和一个或多个数字的段落
$('p:matches("\\.\\.\\.\\.$")')...	所有以文本"..."结束的段落（每个"."必须被转义，因为它们通常有特殊含义）

  与之前一样，选择器函数在应用正则表达式之前需要把元素的文本内容整理好。程序清单 3.5 是它在 jQuery 1.8.0 中的实现，程序清单 3.6 是在 jQuery 1.7.2 中的实现。需要注意的是你提供的这个正则表达式必须是一个字符串，所以内部的反斜杠都需要转义。

程序清单 3.5 一个模式匹配选择器（jQuery 1.8.0）

```
/* Regular expression match of content. */
$.expr.pseudos.matches = $.expr.createPseudo(function(text) {      ← ❶ 定义:matches 选择器
    return function(element) {
        var flags = (text[0] || '') == '~' ? 'i' : '';
        return new RegExp(text.substring(flags ? 1 : 0), flags).
            test(allText(element));
    };
});
```

真正的选择器函数 ❷

接受或拒绝当前元素 ❸

  这个选择器也需要一个参数来指定要匹配的模式，所以在 jQuery 1.8.0 以及之后的版

本中，开发者需要把它包装在一个标记函数中（通过 createPseud。）以便捕获这个模式
（text），然后用这个包装器来扩展$.expr.pseudos❶。选择器函数❷根据传入的模式创建一
个正则表达式，然后测试当前元素的文本内容❸，如果匹配则返回 true，否则返回 false。

　　不幸的是，伪类选择器可能只需要一个参数来改变它们的行为。如果开发者希望使
用一个不区分大小写的匹配模式，就需要以某种方式在单个参数中表达出来。前面提到
过，开发者可以在表达式的开头写一个波浪线（～）作为不区分大小写的标志。如果需
要第一个字符是波浪线，开发者可以用一个反斜杠（或两个）来转义它。

程序清单 3.6　一个模式匹配选择器（jQuery 1.7.2）

```
/* Regular expression match of content. */
$.expr.filters.matches = function(element, i, match) {       ◄---  定义:matches 选
    var flags = (match[3][0] || '') == '~' ? 'i' : '';            ❶ 择器
    return new RegExp(match[3].substring(flags ? 1 : 0), flags).
        test(allText(element));                              ◄---  接受或拒绝当前
};                                                                元素
                                                                 ❷
```

　　在 jQuery 1.7.2 中，开发者定义这个选择器函数来扩展$.expr.filters，它接收当前元素
（element）和匹配模式（match[3]）❶等参数。与新版本一样，开发者需要根据传入的模式创
建一个正则表达式，然后测试当前元素的文本内容❷，如果匹配则返回 true，否则返回 false。

JavaScript 正则表达式

　　使用正则表达式是高效使用 JavaScript 的重要部分。本书中很多插件都使用正则表达式来
匹配或分组字符串。读者应该熟悉它们的语法和使用模式。下面的附录总结了正则表达式的用
法，或者可以参考网络上关于这个主题的一些引用和教程。

- JavaScript RegExp Object：www.w3schools.com/jsref/jsref_obj_regexp.asp
- Regular Expressions：https://developer.mozilla.org/en/ JavaScript/Guide/Regular_ Expressions
- Using Regular Expressons：www.regular-expressions.info/javascript.html
- Regular Expression Tutorial：www.learn-javascript-tutorial.com/ RegularExpressions. cfm

---

3.2.4　添加元素类型选择器

　　开发者也可以通过使用伪类选择器来更容易地引用多个元素类型，就像使用内置
的:input 选择器可以匹配 input、select、textarea，以及 button 元素。

　　例如，开发者可以通过:list 选择器来选取有序和无序的列表，或使用:emphasis 选择
器来选取所有加重元素。这些选择器可以像下面这样使用。

- $('#main :list')...选取#main 元素中所有的有序和无序列表。
- $('p:has(:emphasis)')...选取所有包含了加重元素的段落。

　　如程序清单 3.7 所示，这两个选择器都使用简单的正则表达式来匹配元素的节点名。

因为这些选择器不需要接收任何参数，所以在 jQuery 1.8.0 中不需要特殊处理，这份代码可以用在所有版本中。

程序清单 3.7 列表和加重标签选择器

```
/* All lists. */
$.expr.filters.list = function(element) {
    return /^(ol|ul)$/i.test(element.nodeName);
};

/* Emphasized text. */
$.expr.filters.emphasis = function(element) {
    return /^(b|em|i|strong)$/i.test(element.nodeName);
};
```

❶ 定义:list 选择器

❷ 定义:emphasis 选择器

因为$.expr.filters 在 jQuery 1.8.x 中被定义为$.expr.pseudos 的别名，所以开发者可以使用前者以兼容所有版本的 jQuery。在这个扩展点上添加列表选择器函数，用一个正则表达式来匹配所有元素名为 ol 或 ul 的元素❶。这个表达式从字符串的开头（^）开始寻找给定字符串中的任意一个（|），一直到结尾（$）。类似地，加重选择器函数也用一个正则表达式来匹配元素名为 b、em、i 或 strong 的元素❷。

3.2.5 添加一个外语选择器

开发者不仅可以匹配元素名称和内容，还可以检查关于元素的任何东西。例如，可以创建一个伪类选择器来找出文档内所有的外语元素。

这个选择器的用法如下。

- $('p:foreign')...选择所有指定语言不是默认语言的段落。
- $('p:foreign(fr)')...选择所有标记为法语的段落。

这个选择器查找元素的 lang 属性，然后以下面两种模式之一执行：当没有参数时，它选择那些设置了 lang 属性，但值不是浏览器默认语言的元素；当指定了一种特定语言作为参数时，它只返回那些与指定语言相匹配的元素。程序清单 3.8 是这个选择器在 jQuery 1.8.0 中的实现，程序清单 3.9 是它在 jQuery 1.7.2 中的实现。

注意：jQuery 1.9.0 新添的:lang 选择器提供了类似的功能。

首先创建一个用来检查浏览器默认语言设置的正则表达式❶。这个选择器可以接收一个参数，所以在 jQuery 1.8.0 及以后的版本中，它需要使用标记函数包装器（createPseudo）来捕获这个参数值（language）❷，并扩展$.expr.pseudos。接下来，选择器函数获取当前元素的 lang 属性❸，并根据是否存在参数来选择以下两种模式之一执行：当没有参数时，它选择那些设置了 lang 属性，但值不是浏览器默认语言的元素❹。如果指定了一个语言参数，它只会在遇到那些标记为这个语言的元素时才返回 true。

程序清单 3.8　一个外语选择器（jQuery 1.8.0）

```
/* Browser's default language. */
var defaultLanguage = new RegExp('^' +
    (navigator.language || navigator.userLanguage).substring(0, 2), 'i');

/* Foreign language elements. */
$.expr.pseudos.foreign = $.expr.createPseudo(function(language) {
    return function(element) {
        var lang = $(element).attr('lang');
        return !!lang && (!language ? !defaultLanguage.test(lang) :
            new RegExp('^' + language.substring(0, 2), 'i').
                test(lang));
    };
});
```

❶ 创建检查浏览器默认语言的正则表达式

❷ 定义:foreign 选择器

❸ 获取元素语言

❹ 比较

注意：3.2.1 节解释过!!结构。

程序清单 3.9　一个外语选择器（jQuery 1.7.2）

```
/* Browser's default language. */
var defaultLanguage = new RegExp('^' +
    (navigator.language || navigator.userLanguage).substring(0, 2), 'i');

/* Foreign language elements. */
$.expr.filters.foreign = function(element, i, match) {
    var lang = $(element).attr('lang');
    return !!lang && (!match[3] ? !defaultLanguage.test(lang) :
        new RegExp('^' + match[3].substring(0, 2), 'i').test(lang));
};
```

❶ 定义:foreign 选择器

❷ 获取元素语言并进行比较

jQuery 1.7.2 中的代码与新版中的基本相同，只不过选择器函数直接接收所有参数并扩展$.expr.filtersi❶。与前面一样，它获取当前元素的 lang 属性，并与参数值（match[3]）进行比较❷。

3.2.6　"验证插件"中的选择器

下面这些是 JörnZaefferer 的验证插件[①]中定义的选择器。程序清单 3.10 列出了这些选择器，它们可以让开发者很方便地找到没有值的字段、有值的字段或者未选中的字段。因为这些选择器不需要任何参数，所以它们在所有 jQuery 版本中的实现都相同。

Jörn 扩展了$.expr[":"]❶而不是$.expr.filters，前者是后者的一个别名。如果字段 a 没有值（包括空格），blank 选择器函数返回 true❷。（回想一下，JavaScript 把空字符串当作 false。）相反地，当 a 字段有值时，filled 选择器返回 true❸（与前一个 blank 函数相反）。当 a 字段的 checked 属性为 null 或者 false 时，unchecked 选择器函数返回 true❹。

---

① [j]Query Validation Plugin, http://jqueryvalidation.org/。

程序清单 3.10　验证选择器

```
// Custom selectors                                        ❶ 添加伪类选择器
$.extend($.expr[":"], {
    // http://docs.jquery.com/Plugins/Validation/blank
    blank: function(a) {return !$.trim("" + a.value);},     ❸ 匹配非空
    // http://docs.jquery.com/Plugins/Validation/filled        字段
    filled: function(a) {return !!$.trim("" + a.value);},
    // http://docs.jquery.com/Plugins/Validation/unchecked
❷   unchecked: function(a) {return !a.checked;}             ❹ 匹配未选中字段
});
匹配空字段
```

　　注意，这些选择器会返回很多开发者通常不需要的元素。所以它们应该结合其他选择器来使用，例如:checkbox:unchecked。

3.3　添加一个集合过滤器

　　另一种可以被创建的伪类选择器是*集合过滤器*（set filter）。前面的选择器都只关注于单个节点，而集合过滤器则会考虑到当前选择的整个元素集合。典型例子是：:first、:last、:odd 和:even 这些伪类选择器。

注意：Sizzle 选择器引擎在 jQuery 1.8.0 以后的版本中包含了大量变化。为了确保完整性，本章同时包括了 1.8.0 版本之前和之后的自定义选择器。

3.3.1　一个集合选择器的结构

　　内置的:last 选择器用来选取前一个选定元素集合中的最后一个元素。下面用它作为示例来看看一个集合选择器是如何工作的。程序清单 3.11 是在 jQuery 1.8.0 中的定义；程序清单 3.12 是 jQuery 1.7.2 的版本。

程序清单 3.11　:last 选择器的定义（jQuery 1.8.0）

```
var Expr = Sizzle.selectors = {
    ...
    setFilters: {
        ...                                                 ❶ 定义:last 集合选择器
        "last": function( elements, argument, not ) {
            var elem = elements.pop();
            return not ? elements : [ elem ];               ❷ 返回过滤后的元
        },                                                     素集
        ...
    }
};
```

　　在 jQuery 1.8.0 及以后的版本中，通过扩展 Expr.setFilters（或它的别名$.expr.setFilters）来添加一个新的集合过滤器，开发者需要为这个新的过滤器提供一个名称，然后把一个处理当前元素集合的函数赋值给它❶。这个函数的参数包括当前元素数组（elements），提供

给选择器的任何参数（argument），以及一个指示过滤器是否需要取反的布尔标志（not）。这个函数必须返回一个过滤后的元素数组❷。JQuery 1.8.0 对一个集合过滤器函数只调用一次，它一次性处理整个集合，然后根据传入的 not 标志来决定返回过滤结果或者对它取反的结果。

注意：jQuery 1.8.2 对 setFilters 的实现做了进一步的变化。jQuery 内部现在调用 createPositionalPseudo 函数来处理这些过滤器。但是这个函数并没有暴露出来，开发者仍旧可以使用这里介绍的技术来使用新的 setFilters。

程序清单 3.12　:last 选择器的定义（jQuery 1.7.2）

```
var Expr = Sizzle.selectors = {
    ...
    setFilters: {
        ...
        last: function( elem, i, match, array ) {        ❶ 定义:last 集合选择器
            return i === array.length - 1;                ← 接受或拒绝当前
        },                                                ❷ 元素
        ...
    },
    ...
};
```

在 jQuery 1.8.0 之前，集合选择器函数仍然扩展 Expr.setFilters（或它的别名 $.expr.setFilters），但是会为集合中的每个元素都调用一次❶。这样，函数的参数包括了：当前元素（elem），它在集合中的位置（i），选择器表达式的分组匹配结果（match），所有元素的集合（array）。如果函数接受当前元素，则返回 true；否则返回 false❷。

识别集合过滤器（jQuery 1.8.2 之前）

　　因为在 jQuery 1.8.2 之前，集合过滤器与其他伪类选择器的处理方式不同，所以它们必须被以某种方式识别出来才能被正确调用。jQuery 用 Sizzle 选择引擎中的一个正则表达式（$.expr.match.POS）显式地匹配和提取它们的名字。

```
var pos = ":(nth|eq|gt|lt|first|last|even|odd)(?:\\((\\d*)\\)|)(?=[^-]|$)";
$.expr.match.POS = new RegExp(pos, "ig" );
```

　　要在早期版本的 jQuery 中添加一个新的集合过滤器，开发者同时需要把它的名字加入这个列表。如果没有加入，开发者会收到这样一条错误信息："语法错误，不能识别的表达式:不支持的伪类：xxxxxx。"读者将在下一小节中看到如何在创建一个新的选择器时添加它的名字。

　　jQuery 1.8.2 能自动识别集合选择器，所以不再需要更新$.expr.match.POS 正则表达式。

　　使用前面的代码作为模板，开发者可以创建自己的集合选择器，例如中间元素选择器和一个能从倒数位置获取元素的新的位置的选择器。

3.3.2　添加一个中间元素集合选择器

　　开发者可以定义一个:middle 选择器来去除集合中的首末元素。这在处理列表项时可

能很有用,用法如下:

```
$('li:middle')...
```

程序清单 3.13 是这个选择器函数在 jQuery 1.8.0 中的代码,程序清单 3.14 是在 jQuery 1.7.2 中的实现。

程序清单 3.13 一个中间元素选择器(jQuery 1.8.0)

```
$.expr.match.POS = new RegExp(                        ←——❶ 识别新的集合选择器
    $.expr.match.POS.source.replace(/odd/, 'odd|middle'), 'ig');
                                                      ❷ 定义:middle
                                                         集合选择器
/* Middle elements. */
$.expr.setFilters.middle = function(elements, argument, not) {  ←
    var firstLast = [elements.shift(), elements.pop()];         返回过滤后的
    return not ? firstLast : elements;                        ❸ 元素集合
};
```

在 jQuery 1.8.0 和 1.8.1 中,开发者需要把选择器的名字加入这个正则表达式,用来从选择字符串中提取它们。所以开发者得重新定义上一小节中定义过的正则表达式$.expr.match.POS,把新的选择器名称加在现有的列表后面❶。可以通过现有正则表达式的 source 属性来获取它的定义,再用 odd|middle 来替换掉 odd,然后重新创建一个新的表达式并赋值给原来的变量。别忘了 ig 标志,它表示不区分大小写(case-insensitive)以及多次(global)匹配。在 jQuery 1.8.2 中,开发者可以省略这个变化。

从 jQuery 1.8.0 开始,开发者需要扩展$.expr.setFilters,在选择器函数中把整个元素集合作为一个整体来处理,并返回过滤后的列表❷。在这种情况下,开发者首先把第一个和最后一个元素从列表中提取出来(使用 Array 的标准函数 shift 和 pop),并把它们存在一个新的数组中❸。根据 not 参数的值,开发者返回这两个元素(not 为 true),或返回集合中剩下的中间元素(not 为 false)。

程序清单 3.14 一个中间元素选择器(jQuery 1.7.2)

```
$.expr.match.POS = new RegExp(                         ←——┐ 识别新的集合选
    $.expr.match.POS.source.replace(/odd/, 'odd|middle'));  ❶ 择器
$.expr.leftMatch.POS = new RegExp(
    $.expr.leftMatch.POS.source.replace(/odd/, 'odd|middle'));
                                                       ❷ 定义:middle
                                                          集合选择器
/* Middle elements. */
$.expr.setFilters.middle = function(element, i, match, list) {  ←
    return i > 0 && i < list.length - 1;               接受或拒绝当前
};                                                   ❸ 元素
```

在早期版本的 jQuery 中,开发者需要把新的集合选择器名称添加到正则表达式中,以便从选择字符串中区分和提取它们。同样,开发者把新名字添加到$.expr.match.POS 正则表达式中❶,尽管在早期版本的 jQuery 中不需要为正则表达式添加任何标志。但是

在 jQuery 1.8.0 之前，开发者还是要把这个新名字添加到另一个继承自第一个的正则表达式中（jQuery 1.8.0 中则自动完成）。如果开发者使用的是这些早期版本的 jQuery，使用和前一个表达式相同的方式来更新 $.expr.leftMatch.POS。

这里的选择器函数单独处理集合中的每个元素❷。开发者比较当前元素在集合中的位置，通过返回 false 来拒绝掉第一个和最后一个元素❸。

3.3.3　增强索引选择器

jQuery 中一个缺失的功能是不能在 :eq 选择器中使用一个负数来指定集合中倒数的元素索引，尽管在相应的 eq() 函数中是有这个功能的。

开发者可以很容易地添加这个功能，然后像下面这样使用这个选择器。

- $('li:eq(1)')...用来找到第二个列表项。
- $('li:eq(-2)')...用来找到倒数第二个列表项。

注意：从 jQuery 1.8.1 开始，这已经是一个标准功能，不再需要作为增强功能添加了。

然而，现在的情况是，在 :eq 选择器中传入一个负号会导致正则表达式忽略掉它，选择器会返回空或者抛出一个错误。因而在实现这个功能之前，开发者首先要让这个选择器接受负号。

程序清单 3.15 是在 jQuery 1.8.0 中的代码，jQuery 1.7.2 中的在程序清单 3.16 中给出。

程序清单 3.15　增强索引选择器（jQuery 1.8.0）

```
$.expr.match.POS = new RegExp(
    $.expr.match.POS.source.replace(/\\d\*/, '-?\\d*'), 'ig');     允许参数为负数 ❶

/* Allow index from end of list. */
$.expr.setFilters.eq = function(elements, argument, not) {        重新定义:eq选择器 ❷
    argument = parseInt(argument, 10);
    argument = (argument < 0 ? elements.length + argument : argument);
    var element = elements.splice(argument, 1);                    计算位置 ❸
    return not ? elements : element;                               返回过滤后的元素集合 ❹
};
```

开发者通过修改 Sizzle 选择引擎中用于集合过滤器的正则表达式 $.expr.match.POS 来支持负号。通过重定义这个表达式允许选择器的数字参数前面可以有一个负号❶。为了加上这个可选的负号，首先从 POS 的 source 属性拿到现有的正则表达式，再用 -?\d* 替换掉所有表示任意数字的 \d*。注意，这个反斜杠必须被转义后才能作为字面值使用。

接下来开发者可以重新定义 eq 函数来处理负数❷。如果参数为负，则把它与元素集合的长度相加（别忘了它是个负数，将会从总数中减去）的结果作为索引值❸。如果参数为正，则保持它不变。函数的其余部分保持不变。根据 not 参数的值，开发者要么返回定位到的元素，要么从集合中移除它，然后返回剩下的元素❹。

程序清单 3.16 增强索引选择器（jQuery 1.7.2）

```
$.expr.match.POS = new RegExp(
    $.expr.match.POS.source.replace(/\\d\*/, '-?\\d*'));          ❶ 允许参数为负数
$.expr.leftMatch.POS = new RegExp(
    $.expr.leftMatch.POS.source.replace(/\\d\*/, '-?\\d*'));

/* Allow index from end of list. */                              ❷ 重新定义:eq
$.expr.setFilters.eq = function(element, i, match, list) {          集合选择器
    var index = parseInt(match[3], 10);
                                                                 ❸ 计算位置

    index = (index < 0 ? list.length + index : index);
    return index === i;                                          接受或拒绝当前
};                                                              ❹ 元素
```

jQuery 1.7.2 中的代码与 1.8.0 中的很相似，同样会修改集合过滤器模式
（$.expr.match.POS）；与前面的中间元素选择器类似，开发者也必须以同样的方式修改相
应的$.expr.leftMatch.POS❶。然后重新定义 eq 函数❷，从匹配分组中获取参数值
（match[3]），再根据它的符号计算索引值❸。根据当前元素位置，如果接受它则返回 true，
拒绝则返回 false❹。

开发者需要知道的

创建一个伪类选择器使一个选择过程规范或清楚。

通过扩展$.expr.pseudos 来添加一个伪类选择器（jQuery 1.8 之前是$.expr.filters）。

使用$.expr.createPseudo 来捕获参数值。

扩展$.expr.setFilters 来处理整个匹配的元素集合。

JavaScript 正则表达式可以用来做特征模式匹配。

自己试试看

创建一个选择器来替换标准的:header 选择器，它可以用来选择除了现有的 h1 到 h6 之外
的 HTML5 header 元素。

3.4 总结

jQuery 的工作模式是让开发者选择一个元素集合，然后在上面执行一些操作。它提
供了多种访问元素的方式——通过元素名、ID 或类、属性值、伪类选择器，还可以把它
们组合起来实现更具体的查询。虽然有多种方案可供选择，但是有时候创建一个自定义
选择器来找到开发者想要的元素会更加简明、优雅和一致。

读者已经看到如何创建一个简单的伪类选择器来选择单个节点，例如:matches
和:emphasis。然后还学到了如何定义集合选择器用来处理当前的一组元素，例如:middle。

通过利用这些技术，开发者可以创建自己的自定义选择器来简化开发流程。

在接下来的章节中，读者将会看到一些 jQuery 的设计原则，以及一个实现了这些原则的开发框架；还将学到如何把自己的插件打包为一个独立的模块，以便在多个页面上重用。

第 2 部分

插件和函数

最常见的第三方扩展就是用来操作页面上选定元素集合的插件。本书的这一部分将着眼于如何使用最佳技术实践来实现这样的扩展。

在深入插件本身之前，第 4 章讨论一些应该使用在开发者自己的开发过程中的最佳实践。这些原则用来帮助开发者开发出既有用又健壮的插件。

第 5 章将开发一个用来操作页面上一组元素的集合插件。使用一个插件框架可以帮助把前一章中介绍的原则付诸实践，同时也能使开发者专注于开发插件的实际功能。

函数插件不能操作选定元素，但是可以为页面提供用法一致的额外功能。第 6 章探讨这种类型扩展的两个例子，它们用来帮助处理页面上的本地化问题和cookies。

为了让更多人使用自己的插件，开发者需要测试它，打包它以便发布，书写功能文档，以及提供一些例子来说明它能做什么。第 7 章讲解开发过程中的这些方面。

第 4 章 插件开发原则

本章涵盖以下内容:
- 插件设计;
- 开发的指导原则。

jQuery 插件的范围很广——从简单的类 (class) 修改和事件处理器, 到选择器和动画, 再到众多支持远程访问的图形小部件。只有你想不到, 没有做不到。

在上一章中, 读者看到了如何创建一个可以在 jQuery 中使用的自定义选择器, 以及一些增强它功能的例子。现在退回一步, 整体考虑插件的设计和开发过程。无论开发者开发哪种类型的插件, 都应该遵守最佳实践原则, 这样可以使自己的插件兼容更多的 jQuery 和 JavaScript 环境。

本章讨论这些原则, 并解释为什么应该把它们应用在开发者的插件上; 还讨论创建一个插件相较于直接在页面上写代码的优势所在, 并且提出一些在设计开发者自己的插件时应该考虑的问题。

4.1 插件设计

首先面临的挑战是决定一个插件应该实现什么功能。通常这些功能是从项目的特定需求中浮现出来的。如果开发者发现在不同的页面上出现了重复的功能, 就应该考虑创建一个插件以便重用。例如，用几个下拉列表控件组合在一起来实现一个允许用户选择日期的功能，希望选择了月份之后，后一个下拉框中可选的天数会随之变化，以防用户选择一个非法的日期。

4.1.1　插件的好处

创建一个插件的好处包括以下几点：

- 易于重用；
- 一致性；
- 降低维护代价。

为公用的功能创建一个插件能最大化地重用代码。如程序清单 4.1 所示，只需要用几行代码就能把插件载入到页面中，并应用在选定元素上。通过提供一个选项参数来定制每个实例的行为，以统一代码使用方式。

程序清单 4.1　加载与调用一个插件

```
<script type="text/javascript" src="js/jquery.js"></script>
<script type="text/javascript" src="js/jquery.myplugin.js"></script>
<script type="text/javascript">
$(function() {
    $('.myelements').myplugin({option1: true, option2: 'XYZ'});
});
</script>
```

通过重用插件的代码和样式，可以保证在所有使用插件的地方都使用相同的功能，并且能得到在整个项目中外观和感受的一致性。

如果发现了代码中的缺陷，只需要修改一处代码，就能在项目中的所有实例上生效。因为实例间的代码没有发生变化，所以只需要做一次彻底测试。另外，因为测试环境更加可控，测试也应该更简单和更加可重复。类似地，任何代码改进也能在整个应用中马上生效。

4.1.2　规划设计

当开发者有想法来开发一个插件时，列出它的基本设计并考虑下列问题。

- 它在页面上看起来是什么样子（假定它包括一个 UI 组件）？
- 它如何与用户交互——通过键盘、鼠标、编程？
- 为了管理每个实例或者所有实例，它需要哪些状态？
- 用户有多大可能性需要定制插件的外观和行为？
- 用户对哪些内部事件感兴趣？

不要好高骛远，确保自己的插件专注于解决它的设计目的。当新的想法和情况出现时，开发者可能会忍不住想继续为插件添加新的功能。在这种情况下，请先问一下自己这些问题。

- 这些新的功能与插件的主要目标结合紧密吗？

- 它们在多个实例上都适用，还是对大多数用例来说都只是额外开销？
- 这个新功能是否能够以及是否应该以一种更通用的方式实现，以便适用于更广泛的用户？

举个例子，前面提到的 Datepicker 控件有一个内置的功能，它弹出一个对话框来让开发者选择一个特定日期。这在当时看来像是一个有用且一致的功能，因为它牵扯用户获取日期。但是这给代码带来了更多复杂性，同时也降低了伸缩性。很明显，使用一个单独的对话框插件，把 Datepicker 放在对话框中来实现这个功能会更容易，同时对话框中的其他内容也更加可控。现在这个对话框插件已经具有了一些额外功能，例如拖动和调整大小。使用它，开发者就无须重复实现这些代码，也降低了 Datepicker 插件启动时的复杂性。图 4.1 对比了两个版本。

图 4.1　之前的原生 Datepicker 对话框（左），对比嵌入
Datepicker 的新 jQuery UI 对话框

4.1.3　插件模块化

如果新的功能已经复杂到开发者需要抽取重复代码，但是这些代码在有些情况下可能并不适用，这时可以把这些代码抽取到一个单独的可选模块中，以供那些需要这个特定功能的用户下载。通过这种方式，开发者保留了插件的好处，允许基础用户只下载基础功能，同时允许需要的用户下载额外功能。

举个例子，一个图形插件可能有一个或多个独立的模块来分离那些不常用的图表类型，例如散点图（scatter charts）、雷达图（radar charts），以及地图。核心代码体积的减小使大多数用户从中获益，但是那些希望用到这些额外图表的用户可以通过一行代码来把这些额外的脚本包括进来。

4.2　指导原则

　　笔者在开发插件的过程中收集了下面这些原则。它们代表了笔者认为的插件开发的最佳实践。它们帮助开发者降低不同的 jQuery 和 JavaScript 环境对插件的影响，同时也保护其代码不受外界影响。

　　注意： 这些原则中的大多数都在第 5 章介绍的插件框架以及第 7、第 8 章介绍的 JQuery UI 小部件框架中得到体现。关于这些原则的实现和更详细的讨论会留到那些相应的章节。

4.2.1　提供渐进增强

　　理想情况下，插件应该为开发者的网页提供渐进增强。这意味着，即使用户禁止了 JavaScript，页面仍然能正常工作。但是如果用户开启了 JavaScript，就能得到更好的体验。

　　Datepicker 是体现这个原则的一个好例子。没有 JavaScript 时，开发者仍然有一个文本框让用户输入日期，不过格式不一定正确。有 JavaScript 时，就能弹出一个日历让用户选择他们想要的日期，如图 4.2 所示。这个日历可以让开发者看到日期的上下文，还可以限制哪些日期可选，或在特定日期上给出额外的信息。选定的日期会被填充到输入框内，就像手动输入一样，但是能保证格式一定是正确的。

图 4.2　Datepicker 插件渐进增强了一个标准输入框

4.2.2　在所有地方使用唯一的名字

　　开发者应该在 jQuery 命名空间内为自己的插件定义一个唯一的名字，并在所有地方都用这个名字来引用它。这个原则的目的是为了尽可能地减小与其他插件冲突的可能性。

　　这个名字应该长到可以表达插件的目的，并且降低冲突的可能性，但也不能太长。比较好的例子是 datepicker 和 validate。不幸的是，slider 不是个好名字。它被用来命名

jQuery UI 中的一个在某个范围内选值的控件，同时也用来命名一些用来管理图片或内容并在它们之间切换的插件。

有些插件用一个名字在一组 DOM 元素上应用新功能，然后又用另一个或者更多名字来表示与这个集合不直接相关的一些功能。例如，Validation 插件用 validate 作为它的主函数，但是它也定义了 valid、rules 和 removeAttrs 函数用来操作 jQuery 集合。每当开发者使用一个新名字，都增加了与其他插件冲突的可能性，导致它们或其中之一不可用。

如果开发者在 jQuery 的命名空间内定义一个名字，并且只用来与自己的插件交互，就能大大降低与其他插件相互影响的可能性。

只允许用一个名字来实现所有与这个插件的交互，这看起来是个需要克服的大障碍，因为开发者可能想提供一些需要与这个插件所管理的元素交互的额外功能。4.2.6 节中介绍的方法模式是用来提供这些额外特性的一种方式，至少对于元素集合来说。

4.2.3　把一切都放在 jQuery 对象中

通过某个扩展点或直接把开发者的插件放在 jQuery 命名空间中，可以消除它与其他库的相互影响。在很多情况下，开发者需要扩展某个特定的 jQuery 属性来使插件与 jQuery 的其他功能集成。另外，因为开发的是一个 jQuery 插件，所以用户希望通过 jQuery 本身来引用它。

举个例子，Debug 插件（http://jquery.glyphix.com/）允许开发者把调试日志信息输出到浏览器的控制台上，但它不依赖页面上的任何元素，并且可以实现为一个独立的包。但是它使用 jQuery 的能力使自己的代码更简单，所以它是一个 jQuery 插件。它的主函数被命名为 log，并直接附加在 jQuery 对象上，调用方式如下：

```
$.log('Debugging message');
```

不幸的是，从这些原则的视角来看，它接着在 jQuery 中添加了一个叫作 debug 的集合函数，还有一个全局标志 DEBUG。这个新函数最好是与主函数的命名一致，并且这个全局标志应该叫作$.log.debug，这样就能避免与其他库的潜在冲突。

对于 jQuery 命名空间内的插件之间仍然有冲突的可能性，不过通过使用唯一名称的访问点降低了这个风险。另外，如果开发者遇到了另一个相同名字的插件，它很可能与自己的插件功能非常类似（如果不是一样），所以它们同时出现在一个页面上的可能性不大。

4.2.4　不要依赖$与 jQuery 的等同性

jQuery 是一个 JavaScript 库，还有许多其他库，例如 Prototype，MooTools 和

script.aculo.us。有时候，用户希望在一个页面上用到多个库的功能，因为 JavaScript 没有定义一个良好的包或模块结构，这些库之间很容易冲突。特别是这些库都使用$作为它们主函数的简写。

jQuery 的设计者意识到了这个问题，并已经在 jQuery 中提供了相应的机制来解决它。尽管开发者可以永远通过 jQuery 来引用它，但是程序员往往都是懒惰的打字员，他们喜欢在可能的情况下用更少的字符，特别是这种广泛使用的术语。

为了使用一个较短的变量来引用 jQuery，并且避免与其他库同时使用$，开发者可以使用 noConflict 函数返回$（无论之前它被用作什么），也可以定义一个新变量来代替。程序清单 4.2 展示了如何在实践中使用，创建了一个新变量（jq）来表示 jQuery。

程序清单 4.2　避免库冲突

```
var jq = jQuery.noConflict();
jq(document).ready(function() {
    jq('p.main')...
});
```

❶ 恢复$变量
❷ 使用替换变量

在第 5 章中，读者将看到另一个机制用来保证$引用到 jQuery 但不用调用 noConflict，这样开发者就能在代码中一直使用$。

4.2.5　利用作用域隐藏实现细节

如前所述，JavaScript 并没有定义良好的包或模块化结构。变量被声明在 window 对象下的全局命名空间中，除非另有指定。这可能会导致不同插件之间的冲突，它们可能相互修改对方的值。这种类型的干扰很难排查，所以最好一开始就避免它。

开发者需要用某种方法来隐藏掉插件的内部细节，确保自己不干扰页面上的其他插件，更重要的是不要让它们影响自己的。在面向对象编程（OOP）中，这叫作*封装*（encapsulation）。幸运的是，JavaScript 通过*作用域*（scope）提供了实现它的机制。

每当开发者在 JavaScript 中定义一个函数，就创建了一个新的作用域：一个拥有自己的变量与函数名集合的新代码段。外层作用域中声明的对象在内部函数中是可见的，但是外部代码不能访问函数内部声明的对象。程序清单 4.3 说明了这一点。

声明了一个全局变量 I，并把它赋值为 0❶。当函数 one 被调用时，它引用这个全局变量，更新它，并显示结果❷。但是调用函数 two 时，全局变量 i 的值会被拷贝到一个同名的参数变量中，只更新和显示这个局部拷贝❸。同样，函数 three 定义了一个区别于全局变量的局部变量 i，给它赋值并显示它❹。当最后一个 alert 被执行时，它又引用到那个自从调用 one 后都没有变过的全局变量 i，并显示之前的值❺。这段代码的显示顺序是这样的：0，1，2，3，1。

为了保护自己的代码，开发者可以把它包在一个函数调用中，在它周围创建一个新的作用域。5.3.2 小节将介绍如何在编写开发者的插件时用到这个技术。

程序清单 4.3　不同变量作用域的示例

```
var i = 0;                      ❶ 声明全局变量

function one() {
    i = 1;                      ❷ 引用全局变量
    alert(i);
}

function two(i) {
    i = 2;                      ❸ 参数隐藏了全局变量
    alert(i);
}

function three() {
    var i = 3;                  ❹ 局部变量隐藏了全局变量
    alert(i);
}

alert(i); // 0 - global variable
one();    // 1 - global variable
two(i);   // 2 - parameter variable
three();  // 3 - local variable       ❺ 全局变量不变
alert(i); // 1 - global variable
```

4.2.6　用"方法"调用附加功能

在 jQuery 命名空间内已经声明了一个唯一的名字,然后开发者需要通过这个名字提供一些额外的功能。jQuery UI 使用了这样一个模式,开发者调用一个函数并传入自己希望执行的方法名,通过可选的附加参数来修改其行为。

通过直接在一个 DOM 元素集合上调用插件的函数,开发者可以初始化它的主要功能,例如 jQuery UI Tabs 插件:

```
$('#tabs').tabs(); // With optional initial settings
```

然后开发者可以通过指定自己想调用的方法和需要的参数来和这些元素交互。

```
$('#tabs').tabs('disable'); // Disable the tabs
$('#tabs').tabs('option', {active: 2}); // Open the third tab
```

第 5 章中介绍的插件框架和第 8 章中介绍的 jQuery UI 小部件框架都以一种易于使用的方式提供了这个能力。

4.2.7　尽可能返回 jQuery 对象以便链式调用

在一组 DOM 元素上应用链式调用是 jQuery 的一个支柱功能。这种结构可以写出紧凑的代码，用户希望新功能也以类似的方式工作。

```
$('#myElement').myplugin({field: value}).show();
```

通过在插件的主函数中返回 this 变量或其等价物（比如 each 函数的结果）就能轻易地提供这个能力。第 5 章中介绍的插件框架和第 8 章中介绍的 jQuery UI 小部件框架都提供了这个功能。

有时候开发者需要从一个插件实例中返回特定值，如包装元素的当前值。开发者当然可以做到这一点，但要破坏链式调用的能力。这种偏差应该被清楚地写入文档，让用户知道插件的行为。

4.2.8　使用 data 函数来存储实例详细信息

开发者通常需要为每个插件实例保存一些状态信息，例如它的选项值，当前是否可用的状态，或对其他元素的引用。必须能够很容易地访问每个目标元素的详细信息。

推荐的机制是使用 jQuery 的 data()函数把这些详细信息作为一个对象附加到插件的目标元素上。使用唯一的插件名称来识别这些信息，再次降低了与其他插件冲突的可能性。在开发者的插件内部能访问这些详细信息，同时在外部也能访问。这被一些工具证明是有用的，例如用来调试的 FireQuery（Firefox 上一个关于 FireBug 的扩展）。

例如，开发者可以通过调用 data 并提供名字和值在一个元素上存储信息。这些值可以是简单的数字或字符串，或者甚至可以是一个有自己属性的对象：

```
$('#myElement').data('simple', 123);
$('#myElement').data('complex',
    {url: 'www.example.com', timeout: 1000, cache: true});
```

然后通过再次调用 data 来获取存储的信息，不过这次只需要提供详细信息的名字：

```
var simple = $('#myElement').data('simple'); // = 123
var complex = $('#myElement').data('complex');
    // = {url: 'www.example.com', timeout: 1000, cache: true}
```

开发者可以不指定任何名字来使用 data 获取一个元素上的所有信息：

```
var all = $('#myElement').data();
    // = {complex: {url: 'www.example.com', timeout: 1000, cache: true},
    //    simple: 123}
```

此外，如果目标元素从 DOM 中被移除，相关联的详细信息也会被清除干净，以防内存泄露。

4.2.9　预估定制点

虽然开发者的插件提供了特定功能，但是通常在不同的使用场景需要有所变化。用户总是希望自定义插件的工作方式或外观以适应他们的需求。如果开发者能预估用户希望的变化点，并提供一些选项（options）来迎合，他们更可能会使用开发者插件。

例如，笔者的 Datepicker 插件就提供了许多用来改变行为的选项，其中一些如图 4.3 所示。

图 4.3　Datepicker 定制：（上一行）默认配置，用按钮代替链接，
年导航以及月遍历；（下一行）无直接的年月选择，显示两个月

任何在插件上显示的文本显然都是定制的候选项。如果开发者希望使用其他语言，它们肯定需要变化（见 4.2.11 节）。*魔数*（magic numbers）（有特殊意义的字面值）也是候选项。这些值适用于开发者设想的情境，但是有些人可能想修改这些值并以另一种方法来使用开发者的插件。

第 5 章中的插件框架和第 8 章中的 jQuery UI 小部件框架展示了如何在一个元素上保存选项信息，以及如何用它们来改变一个插件的行为和外观。

听取插件用户的反馈。他们会提供一些很有价值的信息，关于他们如何使用开发者的插件，以及什么东西是他们希望改变的。试着把他们的建议作为一个选项让下一个人使用，这样就能快乐地找出一个特定的选项来解决其他人的问题。

不要用选项来控制插件的样式，而是提供恰当的标签并用类标注，这样就可以通过外部的 CSS 文件来控制样式。像这样把内容和样式分离是一个最佳实践，这使用户能更容易地改变插件的外观。参见 4.2.12 节中的例子。

4.2.10　使用合理的默认值

允许用户通过配置插件来表达他们的需求是理想的做法，提供许多可用的选项可以用来定义插件的各个方面。但是在一些简单的应用场景中，开发者不想强迫用户在使用插件时提供大量的配置信息。

所有的选项都应该设置默认值——就是在大多数情况下都适用的值。这样允许用户在不设置任何选项的情况下，仍然能以一个标准的方式使用插件。然后他们可以在初始化时覆盖这些选项或在随后的阶段修改这些值，通过这样的方式来增强插件的行为。

例如，笔者的 Datepicker 插件包含了超过 40 个选项（不包括地方化的那些），但是在使用它的基本功能时，这些选项的默认值一个都不需要更改。程序清单 4.4 展示了这些选项中的一些。

程序清单 4.4　Datepicker 插件的选项

```
this._defaults = {
    pickerClass: '', // CSS class to add to this instance of the datepicker
    showOnFocus: true, // True for popup on focus, false for not
    showTrigger: null, // Element to be cloned for a trigger, null for none
    showAnim: 'show', // Name of jQuery animation for popup,
        // '' for no animation
    showOptions: {}, // Options for enhanced animations
    showSpeed: 'normal', // Duration of display/closure
    popupContainer: null, // The element to which a popup calendar
        // is added, null for body
    alignment: 'bottom', // Alignment of popup -
        // with nominated corner of input:
        // 'top' or 'bottom' aligns depending on language direction,
        // 'topLeft', 'topRight', 'bottomLeft', 'bottomRight'
    fixedWeeks: false, // True to always show 6 weeks,
        // false to only show as many as are needed
    firstDay: 0, // First day of the week, 0 = Sunday, 1 = Monday, ...
    ...
    onDate: null, // Callback as a date is added to the datepicker
    onShow: null, // Callback just before a datepicker is shown
    onChangeMonthYear: null, // Callback when a new month/year is selected
    onSelect: null, // Callback when a date is selected
    onClose: null, // Callback when a datepicker is closed
    altField: null, // Alternate field to update in synch
        // with the datepicker
    altFormat: null, // Date format for alternate field,
        // defaults to dateFormat
    constrainInput: true, // True to constrain typed input to
        // dateFormat allowed characters
    commandsAsDateFormat: false, // True to apply formatDate
        // to the command texts
    commands: this.commands // Command actions that may be added
        // to a layout by name
};
```

指定所有可能的选项并为它们提供默认值也起到了文档的作用，说明了插件的配置方法。

不是所有的插件都能在初始化时被简化到没有选项。例如笔者的倒数计时（Countdown）插件，如果不指定一个倒数目标时间就不能正常使用，没有一个可以供大多数情况使用的默认值。

与此类似，开发者应该通过一个外部的 CSS 文件并基于标签和类来为插件提供默认的样式。用户可以通过内联的方式或自己的 CSS 文件来覆盖这些默认样式。

4.2.11　允许本地化/地方化

为了使更多人能使用自己的插件，开发者需要考虑世界上那些不说英语的地区或者使用变种英语的地方。插件上使用的所有文本都应该被放在一起，以便很容易地被翻译为另一种语言，并应用在开发者的插件上来覆盖默认值。

内容本地化不仅仅包括文本，别忘了不同地区有不同的日期、数字和货币格式。这样的选项也应该与文本选项放在一起被翻译。此外，很多语言是从右往左读，开发者的插件也要适应这种情况。图 4.4 展示了笔者的 Datepicker 插件的一些地方化功能。

图 4.4   地方化 Datepicker：法语、日语、阿拉伯语

除了明显的文本变化之外，这些版本之间还有如下不同。

- 选择年和月的下拉列表顺序不同。
- 每个日历一周的开始日都不同：法语是周一，日语是周日，阿拉伯语是周六。
- 阿拉伯语从右往左读，其他都是从左往右读。

第 5 章中的插件框架提供了地方化插件的机制，能很简单地替换翻译内容。通过这种方式，Datepicker 现在支持 70 多个地区，这些都是由 jQuery 社区成员贡献的。

4.2.12   用 CSS 控制插件样式

如图 4.5 所示，提供一个 CSS 文件来控制插件外观也是一个最佳实践（样式与内容分离）。这允许用户以最小的代价来覆盖或定制插件的外观。

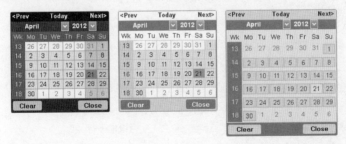

图 4.5   用 CSS 控制 Datepicker 插件的样式：默认样式、雷蒙德
（Redmond）样式、人文（Humanity）样式

在那些由开发者的插件创建并维护的元素上添加一些类，这样它们就能被唯一标志并正确地应用样式。尝试为自己的类使用一个公共的前缀（与插件名称相关），以便与应用在同一元素上的其他插件的类相区分，同时也降低了与已有样式冲突的可能性。

例如，程序清单 4.5 展示了 Datepicker 的基本结构和附加的类。这些标签与程序清单 4.6 中的 CSS 样式结合起来完成了前面的界面显示。

程序清单 4.5 Datepicker 的标签结构

```
<div class="datepick" style="width: 218px;">                      Datepicker
    <div class="datepick-nav">                                  的总容器
        <a class="datepick-cmd datepick-cmd-prev">&lt;Prev</a>  导航
导航容器  <a class="datepick-cmd datepick-cmd-today">Today</a>   链接
        <a class="datepick-cmd datepick-cmd-next">Next&gt;</a>
    </div>
    <div class="datepick-month-row">                            月份的一行
        <div class="datepick-month">                            一个单独的
            ...                                                  月份
        </div>
    </div>
    ...
</div>
```

程序清单 4.6 Datepicker 的样式

```
.datepick {                                          Datepicker
    background-color: #fff;                           容器
    color: #000;
    border: 1px solid #444;
    border-radius: 0.25em;
    font-family: Arial,Helvetica,Sans-serif;
    font-size: 90%;
}
.datepick a {
    color: #fff;
    text-decoration: none;
}
.datepick-nav {                                      导航容器
    float: left;
    width: 100%;
    background-color: #000;
    color: #fff;
    font-size: 90%;
    font-weight: bold;
}
.datepick-cmd {                                      每个导航链接
    width: 30%;
}
.datepick-month-row {                                月份的一行
    clear: left;
}
.datepick-month {                                    一个单独的月份
    float: left;
    width: 15em;
    border: 1px solid #444;
    text-align: center;
}
...
```

如果开发者通过选项来指定风格并把它们直接应用在插件的元素上，就要冒些风险——这会导致用户无法改变这些元素的外观。因为开发者只能通过添加!important 命令来覆盖内联的样式，但是应该尽可能地避免使用这个标记。

此外，有很多属性都能控制元素样式，那么开发者应该如何选择把哪个作为选项提供出来呢？如果用户想改变其他方面的样式呢？他们就需要把插件选项与 CSS 规则混用，这样就很难找出效果的源头。

4.2.13　在主流浏览器中测试

为了使用户群最大化，开发者的插件需要能在所有主流浏览器上工作，如图 4.6 所示。插件的行为需要在不同平台上保持一致，外观也要看起来大致相同。

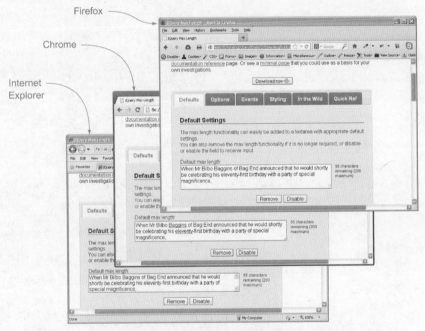

图 4.6　在主流浏览器中测试开发者的插件以保证相同的外观和行为

作者主要在 Firefox 中开发，这些代码通常也能运行在 Chrome 和 Safari 上。Internet Explorer 经常需要特别留心，特别是当开发者想支持一些老版本时。

4.2.14　创建可重复的测试用例集

使用一个自动化的测试工具（如 QUnit）来产生一个可重复的测试集，当代码发生改变时，它可以很快地跑一遍。测试用例需要覆盖所有的选项、方法，以及插件中可用的函数。但是 QUnit 不能测试插件的外观，所以开发者仍然需要在每个浏览器中运行一个例子来验证。

　　笔者发现，为开发者的插件创建一个范例页面可以服务于两个目的。首先，它能告诉潜在用户这个插件能做什么，还可以展示一些如何做的代码。其次，它也提供了一个可视化试验床（test bed）让开发者看到插件的方方面面，以及在各种浏览器上的呈现效果。

　　第 7 章将详解介绍如何使用 QUnit 来测试插件。

4.2.15　提供示例和文档

　　无论开发者的插件多么伟大，如果用户不知道如何使用或配置它，它就不会被广泛使用。

　　每个插件都应该有一个示例页面来展示自己的亮点，如果没有亮点，则展示插件的功能。如图 4.7 中展示的 MaxLength 插件。如果开发者想做得更好，还应该包括完成各种功能的代码。这样用户在找到自己需要的功能后，就可以直接把代码拷贝到自己的页面上来使用它了。

　　开发者也应该把插件的所有功能写入文档，即使有些看起来像是代码中的注释（至少应该是），不过没人愿意在脚本中费力找寻如何使用它。为插件提供一个参考页面，列出它所有的配置选项、所有的方法，以及其他一些支持的功能。图 4.8 展示了 MaxLength 插件的一些文档。

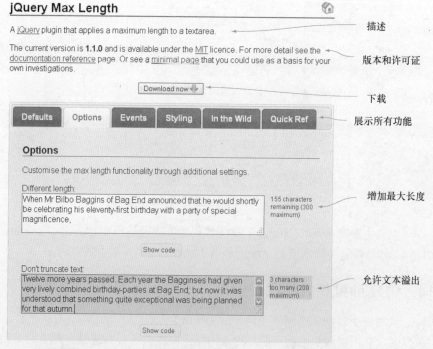

图 4.7　MaxLength 插件的示例页面，展示了选项的效果

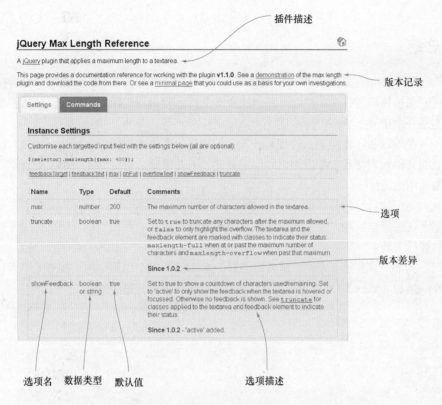

图 4.8　MaxLength 插件的文档页面，展示了选项的详细信息

　　每个选项应该显示它的名字、期望的数据类型，以及默认值，这样就能让用户知道它需要的信息。还要包括一段关于它的目的的介绍。如果这个选项需要一组有限的值，把它们列出来并对每一个加以解释。如果它需要一个内部结构，例如一个对象映射（object map），也要详细描述这个结构，包括内部的属性以及它们的类型和目的。当选项不是一个简单的字符串、数字或布尔标志时，也要提供一段简单的示例代码。

　　同样，每个方法都要展示它的名字和用到的参数、参数类型、目的，以及是否可选。确定方法的返回值，并特别强调会阻断链式调用的情况。

开发者需要知道

　　在开始开发之前，首先规划和设计自己的插件。

　　在可能的情况下，用插件来增强基本功能。

　　通过作用域来防止名字冲突，并保护自己的代码。

　　预估插件的定制点来使它更灵活，然后提供有意义的默认值。

　　单元测试自己的插件来验证它的功能。

　　为了让更多人使用自己的插件，为它提供文档和示例。

4.3　总结

一个 jQuery 插件几乎可以做任何事情，从简单的修改类（class）和添加事件处理器，到定义选择器和提供动画，再到创建众多支持远程访问的图形小部件。选择实现什么功能是一个挑战。

在外观和行为两个方面规划开发者的插件。考虑它如何与 jQuery、用户，以及页面上的其他元素交互。考虑用户如何定制它。不要得意忘形地创建一个没有重点、用户不怎么用的插件。

为了让自己的插件能正常与 jQuery 以及页面上其他 JavaScript 库交互，开发者应该遵守这些最佳实践以及模式。这里介绍的原则形成了一系列准则，包括与插件类型无关的最佳实践。

在下一章和第 8 章中，读者将会看到在插件开发中用到的两个框架（笔者自己的插件框架和 jQuery UI 小部件框架），以及它们如何实现这些原则。

第 5 章　集合插件

本章涵盖以下内容：
- 定义集合插件；
- 使用一个插件框架；
- 应用设计原则；
- 创建一个完整的集合插件。

现在读者已经学习了设计和实现一个插件的理论知识，接下来将看到如何在实践中使用插件。为了更具体地说明问题，这里将创建一个相对简单的插件来提供一个有用的服务，同时它的复杂度足以展示插件开发中涉及的大多数技术。

开发者将要创建的插件补充了浏览器提供的现有功能。普通的文本框字段有一个maxlength 属性，它允许开发者限制一个字段最多能输入多少文字。这种限制对数据库或其他存储机制的一些限制条件会有帮助。但是多行的 textarea 字段并没有这个属性，它允许输入任意长度的内容。针对这个问题，开发者可以创建一个集合插件来控制可接受的文本长度，并提供有价值的反馈信息。

5.1　什么是集合插件

读者可能还记得在第 3 章中，jQuery 通常的操作模式是选择—执行。无论是通过直接使用选择器和过滤器，还是通过在已有选择的基础上遍历 DOM，都要先找到开发者想要的元素，然后为它们应用一些功能。例如，开发者可以用下面的代码来隐藏所有包含 note 类的段落：

```
$('p.note').hide();
```

这些操作就是笔者所称的*集合插件*（collection plugins）——它们用来操作 jQuery 对象中封装的一个 DOM 元素集合。绝大多数第三方 jQuery 插件都属于这种类型。

集合插件的定义通过扩展$.fn 来实现，另外，还需要为新插件提供一个名字以及一个实现插件目的的函数。$.fn 其实是$.prototype 的一个别名，prototype 是 JavaScript 用来为所有 object 类型的实例添加属性和方法的标准机制。把一个新函数添加到$.fn 中，所有的 jQuery 对象就自动拥有了这个函数，例如通过 jQuery 选择或遍历 DOM 得到的元素集合对象。这些函数在当前 jQuery 实例的上下文中被调用，因此能访问它所管理的元素集合。

5.2 一个插件框架

虽然由于每个插件都提供特定的功能，开发者可以独立开发，但它们与 jQuery 交互的方式大致相同，所以应该尽可能地重用代码。基于这个目的，笔者开发了一个插件框架，它在笔者自己的插件开发中表现不错。它提供了所有集合插件的公用功能，可以很容易添加额外的选项和方法。读者将看到这个框架如何实现前一章中介绍的指导原则。

5.2.1 MaxLength 插件

开发者将要开发的示例插件为 textarea 字段提供了最大长度的约束，类似于输入框内置的 maxlength 属性。它使用默认设置的调用方式如下：

```
$('#text1').maxlength();
```

开发者可以在初始化调用时提供一些选项来定制该插件：

```
$('#text1').maxlength({max: 400});
```

除了限制可输入的文本外，这个插件还会提供反馈信息来告诉开发者输入了多少个字符或还剩下多少个可以输入（见图 5.1）。

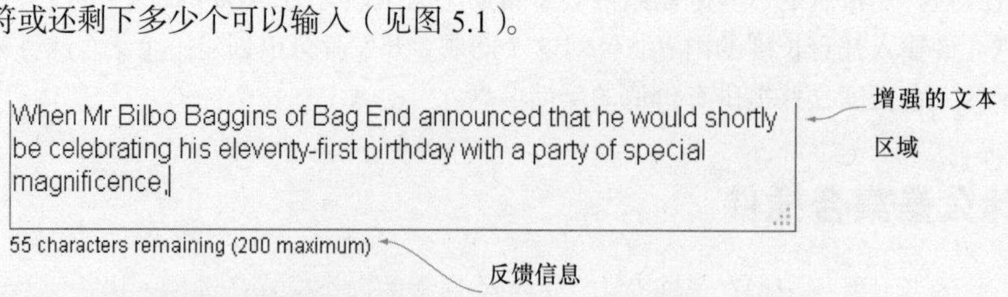

When Mr Bilbo Baggins of Bag End announced that he would shortly be celebrating his eleventy-first birthday with a party of special magnificence, ────── 增强的文本 区域

55 characters remaining (200 maximum) ────── 反馈信息

图 5.1　运行中的 MaxLength 插件

这个插件允许开发者在用户输入的字符到达上限时给出提示，而不是阻止他们继续输入。通过这种方式，用户知道他们应该减少文本长度，但是不会打断他们的思路。他们可以回去自行把文本修改到合适的长度。当长度超过最大值时，会显示不同的反馈信息。

反馈信息可以被完全禁止，尽管这是个很好的用户体验，或者它可以被设置为仅当 textarea 活动（鼠标悬停或获得焦点）时显示。当 textarea 到达或超出上限时，通过一个回调事件来通知用户。

MaxLength 插件遵守了"*提供渐进增强*"这个原则。它丰富了关于限制 textarea 输入文本长度的用户体验。没有 JavaScript 时，开发者仍然可以输入文本，长度限制将在提交后由服务器端进行验证（总是应该验证）。

5.2.2 MaxLength 插件的操作

这个插件包括一个对象，该对象包含许多函数，它们之间相互协作以提供所需的功能，并允许用户初始化和管理这些功能。程序清单 5.1 展示了插件的总体结构，以及这些函数在插件生命周期中的调用方式。

程序清单 5.1 插件函数

```
function MaxLength() {
    this._defaults = {...};                                      ← 插件默认选项
}

$.extend(MaxLength.prototype, {
    setDefaults: function(options) {...},                        ← 插件默认覆盖
    _attachPlugin: function(target, options) {...},              ← 设置/获取选项
    _optionPlugin: function(target, options, value) {...},
    _curLengthPlugin: function(target) {...},
    _checkLength: function(target) {...},                        ← 执行长度限制
    _enablePlugin: function(target) {...},                       ← 启用元素
    _disablePlugin: function(target) {...},                      ← 禁用元素
    _destroyPlugin: function(target) {...}                       ← 移除插件功能
});

$.fn.maxlength = function(options) {...};                         ← jQuery 桥

var plugin = $.maxlength = new MaxLength();                       ← 单例实例
```

初始化 · 获取当前长度

当开发者加载插件代码时，创建了一个插件对象的单例（plugin）。用户可以通过附加在 jQuery 对象上的一个引用（$.maxlength）来直接和这个插件对象交互，或者通过桥接函数（$.fn.maxlength）与对象交互，它允许开发者把插件的功能应用在一个 jQuery 选择出的元素集合上。

这个单例对象的_defaults 属性是插件的一组默认选项值。开发者可以通过调用 setDefaults 函数并提供新值来覆盖这些默认值。由此产生的默认值适用于该插件的所有后续应用。

开发者可以通过在选择的基础上调用桥接函数来把插件附加到一个或多个元素上。

这个函数会把调用代理到_attachPlugin 上，它首先会初始化目标元素，然后调用_optionPlugin 来处理这个实例的当前选项（默认值或初始化时提供的覆盖值）：

```
$('#text1').maxlength({max: 400});
```

当调用 option 方法时，也要调用_optionPlugin 函数来更新影响到的元素以反映新的选项变化。当前的选项值和其他内部设置被作为数据存储在相关的元素上。

```
$('#text1').maxlength('option', 'onFull', alertMe);
```

所有路径最终都会调用_checkLength 函数（初始化或改变选项时，或每输入一个字符时）。它实现了插件的长度约束功能，并且当字段已满或超出时可以通知用户。

开发者可以调用 disable 方法来使字段不能访问，这会调用_disablePlugin 函数。同样，enable 方法会调用_enablePlugin 函数来恢复字段访问：

```
$('#text1').maxlength('disable');
```

开发者可以在任何时候通过调用 curLength 方法来获取当前已输入的字符个数。这个结果由相应的_curLengthPlugin 函数返回：

```
var lengths = $('#text1').maxlength('curLength');
```

如果不再需要这个插件的功能，开发者可以调用 destroy 方法来移除它，它会调用_destroyPlugin 函数。这个函数会回滚所有初始化阶段和调用 option 所作的设置，把受影响的元素重置到它们最初的状态：

```
$('#text1').maxlength('destroy');
```

接下来的小节将更加详细地描述这些函数的操作，以及它们之间如何相互协作来完成 MaxLength 的功能。

5.3　定义插件

在开始开发插件的具体功能之前，还有几步要做：
- 声明插件的名字；
- 保护自己的代码不受多种 JavaScript 环境的影响，反之亦然；
- 定义一个单例对象来提供对公共设置和行为的访问。

5.3.1　声明一个命名空间

每个插件都需要用一个名字来标识，并与其他插件相区分。开发者应该取一个能够反映插件目的的名字，并且可以在整个 jQuery 中使用它，以保持"*在所有地方使用唯一的名字*"这个原则。开发者可以在文档中用一个稍微不同的名字，但是两者要非常接近。

注意，这个名字是开发者的插件的访问点。如果开发者选择了与其他插件相同的名字，它们将不能同时在一个页面上使用。据推测，如果它们的名字相同，那么即使功能不同，应该也很类似。所以不太会同时需要它们。

开发者将把这个插件取名为 maxlength，因为这正是插件提供的功能，而且不长不短刚刚好。在文档中，开发者可以用 MaxLength 来引用这个插件。

为了保持 jQuery 的原则，名字应该都是小写字母。此外，插件代码应该放在一个名为 jquery.<插件名>.js 的文件中，相关文件也应以这个模式命名。这个插件的代码文件为 jquery.maxlength.js，相关的 CSS 文件为 jquery.maxlength.css。

5.3.2 封装

"*利用作用域隐藏实现细节*"和"*不要依赖$与 jQuery 的等同性*"这两个指导原则可以用下面展示的样板代码来解决。程序清单 5.2 用来保护插件的实现细节不能被其他 JavaScript 环境访问——在 OOP 中被称为*封装*。

程序清单 5.2　封装插件代码

```
(function($) { // Hide scope, no $ conflict        ❶ 声明匿名函数
    ... the rest of the code appears here
})(jQuery);                                        ❷ 立即调用它
```

开发者首先声明一个匿名函数来创建一个新的作用域❶——定义在此作用域内部的变量和函数对外界不可见。这意味着，开发者可以在插件的内部代码中使用自己希望的任何命名习惯，不用担心与其他插件或外部代码冲突。开发者希望插件暴露给外界的所有东西都需要通过 jQuery 对象自己来完成。

在声明完这个包装函数之后，用一对圆括号把它包起来以确保可用，然后立即调用它❷。调用函数时传入的参数是 jQuery 对象。读者可以看到，在函数的声明中，它接收一个名为$的参数。因此 jQuery 对象直接映射到这个$参数，后者将会在函数体中被使用，它将永远指向 jQuery 且不会被其他 JavaScript 库占用。

注意：读者可能已经看到，大多数 jQuery 代码都被包在$(document).ready(function() {...})回调或它的缩写$(function(){...})中。这是为了确保在 DOM 初始化完成后再执行代码。开发者不能把自己的插件代码写在这样的结构中。这是因为开发者想让它在加载后立即执行，并在接下来运行正常的 jQuery 初始化时可用。如果开发者确实需要在插件中设置 DOM，这需要被推迟到使用它的时候——通常是在其插件被应用到一组元素上时，或者可以把它包在插件自己内部的 document.ready 回调中。

5.3.3 使用单例

笔者使用单例模式来简化与插件的交互，并作为信息和行为的一个中央仓库，这个单例对象有一个全局的访问点。除了定义这个对象的功能，通过它内部的函数，它还包括一

些应用在页面上所有插件元素上的常量和值。程序清单 5.3 展示了这个单例对象的定义。

程序清单 5.3　定义一个插件的单例管理器

```
/* Max length manager. */
function MaxLength() {                                              ❶ 声明 JavaScript 类
    this.regional = []; // Available regional settings,
        // indexed by language code
    this.regional[''] = { // Default regional settings
        feedbackText: '{r} characters remaining ({m} maximum)',
        ... Other regional settings
    };
    this._defaults = {                                             ❸ 声明选项和它们
        max: 200, // Maximum length                                    的默认值
        ... Other default settings
    };
    $.extend(this._defaults, this.regional['']);                  ❹ 组合默认地区
}                                                                      与默认值

$.extend(MaxLength.prototype, {                                   ❺ 定义其他常量和函数
    ...
});                                                                            创建一个单例 ❻

/* Initialise the max length functionality. */
var plugin = $.maxlength = new MaxLength(); // Singleton instance
```

❷ 创建本地化数组

在 JavaScript 中用函数的形式声明了一个"类"❶。由于开发者使用了一个新的作用域，这个函数名对外部不可见，所以也就没必要使用与插件相同的名字。事实上，使用不同的名字使代码更清晰。

这个函数声明了自己的一组内部字段和子函数来定义它的状态和行为。这个 this 变量引用了这个"类"的当前实例。最重要的一点是，这个插件定义了一组控制其行为的默认选项❸。理想状况下，这些选项提供了让这个插件应用到一个元素上并以默认方式工作的所有必要配置信息。用户可以在元素上初始化插件时覆盖这些选项。

为了使这些选项能很容易地转化为其他语言和文化，定义一个本地化数组❷，并把它初始化为默认值（英语）。在定义其他默认设置时，把它添加进去❹。与其他本地化一样，可以像这样使用：

```
$('#text1').maxlength($.maxlength.regional['fr']);
```

读者将在 5.5.2 节中看到关于本地化更详细的介绍。

通过扩展函数的 prototype 来定义其他常量和内部函数❺。这些函数实现了插件的功能，有些是所有插件共用的，其余是当前插件的特定功能。

最后，为了使这个单例变量能被外部代码使用，开发者需要创建这个实例并把它赋值给 jQuery 对象（别名$）的一个属性❻，这遵守了"*把一切都放在 jQuery 对象中*"这个原则。注意，开发者使用了插件的唯一名称。开发者还创建了一个局部变量 plugin，以便模块内部引用这个插件，也能让其他插件更容易地重用这个框架代码。

使用这个技术可以更容易地引用插件的常量、变量和方法，即使是在不同上下文的

回调函数中。读者将在后面的小节中看到如何使用它。

5.4 附加到元素

为了在页面元素上应用插件功能,开发者需要定义一个函数来允许 jQuery 调用自己的代码。所有需要操作元素集合的插件都要以一个相当简单的方式扩展$.fn。不过,当开发者需要处理方法和取值(getter)函数时,情况会变得更复杂。

为此,开发者将看到如何:

- 以最简单的形式把插件附加在一个或多个元素上;
- 把插件初始化作为附加过程的一部分;
- 处理传递给插件的附加功能的方法名;
- 从插件返回请求的值。

下面从最基础的开始。

5.4.1 基本的附加

jQuery 提供了一个集合插件的扩展点,让它们能很容易地被应用在一组通过选择/遍历得来的元素上。程序清单 5.4 使用这个扩展点来整合开发者自己的插件。

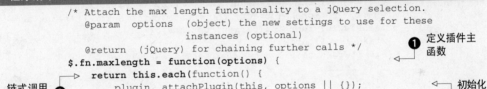

程序清单 5.4　把插件应用到一个元素上

```
/* Attach the max length functionality to a jQuery selection.
   @param  options  (object) the new settings to use for these
                     instances (optional)
   @return (jQuery) for chaining further calls */          ❶ 定义插件主
$.fn.maxlength = function(options) {                           函数
链式调用 ❷   return this.each(function() {
              plugin._attachPlugin(this, options || {});   ❸ 初始化
            });                                               每个
};                                                            元素
```

扩展$.fn 来定义开发者的插件函数❶。这个函数接收一个参数,它可以用来覆盖任何默认选项,以控制插件的行为。如果省略它,则全部使用默认选项。因为 jQuery 对象(别名$)是一个全局变量,所以可以在这个定义之后通过它来访问自己的插件。因为扩展了$.fn,所以 jQuery 知道它是一个集合插件,并在这个函数被调用时把元素集合作为 this 变量的内容传入。

注意: this 变量引用通过选择/遍历得来的一组元素。它已经是一个 jQuery 对象,在访问它之前 *不应该* 用另一个 jQuery 对象包装它。

为了保持 jQuery 的一个关键特征,也为了遵守另一个原则——*"尽可能返回 jQuery 对象以便链式调用"*,应该总是从插件中返回 this 变量❷。这种模式允许在选定的对象上链式调用,这正是插件的用户所期望的。这里有个例子:

```
$('#text1').maxlength().change(function() {...});
```

因为开发者通常希望处理集合中的每一个元素，标准的模式是调用 each 函数并单独处理每个元素。调用 each 的返回结果还是原来的集合，所以可以把它直接作为插件的结果返回，以支持链式调用。

最后，开发者调用这个插件单例对象（plugin）中的 _attachPlugin 函数来应用插件的功能❸。把当前元素（this）以及用来自定义插件行为的 options 作为参数传入。因为 options 不是必选参数，所以它们可能是未定义的（undefined）。为了简化后续代码，通过 options || {}结构来确保当 options 没有定义时，把它设置为一个空值。这段代码计算第一个表达式（options），如果为 "true"（不为 undefined、空、零或 false）则返回它，否则计算第二个表达式并返回一个新的空对象。

5.4.2　插件初始化

_attachPlugin 函数针对页面上的特定元素初始化插件，参见程序清单 5.5。这个元素作为第一个参数传入函数，配置插件的选项作为第二个参数传入。在这里添加管理插件元素状态的一次性功能，并执行与选项值无关的处理。

程序清单 5.5　在一个元素上初始化插件

```
/* Attach the max length functionality to a textarea.
   @param  target   (element) the control to affect
   @param  options  (object) the custom options for this instance */
_attachPlugin: function(target, options) {
    target = $(target);                              ❶ 不要重复初
    if (target.hasClass(this.markerClassName)) {        始化插件
        return;
    }                                                ❷ 创建实例
    var inst = {options: $.extend({}, this._defaults),  的设置
        feedbackTarget: $([])};
    target.addClass(this.markerClassName).          ❸ 添加标记类
        data(this.propertyName, inst).
        bind('keypress.maxlength', function(event) {
            if (!inst.options.truncate) {            ❺ 绑定事件
                return true;                            处理器
            }
            var ch = String.fromCharCode(
                event.charCode == undefined ?
                    event.keyCode : event.charCode);
            return (event.ctrlKey || event.metaKey || ch == '\u0000' ||
                $(this).val().length < inst.options.max);
        }).
        bind('keyup.maxlength', function() {
            plugin._checkLength($(this));
        });                                          ❻ 用新选项
    this._optionPlugin(target, options);               更新元素
},
```

❹ 把实例设置附加在元素上

首先，检查给定元素是否已经被这个插件初始化过❶，如果是，则不做进一步处理。

元素只应该被初始化一次，因为开发者不想为它们附加多个事件处理器，也不想把其他一次性的处理过程执行多次。通过检查元素上的一个特定类来确定它与这个插件相关的状态。初始化过程的第一个步骤就是指定这个类❸。

为了跟踪这个元素上插件的状态，开发者创建一个实例对象❷来保存特定于这个元素的值，包括用户提供的任何选项和配置。这个设置初始化为一个空对象{}，然后用默认设置扩展它。如果开发者直接使用_defaults对象，任何变化都将应用于该对象，进而影响后续使用它的插件。使用_optionPlugin来应用用户设置❻，它会处理选项的变化。

使用data函数把实例数据存储在元素上❹（保持"*使用data函数来存储实例的详细信息*"原则）。在这个模块中为此定义一个常量名，再次使用maxlength——这是为了在整个插件中一致且容易地访问数据。因此，插件的状态可以从任意指定元素上获取，并可以被插件的其他函数所使用。当这个元素从DOM中移除时，这些实例数据也就自动清除了。

其他不依赖于选项值的功能同样是附加过程的一部分。在本例中，开发者为目标元素textarea添加了事件处理器来监听keypress和keyup事件❺，以便能在它发生改变时及时检查字符个数。在插件中创建事件处理器时，应该总是为事件名加上命名空间（本例中为maxlength）。这样做可以容易地移除自己插件添加的处理器，而不影响外部添加的其他事件处理器。

最后，调用_optionPlugin函数把所有的自定义选项应用在插件上❻。这个函数将在5.5.3节中介绍。

5.4.3　调用方法

在5.4.1节中，读者已经看到如何为一组DOM元素初始化插件。但是，为了保证"*声明一个唯一的名字*"原则，以及"*用方法调用附加功能*"原则，还需要应付这些情况。在插件函数中传入一个string值，用来指定需要调用的插件功能。常见的例子包括启用和禁用插件，还有改变或获取选项值。后一个例子中，需要在调用时指定额外的信息来确定需要更新的选项以及它的新值。

程序清单5.6是一份样板代码的大部分，它适用于所有集合插件。

程序清单5.6　调用插件中的方法

```
/* Attach the max length functionality to a jQuery selection.
   @param  options  (object) the new settings to use for these
                    instances (optional) or
                    (string) the method to run (optional)
   @return  (jQuery) for chaining further */
$.fn.maxlength = function(options) {
    var otherArgs = Array.prototype.slice.call(arguments, 1);
```

❶ 提取第二个参数

```
        return this.each(function() {
          if (typeof options == 'string') {
            if (!plugin['_' + options + 'Plugin']) {
              throw 'Unknown method: ' + options;
            }
            plugin['_' + options + 'Plugin'].
              apply(plugin, [this].concat(otherArgs));
          }
          else {
            plugin._attachPlugin(this, options || {});
          }
        });
      };
```

这是一个方法调用吗 ❷

检查方法是否存在 ❸

如果不存在，则抛出一个错误 ❹

调用方法 ❺

　　因为插件的参数个数是未知的，并且与所调用的方法有关，所以使用 JavaScript 的标准变量 arguments 来访问第一个参数之后的参数。使用 Array 类的 slice 函数从 arguments 数组中提取元素，然后把它们复制到另一个变量❶。otherArgs 数组最终包含了除第一个（假定为方法名）之外的所有 maxlength 的参数。

　　与之前一样，遍历集合中的元素，并分别处理它们。然后检查 options 的类型，以确定它是否是一个方法❷。在普通的初始化调用中，options 应是 undefined 或者是一个包含覆盖选项的对象，所以如果它的类型是 string，说明正在处理的是一个方法。

　　为了避免不可预期的错误，开发者需检查给定的方法是否可以执行。方法到函数映射的约定是在方法名前加一个下划线（_）前缀和一个标准的后缀（Plugin）❸。如果这样一个函数不存在，则抛一个异常❹。例如，方法 option 映射到函数 _optionPlugin。

注意：笔者的约定是使用下划线（_）前缀来表示这个单例对象中的私有函数，尽管 JavaScript 并不强制这样。被设计为直接调用的函数中并没有这个下划线。为了进一步区分执行方法调用的内部函数与纯粹的内部函数，笔者在前者后附加一个标准名字。所以函数 setDefaults 被设计为直接调用，_curLengthPlugin 是方法 curLength 的内部函数，_checkLength 仅供内部调用。

　　不同的是，使用 JavaScript 的标准函数 apply 来调用方法函数，以确保调用上下文是这个单例对象（第一个参数）❺。调用插件函数时提供的其余参数现在都被保存在了 otherArgs 变量中，与当前元素结合成为调用方法的完整参数集。

　　读者将在后续的小节中看到这些方法的实现。现在可以处理执行传入插件的方法了，开发者还需要处理如何从插件中返回值，这将在下一小节中讲述。

5.4.4　取值方法

　　尽管大多数方法都是在指定元素上调用一些行为，但有些方法被设计为返回特定值，例如当前已输入的字符数、插件剩余可用的字符数。这些方法不可避免地破坏了 jQuery 的链式调用模式（在同一个选择上应用多个动作的能力），因为它们返回特定值而不是当前元素集合。

程序清单 5.7 给出了取值方法 getter method 的调用代码，其中大部分可以在所有集合插件中重用。

程序清单 5.7 在一个元素上应用插件

```
// The list of methods that return values and don't permit chaining
var getters = ['curLength'];                                    ❶ 列出取值函数

/* Determine whether a method is a getter and doesn't permit chaining.
   @param  method      (string, optional) the method to run
   @param  otherArgs    ([], optional) any other arguments for the method
   @return  true if the method is a getter, false if not */
function isNotChained(method, otherArgs) {                       ❷ 检查是否为取值方法
    if (method == 'option' && (otherArgs.length ==0 ||
            (otherArgs.length == 1 && typeof otherArgs[0] == 'string'))) {
        return true;
    }
    return $.inArray(method, getters) > -1;
}

/* Attach the max length functionality to a jQuery selection.
   @param  options     (object) the new settings to use for these
                        instances (optional) or
                        (string) the method to run (optional)
   @return  (jQuery) for chaining further calls or
            (any) getter value */
$.fn.maxlength = function(options) {
    var otherArgs = Array.prototype.slice.call(arguments, 1);   ❸ 如果当前方法是
    if (isNotChained(options, otherArgs)) {                        取值方法
        return plugin['_' + options + 'Plugin'].
            apply(plugin, [this[0]].concat(otherArgs));         ❹ 直接返回方法的值
    }
    return this.each(function() {
        if (typeof options == 'string') {
            if (!plugin['_' + options + 'Plugin']) {
                throw 'Unknown method: ' + options;
            }
            plugin['_' + options + 'Plugin'].
                apply(plugin, [this].concat(otherArgs));
        }
        else {
            plugin._attachPlugin(this, options || {});
        }
    });
};
```

开发者需要提供一个取值函数的列表❶，因为除此之外没有办法识别它们。这些方法与其他方法区别对待，返回自己的值。

因为 option 方法包含多个功能（既可以设置选项，又可以获取选项值），所以它必须被当作一个特例。函数 isNotChained❷首先处理这个特殊方法（根据提供的参数个数），

然后检查之前定义的取值方法列表，如果存在则返回 true。

如果确定这是一个取值函数❸，则立即调用它，然后把它的值作为插件函数的结果直接返回❹。与其他方法一样，开发者以单例对象作为上下文来调用 apply 函数，并把集合中的第一个元素以及其他参数（otherArgs）一并传入。开发者只传入第一个元素是因为只能返回一个值。此模式遵循 jQuery 取值函数的标准做法，例如 attr、css 和 val。

像这样调用这个方法：

```
var counts = $('#text1').maxlength('curLength');
```

读者将在 5.7.1 节中看到函数 _curLengthPlugin 的代码。

5.5   设置选项

开发者可以通过选项来配置插件以改变它的行为。其中的指导原则是"*预估定制点*"和"*使用合理的默认值*"。用户总是希望定制插件的外观和行为来适应他们自己的需求。如果开发者能预估到他们想改变什么，并提供一些选项来迎合，他们会更加愿意使用开发者的插件。但是开发者希望插件的配置尽可能少，以便于使用，所以所有选项都应该有默认值，允许它被用于最常见的方式。

为了完成以下目标：

■　为所有选项定义默认值；
■　通过分离出合适的选项，使插件可以很容易被本地化；
■　处理读取和设置选项值；
■　立即应用选项的变化；
■　允许插件被禁用和启用。

下面将逐一介绍它们。

5.5.1   插件默认值

读者已经看到过这个单例对象中默认值。用户可以在元素上初始化他们的插件时覆盖这些值。本地化设置的 regional 将在下一小节中详述。程序清单 5.8 展示了 MaxLength 插件的所有选项。

为了允许全局的变化能应用在插件的所有实例上，在这个单例对象中定义了一个 setDefaults 函数，如程序清单 5.9 所示。把选项作为参数传入这个函数，并扩展默认的选项列表，然后将其应用在插件的任何新实例上，参见 5.4.2 节。这个函数返回单例对象的一个引用，因为它上面再没有其他可用的全局函数了，所以这没什么用处，但是它遵守了 jQuery 的链式调用原则，而且也没什么坏处。

程序清单 5.8 插件的默认选项

```
/* Max length manager. */
function MaxLength() {
    this.regional = []; // Available regional settings,
        // indexed by language code
    this.regional[''] = { // Default regional settings
        feedbackText: '{r} characters remaining ({m} maximum)',
            // Display text for feedback message,
            // use {r} for remaining characters,
            // {c} for characters entered, {m} for maximum
        overflowText: '{o} characters too many ({m} maximum)'
            // Display text when past maximum,
            // use substitutions above and {o} for characters past maximum
    };
    this._defaults = {
        max: 200, // Maximum length
        truncate: true, // True to disallow further input,
            // false to highlight only
        showFeedback: true, // True to always show user feedback,
            // 'active' for hover/focus only
        feedbackTarget: null, // jQuery selector or function for
            // element to fill with feedback
        onFull: null // Callback when full or overflowing,
            // receives one parameter: true if overflowing, false if not
    };
    $.extend(this._defaults, this.regional['']);
}
```

程序清单 5.9 覆盖全局默认值

```
/* Override the default settings for all max length instances.
   @param  options  (object) the new settings to use as defaults
   @return  (MaxLength) this object */
setDefaults: function(options) {
    $.extend(this._defaults, options || {});
    return this;
},
```

在把插件应用在任何元素上之前，开发者可以用如下方式调用这个函数：

```
$.maxlength.setDefaults({max: 300, truncate: false});
```

5.5.2 本地化/地方化

为了使自己的插件有更广泛的用户群，开发者必须考虑由于用户地域所带来的一些不同点（"*允许本地化/地方化*"原则）。很明显的一个不同点是语言——不是所有人都说英语，但也可以延伸到日期、数字和货币格式，甚至阅读顺序是从左到右还是从右到左。开发者可以把受地区影响的选项分组，使自己的插件用户能更容易地处理本地化。

在这个单例对象中，开发者定义一个以所需语言（也可以是地区）为索引的数组。通过空字符串访问默认语言（英语），这些设置被自动添加到插件的默认值中。

当用户希望为开发者的插件创建一个地区时，他需要在 regional 数组中定义一组选项值，然后把它添加到所有插件实例所共享的全局默认值中。

例如，程序清单 5.10 展示了这个插件对法语的支持。这些代码应该被放在一个以"插件名-语言"形式命名的文件中，在本例中为 jquery.maxlength-fr.js。

程序清单 5.10　MaxLength 插件的法语本地化

```
/* http://keith-wood.name/maxlength.html
   French initialisation for the jQuery Max Length extension
   Written by Keith Wood (kbwood{at}iinet.com.au) April 2012. */
(function($) { // hide the namespace

$.maxlength.regional['fr'] = {
    feedbackText: '{r} de caractères restants ({m} maximum)',
    overflowText: '{o} de caractères trop ({m} maximum)'
};
$.maxlength.setDefaults($.maxlength.regional['fr']);

})(jQuery);
```

❶ 封装内部代码

❷ 声明本地化值

❸ 作为所有实例的默认值

与主插件一样，开发者为本地化创建一个新的作用域来保证$指向 jQuery 对象，并隐藏所有实现细节❶。然后在插件的 regional 数组中新添加一个条目，以语言代码作为索引❷。通过用新的本地化设置来覆盖插件的默认值，可以简化本地化的使用❸。用户只需要在本地化代码之后加载插件代码，然后以默认模式使用插件来显示期望的语言，如图 5.2 所示。程序清单 5.11 展示了如何加载和使用法语本地化。

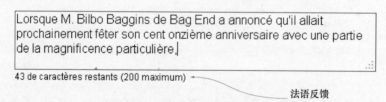

43 de caractères restants (200 maximum)

法语反馈

图 5.2　把 MaxLength 本地化为法语

程序清单 5.11　加载一个本地化代码

```
<script type="text/javascript" src="js/jquery.maxlength.js"></script>
<script type="text/javascript" src="js/jquery.maxlength-fr.js"></script>
<script type="text/javascript">
$(function() {
    $('#text1').maxlength(); // Automatically in French
});
</script>
```

如果开发者希望在加载多个本地化代码之后使用其中一个，可以从插件的 regional 数组中引用自己的选择：

```
$('#text').maxlength($.maxlength.regional['fr']);
```

它也可以与其他设置混合：

```
$('#text').maxlength($.extend({max: 400}, $.maxlength.regional['fr']));
```

5.5.3　响应选项的变化

回想一下，开发者希望通过"*预估定制点*"来获取更广泛的用户，并让用户的使用代价更小。选项可以在插件初始化时设置，也可以在插件的整个生命周期中被更改。这些选项可能会影响插件的外观和/或行为，并且需要被立即应用。开发者可能也需要从插件中获取一个或几个选项值。option 方法提供了所有这些功能。

在取值模式中，option 方法让开发者指定选项名字，然后返回它的当前值（考虑默认值）。如果没有指定名字，它就返回整个选项集合。

```
var maxChars = $('#text1').maxlength('option', 'max');
var options = $('#text1').maxlength('option');
```

在设值模式中，option 方法可以改变单个指定的值，也可以通过一个给定的 map 改变多个值。

```
$('#text1').maxlength('option', 'max', 400);
$('#text1').maxlength('option', {max: 400, truncate: false});
```

操作模式是由调用时的参数个数和参数类型决定的，参见程序清单 5.12。

程序清单 5.12　读取和写入选项值

```
/* Retrieve or reconfigure the settings for a control.
   @param  target   (element) the control to affect
   @param  options  (object) the new options for this instance or
                    (string) an individual property name
   @param  value    (any) the individual property value
                    (omit if options is an object or
                    to retrieve the value of a setting)
   @return  (any) if retrieving a value */
_optionPlugin: function(target, options, value) {          ❶ 定义 option
    target = $(target);                                        函数
    var inst = target.data(this.propertyName);
    if (!options || (typeof options == 'string' && value == null)) {
        // Get option                                       ❷ 获取当前
        var name = options;                                    实例设置
        options = (inst || {}).options;
        return (options && name ? options[name] : options);
    }
}
```

❸ 获取一个
选项值

```
if (!target.hasClass(this.markerClassName)) {                    检查插件是否已经
    return;                                                  ❹  初始化
}
options = options || {};
if (typeof options == 'string') {                                处理单个指定
    var name = options;                                      ❺  选项
    options = {};
    options[name] = value;
}
$.extend(inst.options, options);
// Plugin specific code to implement these options ...
                                                             ❻  更新新的选项
},
```

开发者首先定义一个函数来响应 option 方法的调用❶。这个函数名遵循 5.4.3 节中建立的模式，方法调用可以被自动映射到这个函数，它的命名规则为下划线（_）加上方法名，然后加上文本 Plugin。

在这个函数中，开发者获取当前实例在目标控件（一个 textarea）上的设置❷。然后检查用户是否请求获取一个或多个选项值❸。这种情况下，没有设置选项，也没有指定选项名，或者只指定了一个选项名。返回实例的所有选项值或者单个指定选项值。

否则，option 方法被用在设值模式。与其他函数一样，检查插件是否已经在这个textarea 上初始化过❹，如果没有则退出。如果调用时指定了单个选项❺，开发者把这个选项转换为一个映射，以便在后续的处理流程进行重用。

把新的选择值保存在当前实例上❻。因为这些选项可能影响插件的外观或行为，所以这些变化需要立即应用在目标元素上。

这里给出的代码适用于所有需要在元素上保持一些状态的集合插件。改变一个或几个选项值时，开发者需要把它们应用在插件提供的元素上。下一小节中将详细讨论MaxLength 插件。

5.5.4　实现 MaxLength 的选项

提供给 MaxLength 插件的选项用来改变它的行为和/或外观。当这些值被更新时，它们需要被重新应用在相应的元素上，必要时还需移除上一次应用产生的影响。程序清单 5.13 展示的这个插件的特定代码出现在 5.5.3 节中_optionPlugin 函数的标准选项处理流程完成之后。

程序清单 5.13　处理 MaxLength 的特定选项

```
if (inst.feedbackTarget.length > 0) {                            移除前一个反馈
    // Remove old feedback element                           ❶  信息
    if (inst.hadFeedbackTarget) {
        inst.feedbackTarget.empty().val('').
```

```
                    removeClass(this._feedbackClass + ' ' +
                        this._fullClass + ' ' + this._overflowClass);
        }
        else {
            inst.feedbackTarget.remove();
        }
        inst.feedbackTarget = $([]);
    }
if (inst.options.showFeedback) {
    // Add new feedback element
    inst.hadFeedbackTarget = !!inst.options.feedbackTarget;
    if ($.isFunction(inst.options.feedbackTarget)) {
        inst.feedbackTarget =
            inst.options.feedbackTarget.apply(target[0], []);
    }
    else if (inst.options.feedbackTarget) {
        inst.feedbackTarget = $(inst.options.feedbackTarget);
    }
    else {
        inst.feedbackTarget = $('<span></span>').insertAfter(target);
    }
    inst.feedbackTarget.addClass(this._feedbackClass);
}
target.unbind('mouseover.maxlength focus.maxlength ' +
    'mouseout.maxlength blur.maxlength');
if (inst.options.showFeedback == 'active') {
    // Additional event handlers
    target.bind('mouseover.maxlength', function() {
            inst.feedbackTarget.css('visibility', 'visible');
        }).bind('mouseout.maxlength', function() {
            if (!inst.focussed) {
                inst.feedbackTarget.css('visibility', 'hidden');
            }
        }).bind('focus.maxlength', function() {
            inst.focussed = true;
            inst.feedbackTarget.css('visibility', 'visible');
        }).bind('blur.maxlength', function() {
            inst.focussed = false;
            inst.feedbackTarget.css('visibility', 'hidden');
        });
    inst.feedbackTarget.css('visibility', 'hidden');
}
this._checkLength(target);
```

❷ 添加新的反馈功能

❸ 仅在活动时处理反馈

❹ 重新检测长度

  MaxLength 插件的反馈信息既可以显示在它自己管理的元素上，也可以显示在其他已有的元素上。当不再需要反馈信息或者从内部或外部改变它时，需要撤销或移除前面使用的反馈信息❶。然后，考虑到新设选项，开发者需要根据请求来设置合适的反馈信息元素❷。

  注意：!!结构已经在 3.2.1 节中介绍过。

  同样，移除掉之前处理仅当 textarea 活动时才反馈消息的事件。如果仍然需要这些功能，再把它们添加回来❸。注意，通过命名空间来识别事件，这样避免影响这个元素上的其他事件处理器。

最终，调用实现了插件主要意图的_checkLength 函数❹，在 textarea 上应用长度限制。

5.5.5　启用和禁用小部件

尽管没有明确的选项用来控制插件的启用和禁用，不过这是一个很多插件都有的常见功能，并且影响着插件的外观和行为。在这个框架中，开发者使用方法调用来控制启用/禁用状态。

```
$('#text1').maxlength('disable');
...
$('#text1').maxlength('enable');
```

因此，需要有相应的_enablePlugin 和_disablePlugin 函数来实现这些方法。

程序清单 5.14　启用和禁用插件

```
/* Enable the control.
   @param  target  (element) the control to affect */       ❶ 定义启用/
_enablePlugin: function(target) {                              禁用函数
    target = $(target);
    if (!target.hasClass(this.markerClassName)) {           ❷ 检查插件是否已经
        return;                                                被初始化
    }
    target.prop('disabled', false).removeClass('maxlength-disabled');
    var inst = target.data(this.propertyName);
    inst.feedbackTarget.removeClass('maxlength-disabled');
},                                                          ❸ 启用/禁用相
                                                              关联的控件
/* Disable the control.
   @param  target  (element) the control to affect */       ❶ 定义启用/
_disablePlugin: function(target) {                            禁用函数
    target = $(target);
    if (!target.hasClass(this.markerClassName)) {           ❷ 检查插件是否已经
        return;                                                被初始化
    }
    target.prop('disabled', true).addClass('maxlength-disabled');
    var inst = target.data(this.propertyName);
    inst.feedbackTarget.addClass('maxlength-disabled');
},                                                          ❸ 启用/禁用相关联的
                                                              控件
```

这些函数的命名规则是下划线（_）加上方法名，再加上 Plugin❶，通过这个规则把它们与各自的方法调用相关联。如 5.4.3 节中的流程所示，控制权被转移到这些函数中。

每个函数都接受一个相应的 textarea 引用作为它唯一的参数。检查以确保

MaxLength 插件已经被应用到这个 textarea 上❷，如果没有被应用，则不做任何事；否则，在这个字段上设置或清除 disabled 属性❸，并在这个字段以及它的反馈控件上设置或清除用来控制样式的标记类。禁用 textarea 可以防止继续输入，所以开发者不需要再做进一步处理。

5.6   添加事件处理器

在选项中提供事件处理器能让用户对插件生命周期中的一些重要事件及时做出反应。JavaScript 允许传入函数引用，就像传递字符串和数字一样简单，并且提供了以正确的上下文和参数调用这些函数的机制。

在插件中添加事件回调，

- 允许用户注册事件处理器；
- 在合适的时间触发这些事件。

5.6.1   注册一个事件处理器

MaxLength 事件提供了一个可以被用户响应的事件——onFull 事件。当 textarea 达到允许的字符数上限时，它就会被触发。因为其他选项允许 textarea 继续接受字符输入（truncate:false），开发者也应该通知用户该 textarea 已经达到上限并仍然有效，还是已经超过了上限，必须在提交前缩短。

onFull 事件处理器是另一个选项（参见程序清单 5.15），默认为 null，表示不需要回调。使用它时，需要指定一个接受单个参数的函数，这个参数指示该 textarea 是否已满。回调函数中的 this 变量指向 textarea 自己，这样就允许用户在多个实例间重用一个处理器。

程序清单 5.15   定义一个事件处理器

```
/* Max length manager. */
function MaxLength() {
    this.regional = []; // Available regional settings,
        // indexed by language code
    this.regional[''] = { // Default regional settings
        ...
    };
    this._defaults = {
        ...
        onFull: null // Callback when full or overflowing,
            // receives one parameter: true if overflowing, false if not
    };
    $.extend(this._defaults, this.regional['']);
}
```

用户可以使用如下代码在插件初始化时指定事件处理器，也可以在后续的阶段通过更新选项来指定。

```
$('#text1').maxlength({onFull: function(overflow) {
    $('#warning').html(overflow ? 'Overflowed' : 'Full').show();
}});
```

5.6.2 触发一个事件处理器

当开发者在 MaxLength 插件中设置了最大长度限制时，这个事件处理器将在 _check Length 函数的尾部被触发，如程序清单 5.16 所示。在其他插件中，开发者需要在代码中其他合适的位置触发事件。

程序清单 5.16   触发一个事件回调

```
/* Check the length of the text and notify accordingly.
   @param  target   (jQuery) the control to check */
_checkLength: function(target) {
    var inst = target.data(this.propertyName);          检查触发和 ❶
    var value = target.val();                           回调条件
    var len = value.replace(/\r\n/g, '~~').replace(/\n/g, '~~').length;
    ...
    if (len >= inst.options.max && $.isFunction(inst.options.onFull)) {
        inst.options.onFull.apply(target, [len > inst.options.max]);
    }
},                                                      调用回调函数 ❷
```

在正确地调用函数❷之前，开发者需要确保满足触发条件并且回调选项指向的是一个函数❶。JavaScript 标准的 apply 函数可让开发者设置该函数的调用上下文，并且提供任意参数。它的第一个参数被赋值给这个回调函数中的 this 变量。

5.7 添加方法

插件中的其他功能都被实现为自定义方法。因为有这个框架，开发者需要做的只是以特定规则命名函数，这样就能把用户请求的方法与它联系起来。如果这个方法返回其他值而不是当前 jQuery 集合，还应该把它注册到取值函数数组中，参见 5.4.4 节。

5.7.1 获取当前长度

MaxLength 插件允许用户获取特定实例上的当前字符数。使用程序清单 5.17 所示的 curLength 方法，开发者能获取到一个对象。它包含一个表示已输入字符数的属性 used，还有一个剩余可用字符数的属性 remaining。注意，如果 textarea 被设置为允许溢出，used

可能比 max 大，remaining 也可以是负数。

程序清单 5.17 获取当前长度

```
/* Retrieve the counts of characters used and remaining.
   @param  target  (jQuery) the control to check
   @return  (object) the current counts with attributes
            used and remaining */                          ❶ curLength 方法的函数
_curLengthPlugin: function(target) {
    var inst = target.data(this.propertyName);
    var value = target.val();
    var len = value.replace(/\r\n/g, '~~').replace(/\n/g, '~~').length;
    return {used: len, remaining: inst.options.max - len};
},                                                          ❷ 返回当前长度
```

遵守方法函数的命名规则❶：一个下划线（_）后面跟着方法名，然后以 Plugin 结尾。这样就能把此函数与 5.4.4 节中描述的调用机制相连接。返回给定元素的恰当值❷，然后直接返回给用户。

5.8 移除插件

插件通过为页面上的选定元素增加功能来增强这些元素，并以此提升用户体验。但是有时候需要移除所有的额外功能，并把元素还原到它们的初始状态。插件的 destroy 方法表示它应该清除自己所有的痕迹。

5.8.1 destroy 方法

程序清单 5.18 所示的_destroyPlugin 函数提供了 destroy 方法的实现。与 5.4.3 节中讲述的其他方法一样，通过插件的主函数来调用它，它接收一个受影响的 textarea 引用作为唯一的参数。

与其他函数一样，以这样的规则命名该函数，所以它可以通过 destroy 方法来调用❶。然后检查 textarea 是否已经被该控件初始化，如果没有，则立即退出❷；否则需要把_attachPlugin 与_optionPlugin 函数中所做的任何事情都回滚。

首先检查反馈元素并把它恢复到初始状态（如果在选项中提供），或者完全移除它（如果在插件中创建）❸。然后移除 textarea 上的所有标记类，移除附加在它上面的实例数据，并且移除它上面附加的所有事件处理器❹。在最初绑定这些事件处理器时使用一个命名空间，这里就能通过引用这个命名空间很容易地移除它们。附加在 textarea 上的其他事件处理器则不受影响。

页面现在已经恢复到它的初始状态，并且 MaxLength 的功能不再起作用。

程序清单 5.18　移除插件功能

```
/* Remove the plugin functionality from a control.
   @param  target  (element) the control to affect */                    ❶  定义 destroy
_destroyPlugin: function(target) {                                           函数
    target = $(target);
    if (!target.hasClass(this.markerClassName)) {
        return;                                                           ❷  确保插件已经
    }                                                                        被初始化
    var inst = target.data(this.propertyName);
    if (inst.feedbackTarget.length > 0) {
        if (inst.hadFeedbackTarget) {                                     ❸  移除所有反馈
            inst.feedbackTarget.empty().val('').                             控件
                css('visibility', 'visible').
                removeClass(this._feedbackClass + ' ' +
                    this._fullClass + ' ' + this._overflowClass);
        }
        else {
            inst.feedbackTarget.remove();
        }
    }                                                                    ❹  移除插件功能
    target.removeClass(this.markerClassName + ' ' +
            this._fullClass + ' ' + this._overflowClass).
        removeData(this.propertyName).
        unbind('.maxlength');
}
```

5.9 收尾工作

这个插件的框架部分现在已经完成。大部分框架代码都可以在其他插件中重用，来提供一个集合插件的基本功能。不过开发者还可以做一些收尾工作来进一步改进这个插件：

■　实现插件的主要目的；

■　用样式定义它的外观。

5.9.1 插件的主要部分

MaxLength 插件的主要目的是限制 textarea 中可输入的字符数。前面的几节中已经介绍了如何实现插件的主函数并与 jQuery 集成，以及如何把特定的方法代理到它相应的内部函数上。当初始化插件或者改变它的选项时，最终都会调用实现功能_checkLength 函数。程序清单 5.19 展示了它如何工作。

在获取到该 textarea 的实例信息后，开发者就能确定它当前文本内容的长度，考虑不同浏览器的行结束符的差异❶。基于这个值和插件的选项设置，在该 textarea 上设置一个或两个类来标识它的当前状态——已满或溢出❷。

程序清单 5.19　限制 textarea 的长度

```
/* Check the length of the text and notify accordingly.
   @param target    (jQuery) the control to check */
_checkLength: function(target) {                              规范行结尾  ❶
    var inst = target.data(this.propertyName);
    var value = target.val();
    var len = value.replace(/\r\n/g, '~~').replace(/\n/g, '~~').length;  ◄─
    target.toggleClass(this._fullClass, len >= inst.options.max).
        toggleClass(this._overflowClass, len > inst.options.max);
    if (len > inst.options.max && inst.options.truncate) {       应用文本  ❸
        // Truncation                                            截断
        var lines = target.val().split(/\r\n|\n/);
        value = '';
        var i = 0;
        while (value.length < inst.options.max && i < lines.length) {
            value += lines[i].substring(
                0, inst.options.max - value.length) + '\r\n';
            i++;
        }
        target.val(value.substring(0, inst.options.max));
        // Scroll to bottom
        target[0].scrollTop = target[0].scrollHeight;
        len = inst.options.max;                        在反馈控件上设置  ❹
    }                                                  当前状态
    inst.feedbackTarget.
        toggleClass(this._fullClass, len >= inst.options.max).
        toggleClass(this._overflowClass, len > inst.options.max);
    var feedback = (len > inst.options.max ? // Feedback
        inst.options.overflowText : inst.options.feedbackText).
            replace(/\{c\}/, len).                      产生和展示  ❺
            replace(/\{m\}/, inst.options.max).         反馈信息
            replace(/\{r\}/, inst.options.max - len).
            replace(/\{o\}/, len - inst.options.max);
    try {
        inst.feedbackTarget.text(feedback);
    }
    catch(e) {
        // Ignore
    }
    try {
        inst.feedbackTarget.val(feedback);          在合适的  ❻
    }                                               条件下回调
    catch(e) {
        // Ignore
    }
    if (len >= inst.options.max && $.isFunction(inst.options.onFull)) {  ◄─
        inst.options.onFull.apply(target, [len > inst.options.max]);
    }
},
```

在 textarea 上设置当前状态　❷

　　如果文本长度超出指定的最大限制，并且用户设置超出文本截断❸，开发者就计算缩短后的值，并再次规范行结尾。当这个文本被赋回 textarea 时，它会自动滚动到顶部。

由于大多数文本输入都发生在内容的结尾，开发者应该帮助用户把它移回底部。由于开发者已经截断了文本，所以必须更新长度以体现这个变化。

现在基于文本的新长度在反馈控件上设置一个或两个类❹。由于在前面的处理中缩短了长度，所以以在发生截断时，textarea 和它的反馈控件有可能发生脱节。这是有意为之，反馈控件显示最新的状态，然而 textarea 可以表现出输入了额外的文本但是失败了。

textarea 的状态被显示在所有反馈控件中，根据插件的溢出状态来使用两个消息中的一个❺。为了保证最大的灵活性，允许反馈控件为 div、span、paragraph 或一个 input 字段。但是这些元素设置文本的方法不同，如果调用方式不对，会在某些浏览器上产生错误。因此，这里使用两个 try/catch 语句来保证以安全的方式设置控件文本。

最后，当 textarea 已满或者溢出时，开发者通过 onFull 回调来通知用户❻。5.6.2 节已经提供了关于这个主题的非常详细的介绍。

5.9.2　设置插件样式

当插件代码完成时，就为 jQuery 添加了一个完整的功能。但是它可能不好看。为了保持"*用 CSS 控制插件样式*"原则，开发者应该随着自己的插件提供一个外部的 CSS 文件来设置它的外观。这个文件名应该与插件代码相同，但是扩展名不同，在本例中是 jquery.maxlength.css。使用 CSS 而不是把选项传入插件，然后应用在它的组件上，这样可以让用户以最小的代价来覆盖或定制插件的外观。

程序清单 5.20 是 MaxLength 插件的 CSS。它使用由插件创建和管理的那些元素上附加类来应用恰当的样式。例如，错误状态由 maxlength-full 和 maxlength-overflow 类来表示，它们通过改变字段的背景色来高亮显示。

程序清单 5.20　MaxLength 插件的样式

```
/* Styles for Max Length plugin v2.0.0 */
.maxlength-feedback {
    margin-left: 0.5em;
    font-size: 75%;
}
.maxlength-full {
    background-color: #fee;
}
.maxlength-overflow {
    background-color: #fcc;
}
.maxlength-disabled {

    opacity: 0.5;
}
```

CSS 基于插件控件上的类来产生期望的效果。用户只需几行 CSS 代码就能改变它的外观，如图 5.3 所示。

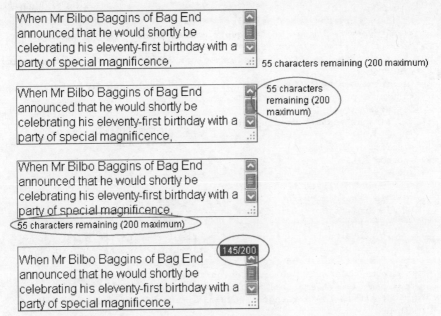

图 5.3　改变 MaxLength 的样式：默认风格、紧凑风格、下部反馈、覆盖式反馈

5.10　完整的插件

现在已经完成了一个完整插件的实现，它为 textarea 字段提供了最大长度验证功能，补充了 input 字段的内置功能。读者已经看到笔者的插件框架以及它如何应用第 4 章中介绍的指导思想和设计原则。插件的完整代码可以在本书的网站上下载。

注意：本书的网站上还提供了一个只包含基础的框架结构代码的文件（jquery.framework.js）。
　　　开发者可以把它作为自己插件的基础。

在页面上使用这个插件时，在把插件附加到某个元素上之前，开发者首先要加载 jQuery，然后是插件代码和样式。程序清单 5.21 展示了一个最简单的页面。

在 HTML 文档的头中加载 MaxLength 插件的样式❶，然后是 jQuery 库的代码❷（通常从 CDN 加载，与这里一样）和 MaxLength 插件代码❸。在 document.ready 回调中（确保当 DOM 已经加载完毕后再访问它），把插件附加到目标字段上❹。这个字段出现在文档体中❺。

程序清单 5.21　使用 MaxLength 插件

加载 jQuery 代码 ❷

把插件附加到一个元素 ❹

加载插件样式 ❶

加载插件代码 ❸

目标元素 ❺

```html
<html>
<head>
<title>jQuery Max Length Basics</title>
<link type="text/css" href="jquery.maxlength.css" rel="stylesheet">
<script type="text/javascript"
    src="http://ajax.googleapis.com/ajax/libs/jquery/1.8.3/jquery.min.js">
</script>
<script type="text/javascript" src="jquery.maxlength.js"></script>
<script type="text/javascript">
$(function() {
    $('#maxLength').maxlength();
});
</script>
</head>
<body>
<h1>jQuery Max Length Basics</h1>
<p>This page demonstrates the very basics of the
    <a href="http://keith-wood.name/maxlength.html">jQuery
    Max Length plugin</a>.
    It contains the minimum requirements for using the plugin and
    can be used as the basis for your own experimentation.</p>
<p>For more detail see the <a href="http://keith-wood.name/
  maxlengthRef.html">documentation reference</a> page.</p>
<p><span class="demoLabel">Default max length:</span>
    <textarea id="maxLength" rows="5" cols="50"></textarea></p>
</body>
</html>
```

需要知道的

创建一个集合插件来操作一组通过选择或遍历得到的元素。

使用一个提供了插件公用功能的框架作为自己代码的基础，这样就能专注于开发插件的特定功能。

扩展$.fn 来添加一个集合插件。

通过作用域来保护自己的代码和预防命名冲突。

让自己的插件支持 jQuery 链式调用。

通过选项提供灵活的配置，但是永远要把它们初始化为合适的默认值。

使用方法为插件提供额外的功能。

添加一个 destroy 方法以允许移除插件。

自己试试看

以基础框架文件（jquery.framework.js）为基础来创建一个新插件。在这个上下文中重新实现第 2 章中的 Watermark 插件。添加一个选项来指定获取标签文本时使用的属性。再添加一个方法来代替那个清除标签的独立插件。

5.11 总结

集合插件用来操作 jQuery 中通过选择或遍历得到的一组元素。这种插件可以很容易地被添加并立即集成到 jQuery 的标准流程中，只需要通过扩展$.fn 来定义一个新的实现函数。

本章的示例插件说明了一个插件框架如何实现第 4 章中介绍的指导思想和设计原则。最终结果是得到了一个功能完整的插件，它为 textarea 补充了普通 input 字段内置的有用功能。

下一章中将创建一个不同类型的插件——它并不操作一个元素集合。

第 6 章 函数插件

本章涵盖以下内容：

- 定义一个函数插件；
- 通过函数插件本地化内容；
- 通过函数插件访问 cookie。

前一章中介绍的集合插件用来操作在页面上通过选择或遍历得到的一组元素。但是开发者也可以创建一些不操作集合元素，而是在 jQuery 框架上提供一些工具函数的插件。这就是*函数插件*。

这种类型插件的例子包括 Debug 插件（http://jquery.glyphix.com/），用来记录一些调试信息；还包括 Cookie 插件，用来操作网站的 cookie（将在 6.2 节中详述）。与前面的插件一样，只有想不到，没有做不到。

因为函数插件不操作元素集合，也通常不与 UI 组件打交道，所以它们非常容易实现。尽管开发者可以把这些函数定义为独立的 JavaScript 函数，但是把它们创建在 jQuery 的命名空间中可以得到很多好处。这样做可以降低全局命名空间的混乱，同时也降低了命名冲突的风险。它们通常也会使用 jQuery 本身，把它们包含在 jQuery 中能提供一致的使用方式。它们还旨在提供更易用的功能以及隐藏跨浏览器的差异（jQuery 背后的核心原则）。

在第 5 章中，通过扩展$.fn 来定义开发者的集合插件，把它集成到 jQuery 内置的集合处理中。对于函数插件，开发者直接扩展 jQuery（$），并且直接通过它来调用。

6.1 定义插件

作为函数插件的一个具体例子，开发者可以开发一个工具来协助自己网页的本地化。它根据特定的语言和地区，只加载必需的 JavaScript 文件来定制开发者的站点。

6.1.1 本地化插件

基于 5.5.2 节中描述的本地化方案，这个工具假定相关的 JavaScript 文件只由它们的语言或地区码来区别。当发生请求时，这个插件以语言和地区码的升序来加载这些文件，每个都覆盖前一个，这样能得到给定的语言和地区的最佳匹配结果。

例如，假定开发者有表 6.1 中的这些文件。每一个都代表不同的语言和地区组合，并设置一个公共变量（greeting）来显示消息。

表 6.1　本地化设置

文　　件	语言/地区	消　　息
greeting.js	Default	Hello
greeting-en.js	English	Good day
greeting-en-US.js	English (US)	Hi
greeting-en-AU.js	English (Australia)	G'day
greeting-fr.js	French	Bonjour

为了把自己的页面欢迎词本地化为一种特定语言，开发者可以使用这段代码：

```
$.localise('greeting', 'en-AU');
$('#greet').text(greeting);
```

这个插件将顺序加载下列文件，从最少匹配到最佳匹配——greeting.js，greeting-en.js，greeting-en-AU.js——得到最匹配的澳大利亚英语："G'day"。如果请求的语言是加拿大英语（en-CA），因为没有 greeting-en-CA.js 文件，链条将在第二个文件时停止（标准英语），它将产生欢迎语"Good day"。如果请求了科萨语（xh），会得到默认欢迎词："Hello"。

当这个文件被加载和执行之后，就可以以通常的方式访问它们设置的那个变量。

如果调用 localise()时没有指定任何语言，它就使用浏览器的默认语言。可以通过 $.localise.defaultLanguage 容易地得到这个默认语言。

本地化不仅限于显示给最终用户的文本，还可以影响显示和外观的其他方面。图 6.1 展示了 Datepicker 的一些本地化。

除了文本的变化，这些版本之间还有一些不同：

图 6.1   Datepicker 本地化：法语、日语和阿拉伯语

- 选择年和月的下拉列表顺序不同；
- 每个日历中一周的开始日不同：法语是周一，日语是周日，阿拉伯语是周六；
- 阿拉伯语从右往左读，其他两个从左往右读。

现在读者应该知道这个插件的设计目的了，可以使用前一章中介绍的原则和框架来实现它。

6.1.2   框架代码

尽管上一章中介绍的插件框架大部分都不适用于函数插件，但是还是有几个应该保留的特性。开发者应该继续坚持 "*利用作用域隐藏实现细节*" 和 "*不要依赖$与 jQuery 的等同性*"。解决方案与前面介绍的相同。

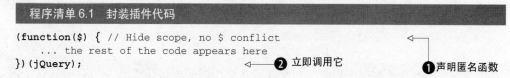

程序清单 6.1   封装插件代码

```
(function($) { // Hide scope, no $ conflict
    ... the rest of the code appears here
})(jQuery);
```

❷ 立即调用它   ❶ 声明匿名函数

通过定义一个匿名函数来创建一个作用域❶，立即调用它来创建它的作用域并执行它内部的代码❷。通过定义一个参数$并且在调用时为其提供 jQuery 的引用，保证了它们在函数体内指向同一个对象。

这个插件同时也遵守了 "*在所有地方使用唯一的名字*" 和 "*把一切都放在 jQuery 对象中*" 原则。这里不必支持链式调用，因为不牵扯 jQuery 集合。当没有指定语言时使用浏览器的默认语言，这遵守了 "*使用合理的默认值*" 原则。

6.1.3   加载本地化文件

程序清单 6.2 展示的 localise 函数实现了插件的主要功能：根据请求的语言和地区，加载一个或多个本地化文件。

程序清单 6.2　声明插件函数

```
$.localise = function(                              ← ❶ 声明 localise 函数
        packages, language, loadBase, path, timeout, async, complete) {
    ...
};
```

　　通过把这个函数声明为一个属性，把它直接附加到 jQuery 中❶。然后就可以在开发者的页面上通过 jQuery 对象来访问这个函数。不需要为它选择任何操作元素，因为它应用于整个页面。

　　这个函数通过多个参数来改变它的行为。除了第一个参数，其余都是可选的。如果没有设置，则使用一个合适的默认值。使用它们的类型来确定它们所代表的含义。程序清单 6.3 展示了如何处理这些参数。

　　开发者必须指定一个（string）或一组（string）包名，以供这个函数使用。因为其余的参数都是可选的，代码就必须能区分它们。第二个参数是一个可选的语言代码（string）或者一组设置（object），它的每个属性都是一个独立的参数。为了使后续的处理更容易，所有单独的参数值都被收集到一个设置对象中，就像最初就提供了这个对象一样。如果第二个参数不是这些类型，这些参数被顺序移动❶并继续处理下一个。

　　其余的参数包括一个用来指定是否需要重新加载基础本地化文件的可选标志（boolean）❷，一个（string）或一组（string）可选的路径用来指定从哪里找到本地化文件❸，一个可选的超时时间（number）❹，一个可选的异步标志（boolean）❺，以及一个可选的加载完成时的回调函数。缺失的参数被设置为默认值。

程序清单 6.3　参数的默认值和标准化

```
if (typeof language != 'object' && typeof language != 'string') {    ←
    complete = async;
    async = timeout;
    timeout = path;                              处理语言代码（可选）❶
    path = loadBase;
    loadBase = language;
    language = '';
}
if (typeof loadBase != 'boolean') {              ←
    complete = async;                            ❷ 处理是否加载基础
    async = timeout;                                文件的标志（可选）
    timeout = path;
    path = loadBase;
    loadBase = false;
}
if (typeof path != 'string' && !$.isArray(path)) {    ←
    complete = async;                            ❸ 处理一个路径
    async = timeout;                                （可选）
    timeout = path;
    path = '';
```

```
}
if (typeof timeout != 'number') {
    complete = async;
    async = timeout;
    timeout = 500;
}
if (typeof async != 'boolean') {
    complete = async;
    async = false;
}
var settings = (typeof language != 'string' ? $.extend(
    {loadBase: false, path: '', timeout: 500, async: false},
    language || {}) :
    {language: language, loadBase: loadBase, path: path,
    timeout: timeout, async: async, complete: complete});
var paths = (!settings.path ? ['', ''] :
    ($.isArray(settings.path) ? settings.path :
    [settings.path, settings.path]));
var opts = {async: settings.async, dataType: 'script',
    timeout: settings.timeout};
```

❹ 处理超时时间（可选）

❺ 处理异步标志（可选）

❻ 标准化设置引用

❼ 标准化路径引用

❽ 准备 Ajax 使用的选项

　　根据参数中提供的设置对象（覆盖所有默认值）或者单个参数值来创建一个累积设置对象❻。检查 path 是一个还是多个路径，然后把它转换为后面需要的格式❼。把后面 Ajax 需要用到的一些选项收集起来以便于后续使用❽。

　　当参数处理完成之后，这个插件接下来依次处理所有指定的包。

程序清单 6.4　加载本地化文件

```
var localisePkg = function(pkg, lang) {
    var files = [];
    if (settings.loadBase) {
        files.push(paths[0] + pkg + '.js');
    }

    if (lang.length >= 2) {
        files.push(paths[1] + pkg + '-' +
            lang.substring(0, 2) + '.js');
    }
    if (lang.length >= 5) {
        files.push(paths[1] + pkg + '-' +
            lang.substring(0, 5) + '.js');
    }
    var loadFile = function() {
        $.ajax($.extend(opts, {url: files.shift(),
        complete: function() {
            if (files.length == 0) {
                if ($.isFunction(settings.complete)) {
                    settings.complete.apply(window, [pkg]);
                }
            }
            else {
```

❶ 本地化单个包

❷ 如果需要则加载基础文件

❸ 加载语言本地化

❹ 加载语言和地区本地化

❺ 顺序加载文件

❻ 当全部完成时触发回调

```
            loadFile();
        }
    }}));
    }
    loadFile();
};
var lang = normaliseLang(
    settings.language || $.localise.defaultLanguage);
packages = ($.isArray(packages) ? packages : [packages]);
for (var i = 0; i < packages.length; i++) {
    localisePkg(packages[i], lang);
}
```

❼ 顺序加载下一个文件

❽ 标准化语言以便使用

标准化并依次处理包的列表 ❾

开发者定义了一个内部函数❶来处理单个包。每个都加载为基础文件（如果设置了加载基础）❷，然后加上 2 字符的语言代码❸，最后再加上一个 5 字符的语言和地区代码（如果有）❹。这些文件被放在一个队列中以便顺序读取。

使用 jQuery 内置的 ajax 函数来加载单个文件❺，从队列中的第一个文件开始，指定返回内容是“script”并以这个类型执行。因为默认使用同步加载（为了保证后续的代码可以依赖返回的内容），所以有一个超时时间。或者可以在调用 localise 时指定一个额外的参数来使用异步加载，同时指定一个在加载完成时调用的回调函数❻。如果队列中还有其他文件，则递归调用处理下一个❼。

当单个包和其中文件的处理流程定义好之后，找到需要的语言和地区❽，然后依次加载每个包❾。

为了实现这个插件所宣扬的功能，这里定义了另一个函数来提供地方化的版本：

```
$.localize = $.localise;
```

本书的网站上可以下载到这个插件的完整代码。

6.2 jQuery Cookie 插件

函数插件的另一个很好的例子是 Klaus Hartl 写的 Cookie 插件（https://github.com/carhartl/jquery-cookie）。它允许开发者以一种很简单的方式来读写页面上的 cookie，而不需要知道这些 cookie 使用的格式和编码。开发者可以在每个用户的电脑上保存一些网站的状态信息来增强用户体验。因此，它不操作页面上的元素集合。

6.2.1 Cookie 的交互

Cookies 是存储在用户机器上并与一个或几个页面相关联的少量数据。一个网页的 cookie 在它的页面上是可访问的，并在每次请求时都会被回传到服务器上，这样就可以把一些状态维护在客户端机器上。Cookie 在一定时间后会过期，并从用户机器上被删除。

　　要使用 Cookie 插件为当前页面设置一个 cookie，开发者需要指定它的名字和值。例如，为了标识是否已经在每个用户第一次访问网站时显示了介绍信息，开发者可以在 cookie 中保存这个信息：

```
$.cookie('introShown', true);
```

　　开发者也可以提供额外的参数来定制 cookie，设置它的过期时间（默认情况下，cookie 随着当前会话的结束而过期）、它要应用的域和路径、是否需要安全传输、是否需要加密 cookie 值：

```
$.cookie('introShown', true, {expires: 30, domain: 'example.com',
    path: '/', secure: true, raw: true});
```

　　获取 cookie 值时只需要提供它的名字。如果给定的名字没有 cookie，则返回 null。在网站介绍信息的例子中，开发者应该检查这个值，仅在它为 null 的情况下显示介绍信息：

```
var introShown = $.cookie('introShown');
```

　　通过把 cookie 的值设置为 null 来删除它：

```
$.cookie('introShown', null);
```

　　正如读者看到的，这个插件遵守了"*在所有地方使用唯一的名字*"原则。根据每次调用所提供的参数个数和类型，它提供了不同的功能。

　　现在读者已经知道 Cookie 插件能做什么了，接下来将会看到如何实现它的功能。尽管 Cookie 插件没有使用笔者的框架，但基本结构和原则仍然适用。

6.2.2　读写 cookie

　　与之前的控件一样，它的代码对于其余的 JavaScript 世界来说都是受保护的，唯一访问点就是 jQuery 对象自己。

程序清单 6.5　封装插件代码

```
(function($, document) {
                                              ❶ 声明匿名函数
    $.cookie = function(key, value, options) {        ❷ 声明 cookie
        ... // Rest of Cookie code appears here           函数
    };
                                    ❸ 立即调用
})(jQuery, document);                  函数
```

　　通过一个匿名函数❶把这个插件与外部 JavaScript 隔离，并遵守了"*利用作用域隐藏实现细节*"和"*不要依赖$与 jQuery 的等同性*"原则❷。这个插件极少使用

jQuery 自己，它只定义了一个函数——Cookie，并把它添加到 jQuery 对象中❸，这使用了另外两个原则："*在所有地方使用唯一的名字*"和"*把一切都放在 jQuery 对象中*"。

　　这个插件有两个操作模式——读和写 cookie，使用哪个模式则由调用时传入的参数个数和类型来决定。首先来处理写 cookie 的情况。

程序清单 6.6　写一个 cookie 值

```
// key and at least value given, set cookie...
if (arguments.length > 1 && (!/Object/.test(           ❶ 检查是否写
        Object.prototype.toString.call(value)) || value == null)) {    cookie
    options = $.extend({}, $.cookie.defaults, options);

    if (value == null) {
        options.expires = -1;                      ❷ 检查是否删除
    }                                                 cookie

    if (typeof options.expires === 'number') {
        var days = options.expires,                ❸ 标准化/默认化选项
            t = options.expires = new Date();
        t.setDate(t.getDate() + days);
    }

    value = String(value);
                                                   ❹ 根据设置来写 cookie 并
    return (document.cookie = [                        退出
        encodeURIComponent(key), '=', options.raw ?
            value : encodeURIComponent(value),
        options.expires ? '; expires=' +
            options.expires.toUTCString() : '',
        // use expires attribute, max-age is not supported by IE
        options.path    ? '; path=' + options.path : '',
        options.domain  ? '; domain=' + options.domain : '',

        options.secure  ? '; secure' : ''
    ].join(''));
}
```

　　如果提供了不止一个参数，并且第二个不是一个 object，则为写 cookie 模式❶。如果值为 null，则删除 cookie❷，把超时时间设置为 -1，代表这个 cookie 已经过期并作废。如果 expires 选项是一个数字，则被认为是从今天开始的天数❸。最终，cookie 值被转换为字符串，这个 cookie 和它的设置一起被写入浏览器❹。正如预期的那样使用了"*使用合理的默认值*"原则，使得当前域和路径上的 cookie 随着当前会话的结束而过期。编码后的 cookie 名和值作为函数的调用结果返回，尽管大部分时候开发者不需要知道或使用这个值。

　　如果是取值模式，插件将继续处理，代码如程序清单 6.7 所示。

程序清单 6.7   读取一个 cookie 值

```
// key and possibly options given, get cookie...
options = value || $.cookie.defaults || {};
var decode = options.raw ? raw : decoded;
var cookies = document.cookie.split('; ');
for (var i = 0, parts;
        (parts = cookies[i] && cookies[i].split('='));
        i++) {
    if (decode(parts.shift()) === key) {
        return decode(parts.join('='));
    }
}
return null;
```

❶ 处理选项

❷ 分离 cookie 值

❸ 获取 cookie 值

❹ 如果没有找到
则返回 null

　　首先，读取作为第二个参数传入的所有选项❶。如果没有提供，则使用默认值。获取当前 cookie 值（当前页面上的所有 cookie），并分离为独立的键值对❷。根据传入的名字检查每一对❸，并返回相应的值。如果没有匹配到，则返回 null❹。

　　开发者可以通过更新 $.cookie.defaults 来设置所有 cookies 的默认选项：

```
$.extend($.cookie.defaults, {expires: 7});
```

　　Cookie 插件的完整代码可以从本书的网站上下载。

需要知道

　　开发函数插件来添加不直接操作选定元素的功能。

　　直接扩展 $ 来添加额外的功能。

　　通过使用作用域来保护自己的代码以及防止名字冲突。

　　通过参数控制插件的行为，但是没有设置参数时要提供合适的默认值。

自己试试看

　　写一个函数插件来格式化时间，调用方式如下：

```
var time = $.formatTime(new Date(0, 0, 0, 12, 34, 0));
```

　　接收一个 Date 参数对象，从中提取时间。如果没有设置，则使用当前时间。把时间格式化为 hh:mmAP。想进一步挑战的话，添加可选的第一个参数（Boolean）用来指定是否格式化为 12 时制，或者 24 时制。

　　提示：Date 对象有 getHours 和 getMinutes 函数。使用 new Date() 获取当前日期/时间。

6.3   总结

　　集合插件操作通过选择或遍历得到的元素集合，而函数插件并不应用于这种集合。它们在页面上提供一些工具函数使得一系列交互变得简单。它们隐藏了页面上的一些繁琐的内部工作，并且消除了跨浏览器差异所带来的一些问题。

Localization 插件和 Cookie 插件这两个例子在实践中展示了如何创建函数插件。它们示范了如何把插件框架应用于这种新的插件类型，以及为什么仍然需要遵守这些最佳实践原则。

当开发者已经创建了自己的插件时，需要确保它能正常工作，并让其他人能轻易地获取和理解如何使用它。下一章将介绍如何为开发者的插件进行测试、打包、部署和文档书写，使它可以被推向更广阔的 jQuery 社区。

第 7 章　插件的测试、打包和文档

本章涵盖以下内容：
- 测试插件；
- 打包、发布插件；
- 为插件创建文档和示例。

完成了一个新插件之后，可能想把它提供给更广泛的 jQuery 社区。为了在与其他类似功能的插件的竞争中更有胜算，需要确保它在所有期望的情况下都能工作。使用一个类似 QUnit 的测试套件，可以在熟悉的 Web 浏览器环境中创建一系列适用于多种场景的可重复的测试。

也应该为潜在的用户提供一个包，其中应包括使用插件所需的一切内容，包括插件代码本身，还应该包括相关的 CSS、图片、本地化文件，甚至还有一个简单的示例页面。为了降低使用插件时的网络开销，最好再包括一个插件代码的最小化版本，可以用一个在线的打包工具生成。所有相关的文件都要打包到一个压缩文件中，以便于发布。

最后，开发者需要为自己的插件书写一份全面的文档，以便于让用户知道该期待什么功能，并把它用到不同的需求中。描述每一个可以设置的选项、每一个可以注册的回调，以及每一个可以调用的方法。开发者还应该用一个示例页面来展示插件的能力，最好还能配上相应的代码片段，以便于用户复制和应用。

本章将逐一介绍这些问题，帮助开发者发布一个可以正常使用且可以容易地被用户使用的插件。

7.1 测试插件

测试插件看起来像一个明确的需求，不过可以把它做成一种艺术形式。即使只有少量可以改变插件行为的选项，组合的可能性也会急速上涨，并且变得笨重。

最初，开发者可能从一个简单的页面开始，手动调整选项并检查它们的功能。但是随着插件复杂度的上升，这样就不太实际了，而且会导致各种情况下的不一致测试。一组可重复的单元测试可以克服这个问题，让你可以很容易地运行整个测试集合，而且不会有任何遗漏。

一个标准的测试集合（遵守"创建可重复的测试用例集"原则）同样也可以让开发者更容易重构自己的代码，开发者可以在每次重构后确认插件是否仍然如期工作。

本节将着眼于开发者应该测试什么，然后是如何使用 QUnit 测试套件来实现。作为一个示例，将为第 5 章中的 MaxLength 插件创建单元测试。

7.1.1 测试什么

理想状况下，开发者应该测试所有的东西——在所有的主流浏览器上（指导原则之一），把所有的方法与它们选项的组合应用在页面上不同位置的不同元素上。但是对于大多数插件来说，这样不太实际，所以开发者可以把注意力集中在分别测试每个选项或方法，或者一组小范围的相关设置上。

首先从基本的测试开始，为所有插件实例设置默认值（$.pluginname.setDefaults），然后设置并获取单个或一组选项值（$(selector).pluginname('option')...）。接下来测试插件的实例化（$(selector).pluginname()）和销毁（$(selector).pluginname('destroy')），以保证它进行了必要的 DOM 修改，并把它们完全清除。如果插件可以被启用和禁用，还要测试试这一点是否如期工作（$(selector).pluginname('disable')）。检查并确认当插件处于禁用状态时，其他操作都不能被执行。

单独测试每个选项以检查它可以正确地影响目标元素。对于那些接受不同类型值的选项，还需要单独测试每种类型。测试每一个事件回调类型的选项，并确保传入的参数是正确的。

测试插件提供的每个方法和工具函数，确保它能如期工作。对于那些不返回插件中的某个特定值的方法，还要检查链式调用是否正常。

使用jQuery的事件方法来测试用户与受插件影响的元素之间的交互。使用$(selector).trigger('eventname')触发一个正常的冒泡事件（从内部元素沿着 DOM 层次向上传递）。使用$(selector).triggerHandler('eventname')来触发一个不冒泡的事件。开发者还可以使用jQuery 的命名事件函数来触发事件，例如$(selector).click()。如果需要随着事件传递一些额外信息，例如鼠标单击位置或按键信息，使用 trigger 函数并传入一个 Event 对象，而不是仅仅一个事件名称。

```
var e = $.Event('click');
e.pageX = 10;
e.pageY = 20;
$(selector).trigger(e);
```

7.1.2　使用 QUnit

　　QUnit 是一个由 John Resig 开发的 JavaScript 测试套件，现在由 jQuery 团队（http://qunitjs.com/）负责维护。它被 jQuery 和 jQuery UI 团队用以测试 jQuery 以及 jQuery UI，并且可以用在任何 JavaScript 代码上。一个 QUnit 页面包含一组测试，开发者可以很容易地运行这些测试来验证自己插件的功能。

　　使用程序清单 7.1 中所示的 HTML 模板来运行一个 QUnit 测试。加载 QUnit 的 CSS 和 JavaScript，并在另一个单独的 script 元素中添加自己的测试。在页面的 body 中，添加两个特殊的 div——一个用来存放测试结果（#qunit），另一个用来放置测试用需要用到的元素（#qunitfixture）。后者是通过把它移出屏幕而隐藏起来的，这样它的内容就可以是"可见的"，但不影响测试结果的显示。图 7.1 展示了这个页面的加载结果——一个失败的测试，因为提供的值与期望值不匹配。

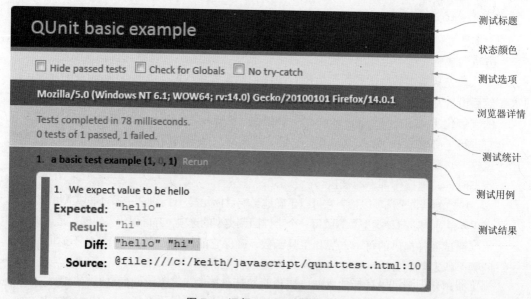

图 7.1　运行 QUnit 的基本示例

　　测试代码中包括调用一个或多个 test 函数，每一个都包括一组相关的 assertions（断言，即预期结果的陈述）。每一段都包括设置环境的代码，然后是一个或多个关于测试结果的断言。每次调用一个测试时，测试环境都将被重建，#qunit-fixture div 的内容都被恢复到初始状态。这是为了在测试之间进行保护，可以让每一个测试都从一个确定状态开始运行。

程序清单 7.1　QUnit 页面模板

```html
<html>
<head>
  <title>QUnit basic example</title>
  <link rel="stylesheet"
    href="http://code.jquery.com/qunit/qunit-git.css"/>
  <script src="http://code.jquery.com/qunit/qunit-git.js"></script>
  <script>
    test('a basic test example', function() {
      var value = 'hi';
      equal(value, 'hello', 'We expect value to be hello');
    });
  </script>
</head>
<body>
  <div id="qunit"></div>
  <div id="qunit-fixture"></div>
</body>
</html>
```

在页头中的是页面标题、一个状态栏（测试运行成功时显示绿色，如果失败则显示红色）、当前浏览器详情，还有一系列用来改变测试行为的复选框。文档正文中展示了测试运行的结果。默认情况下，通过的测试都是折叠的，失败的测试则被展开以显示每一个断言。开发者可以通过单击一个测试的标题来展开/折叠它。单击 Rerun 或双击测试标题来重新运行一个测试。

开发者还可以通过把测试名称的一部分（大小写无关）作为测试页面的参数，用来过滤测试，如下：

test.html?filter=basic

相反，开发者可以在参数前加上一个感叹号（！）前缀来排除一些与过滤器匹配的测试：

test.html?filter=!event

选中 Check for Globals 复选框时会重新运行测试，但是如果声明任何全局变量，就会抛出一个错误。使用这个选项来监视全局命名空间，并辅助预防与其他库之间的相互影响。选中 No Try-Catch 复选框会重新运行测试，但不处理异常，而是直接把它们抛给浏览器，并把测试停在那个点上。捕获的异常通常作为失败信息显示出来。

在所有的主流浏览器上运行开发者的测试页面，以保证跨浏览器的兼容性。

为了说明如何测试一个插件，可以为第 5 章中 MaxLength 插件创建一个测试集。

7.1.3　测试 MaxLength 插件

为了保证 MaxLength 插件如期工作，应该写一组 QUnit 测试来验证它。

对于这个插件，首先测试 **setDefaults** 函数。在检查默认选项的初始值是否正确之后，调用函数改变这个值，并且再次检查以确认更新成功。如果验证成功，传入的消息会被原样记录下来；如果失败，则把它与不相等的值连接起来并记录。图 7.2 展示了这个初始测试的运行（成功）结果。程序清单 7.2 展示了初始页面设置以及第一个测试的代码。

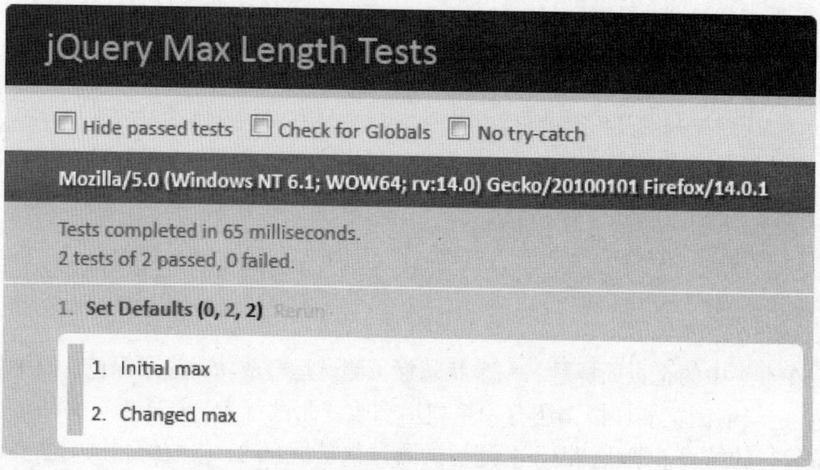

图 7.2　初始 MaxLength 测试的运行结果

程序清单 7.2　设置 MaxLength 测试

```html
<!DOCTYPE HTML PUBLIC "-//W3C//DTD HTML 4.01//EN"
    "http://www.w3.org/TR/html4/strict.dtd">
<html>
<head>
<meta http-equiv="Content-Type" content="text/html;charset=utf-8">
<title>jQuery Max Length Tests</title>
<link type="text/css" rel="stylesheet"                          ← ❶ 加载 QUnit
    href="http://code.jquery.com/qunit/qunit-git.css">
<script type="text/javascript"
    src="http://code.jquery.com/qunit/qunit-git.js"></script>    ❷ 加载 jQuery
<script type="text/javascript"                                      和插件
    src="http://ajax.googleapis.com/ajax/libs/jquery/1.8.0/jquery.min.js">
</script>
<script type="text/javascript" src="js/jquery.maxlength.js"></script>
<script type="text/javascript">
$(function() {                                                   ❸ 定义一个测试
    test('Set Defaults', function() {                   ←
        expect(2);                                                   设置断言
        init();                                                      的数量
        equal($.maxlength._defaults.max, 200, 'Initial max');  ❹
        $.maxlength.setDefaults({max: 300});
        equal($.maxlength._defaults.max, 300, 'Changed max');
```

创建一 ❺
个断言

```
        $.maxlength.setDefaults({max: 200});
    });
});

function init(settings) {
    return $('#txa').val('').maxlength('destroy').maxlength(settings);
}
</script>
</head>

<body>
<div id="qunit"></div>
<div id="qunit-fixture">
    <input type="text" id="fbk1"><span id="fbk2"></span>
    <textarea id="txa" rows="3" cols="30"></textarea>
</div>
</body>
</html>
```

❻ 放置 QUnit 控件和结果的区域

❼ 放置测试元素的区域

这个测试页面首先加载 QUnit 的代码和样式❶，接着是 jQuery 和插件的代码❷。

页面的 body 中包含了两个标准的 div：第一个（#qunit）用来放置 QUnit 的界面和测试的运行结果❸，第二个（#qunit-fixture）用来放置测试自身需要的所有元素❹。后者会在每个测试集合开始时被复制和重新创建，以便为这些测试提供一个干净的环境，并被移到视图之外。这样，它的内容仍然是"可见的"，但是不会覆盖QUnit 的结果。

测试代码出现在 QUnit 的 test 函数调用中❺。这个函数定义了它所包含的断言集合的名称，以及一个用来运行它们的回调函数。一个测试应该瞄准这个插件的某个特定方面，并且可以运行在它自己关注的这个区域。在测试过程中，开发者对环境的任何改变都应该持续到测试结束。

为了保证所有代码错误都能被正确处理，应该在每个测试开始时都调用 expect 函数，用来指定这个集合中有多少个断言❻。这样，如果发生了导致其余代码不能执行的问题，仍然可以得到一个错误通知（而不是默默地失败），因为已经运行的断言数目与预期的不匹配。或者，可以在 test 函数的第二个参数上指定期望的断言数量，这样就把回调函数推到了第三个参数上。最后，需要初始化测试环境，运行代码，并且对结果执行断言❼。

当测试 setDefaults 函数时，调用此方法来改变某个值并检查它是否如期变化了。equal 调用是 QUnit 提供的断言。它比较实际值与期望值（前两个参数），如果两者相等则成功（需要时会首先转换类型）。调用的第三个参数用来记录描述信息。

代码中的 init 函数通过重新设值来初始化#qunit-fixturediv 中的 textarea 元素，移除所有存在的 MaxLength 功能，再把它重新加入。尽管 init 函数对于这个特定的测试来说并不是必要的，但它是一个全局功能，将在后续的测试集合中用到。#qunit-fixture div 中的 input 字段和 span 将在后续的测试中被用来放置反馈信息。

7.1.4　测试选项的设置和获取

测试了插件的默认选项设置之后，可以继续测试选项的设置和获取。可以在一次调用中设置一个或一组选项。类似地，也可以在一次调用中获取一个或所有选项值。所有的这些可能性都需要测试，如程序清单 7.3 所示。

程序清单 7.3　测试 MaxLength 选项

```
test('Options', function() {                    ←──❶ 定义选项测试
    expect(12);                                         ❸ 初始化测试元素
    var txa = init();
    deepEqual(txa.maxlength('option'), {max: 200, truncate: true,
        showFeedback: true, feedbackTarget: null,
        feedbackText: '{r} characters remaining ({m} maximum)',
        overflowText: '{o} characters too many ({m} maximum)',
        onFull: null}, 'Initial settings');            ❹ 创建一个关于
                                                          对象的断言
    equal(txa.maxlength('option', 'max'), 200,
        'Initial max setting');                         ❺ 创建一个关于值的
    equal(txa.maxlength('option', 'truncate'), true,      断言
        'Initial truncate setting');

    txa.maxlength('option', {feedbackText: 'Used {c} of {m}'});
    deepEqual(txa.maxlength('option'), {max: 200, truncate: true,
        showFeedback: true, feedbackTarget: null,
        feedbackText: 'Used {c} of {m}',
        overflowText: '{o} characters too many ({m} maximum)',
        onFull: null}, 'Changed settings');
    equal(txa.maxlength('option', 'max'), 200,
        'Unchanged max setting');
    equal(txa.maxlength('option', 'truncate'), true,   ❼ 测试多个选项
        'Unchanged truncate setting');                     被改变
    txa.maxlength('option', {max: 100, showFeedback: false});
    deepEqual(txa.maxlength('option'), {max: 100, truncate: true,
        showFeedback: false, feedbackTarget: null,
        feedbackText: 'Used {c} of {m}',
        overflowText: '{o} characters too many ({m} maximum)',
        onFull: null}, 'Changed settings');
    equal(txa.maxlength('option', 'max'), 100,
        'Changed max setting');
    equal(txa.maxlength('option', 'truncate'), true,   ❽ 测试单个选项被
        'Unchanged truncate setting');                     改变
    txa.maxlength('option', 'truncate', false);
    deepEqual(txa.maxlength('option'), {max: 100, truncate: false,
        showFeedback: false, feedbackTarget: null,
        feedbackText: 'Used {c} of {m}',
        overflowText: '{o} characters too many ({m} maximum)',
        onFull: null}, 'Changed named setting');
    equal(txa.maxlength('option', 'max'), 100,
```

❷ 设置断言的数量

❻ 改变一个选项并重新测试

```
                    'Unchanged max setting');
        equal(txa.maxlength('option', 'truncate'), false,
            'Changed truncate setting');
});
```

定义一个新的测试来检查插件的选项功能❶。与前面一样，指定这个测试中断言的数量，这样就不会漏掉任何一个❷。

调用 init 来初始化测试元素❸，并且确认初始化状态与预期相同。调用不带参数的 option 方法来获取一个包含所有当前选项值的对象。使用 QUnit 的 deepEqual 函数来对比返回值与期望值❹。这个函数与 equal 不同，它分别对比两个对象的每个属性（需要时递归），而不是仅仅检查两个对象是同一个。使用 equal 函数来检查使用 option 方法和选项名获取到的单个简单选项值❺。

继续测试一个选项值的改变，再次使用 option 方法❻，并且检查变化的结果。通过在 option 方法中传入一个新值的集合❼，测试多个选项值同时被改变的情况。另外，通过提供单个选项的名字和新值来测试它的变化❽。

7.1.5 模拟用户动作

MaxLength 插件的行为依赖于与用户的交互，特别是当他们在相关的 textarea 中输入文本时。开发者需要通过模拟这些互动来测试这个行为。其他插件可能还需要测试鼠标单击或拖动。程序清单 7.4 展示了 MaxLength 的测试如何处理这个需求。

程序清单 7.4　测试文本输入

```
test('Text', function() {                          ← 定义文本输入
    expect(28);                                    ❶  测试
    var txa = init({max: 20});
    var rem = txa.nextAll('.maxlength-feedback');  ← ❷模拟输入
    keyboard(txa, 'abcdefghij');                       文本
    equal(txa.val(), 'abcdefghij', 'Entered short text');
    ok(!txa.hasClass('maxlength-full'), 'Not full with short text');
    ok(!txa.hasClass('maxlength-overflow'),
        'Not overflow with short text');            创建一个 true/
    equal(rem.text(), '10 characters remaining (20 maximum)', false 断言
        'Feedback for short text');                             ❹
    keyboard(txa, 'klmnopqrstuvwxyz');
    equal(txa.val(), 'abcdefghijklmnopqrst', 'Entered full text');
    ok(txa.hasClass('maxlength-full'), 'Full with full text');
    ok(txa.hasClass('maxlength-overflow'), 'Not overflow with full text');
    equal(rem.text(), '0 characters remaining (20 maximum)',
        'Feedback with full text');
    backspace(txa);
    equal(txa.val(), 'abcdefghijklmnopqrs', 'BS');
```

测试文本输入❸

```
    ok(!txa.hasClass('maxlength-full'), 'Not full with BS');
    ok(!txa.hasClass('maxlength-overflow'), 'Not overflow with BS');
    equal(rem.text(), '1 characters remaining (20 maximum)',
        'Feedback with BS');
    keyboard(txa, 'u');
    equal(txa.val(), 'abcdefghijklmnopqrsu', 'More text');
    ok(txa.hasClass('maxlength-full'), 'Full with more text');
    ok(!txa.hasClass('maxlength-overflow'), 'Not overflow with more text');
    equal(rem.text(), '0 characters remaining (20 maximum)',
        'Feedback with more text');
    // Truncate off
    txa = init({max: 20, truncate: false}).val('');    ◄─── ❺ 使用不同的设置重新初始
    ...                                                        化并测试
});

function keyboard(input, chars) {                      ◄─── ❻ 模拟键盘事件
    for (var i = 0; i < chars.length; i++) {
        var ch = chars.charCodeAt(i);
        input.simulate('keydown', {charCode: ch}).
            simulate('keypress', {charCode: ch}).
            val(function(index, value) {
                return value + chars.charAt(i);
            }).
            simulate('keyup', {charCode: ch});
    }
}
                                                        ❼ 模拟退格键
function backspace(input) {                            ◄───
    input.simulate('keydown', {keyCode: $.simulate.VK_BS}).
        simulate('keypress', {keyCode: $.simulate.VK_BS}).
        val(function(index, value) {
            return value.replace(/.$/, '');

        }).
        simulate('keyup', {keyCode: $.simulate.VK_BS});
}
```

与之前的测试一样，定义测试并给它一个名字❶。然后常规地设置断言数量，并初始化字段。接着，模拟键盘输入文本❷，并检查字段的内容❸。开发者还可以通过 QUnit 提供的 ok 函数来创建关于插件状态的断言❹。这个函数接收一个 Boolean 值作为它的第一个参数并断言它为 true。在这个例子中，测试特定的标记类还没有被应用到 textarea 上。

在运行一系列动作和断言之后，使用不同的选项设置重新初始化 textarea，并重新运行测试来观察行为的变化❺。

两个帮助函数用来协助模拟用户正常触发的事件。keyboard 函数❻产生给定字符串中每个字符的 keydown、keypress 以及 keyup 事件，backspace 函数❼产生退格字符相应的事件。它们都使用 Simulate 插件（https://github.com/eduardolundgren/jquery-simulate）来发送事件。

通过 jQuery 的标准事件处理函数可以很容易地模拟其他大多数用户与页面元素的交互。开发者可以通过在元素上调用 click，或者通过 trigger 函数（对所有匹配元素使用冒泡事件）或 triggerHandler 函数（仅对第一个元素而且不冒泡）来模拟鼠标单击。

```
$('#button1').click();
$('#button1').triggerHandler('click');
```

7.1.6 测试事件回调

很多插件使用事件回调机制来把插件内部的一些重要事件通知给用户，例如值的变化或超时时间到。这些事件的触发条件和回调函数的参数内容都应该被测试。在 MaxLength 插件中，当 textarea 达到或超出它的上限时，会触发一个事件。程序清单 7.5 展示了这个事件回调的测试。

程序清单 7.5　测试回调

```
var count = 0;                                                    ❶ 初始化跟踪变量
var overflowing = null;
function filled(overflow) {                                       ❷ 定义回调函数
    count++;
    overflowing = overflow;
}
                                                                 ❸ 定义事件测试
test('Events', function() {
    expect(10);
    var txa = init({max: 20, onFull: filled});                   ❹ 检查没有事件发生
    keyboard(txa, 'abcdefghijklmnopqrs');
    equal(count, 0, 'No event');

    keyboard(txa, 't');
    equal(count, 1, 'Full event');                               ❻ 检查事件发生和参数
    equal(overflowing, false, 'Not overflowing');
    keyboard(txa, 'u');
    equal(count, 2, 'Full event');
    equal(overflowing, false, 'Not overflowing');                ❼ 使用不同的设置重新初始
    // Truncate off                                                 化并重新测试
    count = 0;
    overflowing = null;
    txa = init({max: 20, truncate: false, onFull: filled});
    keyboard(txa, 'abcdefghijklmnopqrs');
    equal(count, 0, 'No event');
    keyboard(txa, 't');
    equal(count, 1, 'Full event');
    equal(overflowing, false, 'Not overflowing');
    keyboard(txa, 'u');
    equal(count, 2, 'Full event');
    equal(overflowing, true, 'Overflowing');
});
```

❺ 触发回调条件

一开始定义一些变量来跟踪回调的调用次数❶，以及实际调用的函数❷。开发者可以使用一个简单的计数器来记录回调函数的调用频率，使用另一个变量来捕获它的参数。

像以前一样来定义这个新的测试❸，设置期望的断言数量，并且初始化测试元素。开发者可以创建一些初始化断言来确保回调函数在它需要被触发之前不被触发❹。然后执行触发动作❺，验证回调函数是否被调用以及是否收到了期望的参数值❻。

最后，重新初始化测试环境，改变选项值，并在新的条件下检查回调行为❼。

可以在本书的网站上下载这个 MaxLength 插件的完整测试页面，也可以下载前面介绍过的测试，包括测试插件的禁用和启用、移除插件功能和显示反馈信息。

读者已经看到如何使用 QUnit 包的功能为 MaxLength 插件创建一个单元测试集合。但是 QUnit 提供的功能远超出本章所介绍的这些。其他功能包括按模块分组测试，运行异步测试，其他断言，以及使用事件钩子监视 QUnit 的进度。读者可以阅读 QUnit 的 API 文档（http://api.qunitjs.com/）以及主页（http://qunitjs.com/）上的 "Introduction" 和 "Cookbook" 文章，了解关于它的功能的更多信息。

7.2　打包插件

现在开发者已经比较满意自己的插件可以在多种场景中正常运行，希望把它传播到更广阔的 jQuery 社区中去。这样，就需要把插件所需的所有东西打包，使它更易于传播，以及让潜在用户可以更容易地获取。

开发者需要收集所有相关的文件，创建一份最小化版本的代码以减少下载时间，并且提供一个插件的简单示例来帮助用户上手。然后把所有这些文件都放在一个压缩包中，以便一键下载。每一个步骤都将在本节中介绍。

7.2.1　整理所有文件

通常情况下，一个完整的插件包括不止一个 JavaScript 文件——开发者可能会包括下面的一些或全部。

- 其他不常用功能的 JavaScript 模块。
- JavaScript 模块的最小化版本（参见 7.2.2 节）。
- 用来把开发者的插件适配到其他语言和国家的本地化文件。
- 用来以多种方式改变插件样式的 CSS 文件。
- CSS 中或通过插件选项使用的图片和其他资源文件。
- 一个用来展示如何使用插件的简单示例（参见 7.2.3 节）。
- 插件的文档（参见 7.3 节）。

这里以笔者的 Datepicker 插件作为一个例子，它包含了除文档（单独提供）之外所有在这里列出的文件类型。图 7.3 中列出的文件展示了这些组件。

把开发者所有的文件放在一个 zip 归档文件中，这样就通过压缩降低包的大小。由于只有一个文件，传播变很得容易，且不会遗漏文件。

图 7.3　组成 Datepicker 插件的文件

7.2.2　最小化插件

为了降低插件的下载代价，可以通过移除不必要的文本来使它变得更小，例如注释和空白字符。这个过程称为代码最小化（minimizing）。

同时提供下载原始源代码和最小化后的版本，开发者可以让潜在用户很容易选择他们需要的版本——调试或学习时使用完整版本，在产品中使用最小化版本。最小化版本应该与正常版本的插件文件名相同，但是在插件名后面跟一个.min 后缀，例如 jquery.maxlength.min.js。

当最小化代码之后，开发者需要把头注释从原始代码中复制过来，因为它用来识别插件、版本和作者，并且应该提供一个插件网站的 URL，以便用户查找更新、示例和文档。

许多网站都提供了最小化 JavaScript 代码的工具，包括以下几个：

- Dean Edwards 的 Packer (http://dean.edwards.name/packer/)；
- YUI Compressor (http://developer.yahoo.com/yui/compressor/)；
- Google Closure Compiler (https://developers.google.com/closure/compiler/)。

Dean Edwards 的 Packer

Dean Edwards 的 Packer 是一个在线工具，可以通过移除注释和空白字符来产生标准的最小化代码。它也可以生成 Base62 编码的文件，这个格式通常比最小化代码还要小，但是在客户端需要额外处理来重建原始代码。Base62 版本进一步压缩的比例没有直接最小化版本那么多，所以通过最小化代码结合服务端 gzip 过滤器能得到更好的性能。在两种方式中，开发者都可以选择缩短变量名来进一步降低文件大小。这个设置提供了一定程度上的代码混淆。

为了使用 Dean Edwards 的 Packer，打开它的网站，把自己的代码粘贴到顶部的输入框中，选择自己的选项并单击 Pack（包装）按钮，如图 7.4 所示。然后复制下面的结果代码，并把它存储到本地。

图 7.4　Dean Edwards 的 Packer 在运行中

YUI Compressor

YUI Compressor 是一个基于 Java（1.4+）的应用程序，开发者可以下载并在本地运行。这样就使得把最小化步骤插入到构建流程中成为可能。它通过在 Java 中实现的 Rhino JavaScript 来分析源代码，去掉注释和不必要的空白字符，同时把内部变量名用更短的值替换。

```
>java -jar \path\to\yuicompressor-2.4.7.jar -o jquery.maxlength.min.js
    jquery.maxlength.js
```

Google Closure Compiler

Google Closure Compiler 采用了不同的方式。除了移除不必要的注释和空白字符之外，它还使用类似于编译器解析的方式来扫描代码，目的是用更少的代码重写出相同的功能。作为一个副产品，它还能在解析代码的过程中产生存在（潜在）问题的警告和错误信息。这个编译器以在线工具（见图 7.5）的形式提供，也可以作为一个 Java 应用程序下载（http://closure-compiler.appspot.com/home）。

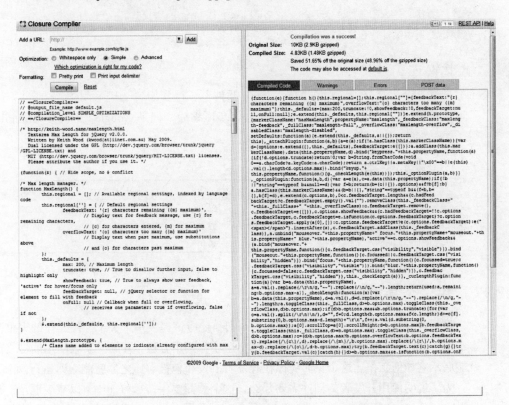

源代码　　　　　　　　　　　　　　最小化代码

图 7.5　运行中的 Google Closure Compiler

当使用在线工具时，把自己的代码粘贴在左边的文本框中，选择自己的选项并单击 Compile（编译）。从右边的框中复制结果代码，并保存到本地。

Closure Compiler 的选项

　　Closure Compiler 提供三个级别的优化。最基本的一级是 Whitespace Only(仅空白字符)。它移除注释、换行符、不必要的空格，以及其他空白字符。下一个级别是 Simple (简单)，除了包括第一个级别之外，还使用更短的名字重命名内部变量。只要开发者不通过字符名访问局部变量，这两个选项对于所有代码都是安全的。

　　第三个级别是 Advanced (高级)。它执行前面的优化，然后检查代码来确定它是否可以被重写以完成同样的功能。这个级别要求开发者的代码遵从编译器的一些特定假设，如果没有遵从，产生的代码可能不能运行。参见 Google 的文档 "Closure Compiler Compilation Levels" 获得更多细节 (https://developers.google.com/closure/compiler/docs/compilation_ levels)。

　　如果选中 Pretty Print (漂亮的格式) 选项，则保留换行符和缩进来增加代码可读性——尽管这样会使文件体积增加一点。当选中 Print Input Delimiter (打印输入分隔符) 选项之后，会在输出结果中添加注释来标识每个输入文件开始的地方。

比较

　　把这三个工具分别应用在 MaxLength 插件上，得到如表 7.1 所示的比较结果。对于这个插件，它们的区别不大，特别是进一步压缩后，但是 Google Closure Compiler 得了第一名。

表 7.1　比较最小化实现

产品	最小化体积（bytes）	%节省	压缩后（bytes）	%节省
Dean Edwards 的 Packer	5238	53.4%	1 551	86.2%
YUI Compressor	5192	53.8%	1 566	86.1%
Google Closure Compiler	4949	56.0%	1 497	86.7%

7.2.3　提供一个基本示例

　　除了开发者的插件代码和其他支持文件外，还应该提供一个关于插件操作的完整基本示例。这样一个例子可以在用户通过调整选项和调用方法，开始摸索着使用插件之前就能展示它如何工作。这个页面应该在开发者的发布包被解压之后就能立即运行。

　　为了说明使用开发者的插件需要什么，这个页面要保持尽可能小，以减少混淆。开发者应该从 CDN 加载 jQuery (如果需要，也包括 jQuery UI)，以避免把 jQuery 库包括到自己的下载包中，这样还能不用担心 jQuery 与此页面的相对位置。在此页面中展示开发者插件的默认配置。当用户研究这个插件的能力时，允许他们添加其他选项。还要包括一个指向插件示例和文档主页的链接。

　　MaxLength 插件的基本页面如程序清单 7.6 所示。

程序清单 7.6　一个最基本的 MaxLength 页面

```html
<!DOCTYPE HTML PUBLIC "-//W3C//DTD HTML 4.01//EN"
    "http://www.w3.org/TR/html4/strict.dtd">
<html>
<head>
<meta http-equiv="Content-Type" content="text/html;charset=utf-8">
<title>jQuery Max Length Basics</title>
<link type="text/css" href="jquery.maxlength.css" rel="stylesheet">
<script type="text/javascript"
    src="http://ajax.googleapis.com/ajax/libs/jquery/1.8.0/jquery.min.js">
</script>
<script type="text/javascript" src="jquery.maxlength.js"></script>
<script type="text/javascript">
$(function() {
    $('#maxLength').maxlength();
});
</script>
</head>
<body>
<h1>jQuery Max Length Basics</h1>
<p>This page demonstrates the very basics of the
    <a href="http://keith-wood.name/maxlength.html">
    jQuery Max Length plugin</a>.
    It contains the minimum requirements for using the plugin and
    can be used as the basis for your own experimentation.</p>
<p>For more detail see the
    <a href="http://keith-wood.name/maxlengthRef.html">
    documentation reference</a> page.</p>
<p><span class="demoLabel">Default max length:</span>
    <textarea id="maxLength" rows="5" cols="50"></textarea></p>
</body>
</html>
```

❶ 加载插件 CSS

❷ 从 CDN 加载 jQuery

❸ 加载插件代码

❹ 基本的插件初始化

❺ 插件网站的链接

❻ 插件用到的元素

首先加载插件所需的所有 CSS❶，然后是 jQuery 库❷和插件代码❸。以一个最小化的配置调用插件❹。为了进一步帮助未来的用户，包含一个链接指向插件文档和可以展示更多插件功能的示例站点❺。最后，以最简单的形式包括开发者的插件所操作的元素❻。

jQuery 内容分发网络

　　Google 提供了一个包含多个 jQuery 版本的 CDN，包括完整版源代码和最小化格式。如果需要完整版源代码，更改版本号，去掉.min 就能拿到。

```
<script type="text/javascript" src="http://ajax.googleapis.com/
  ajax/libs/jquery/1.8.2/jquery.min.js">
```

　　它还提供了 jQuery UI：

```
<script type="text/javascript" src="http://ajax.googleapis.com/
  ajax/libs/jqueryui/1.9.2/jquery-ui.min.js">
```

　　它甚至还提供了 jQuery UI ThemeRoller 的主题。按需改变版本号和主题名：

```
<link type="text/css"
  rel="stylesheet" href="http://ajax.googleapis.com/ajax/libs/
  jqueryui/1.9.2/themes/south-street/jquery-ui.css">
```

> 微软和 jQuery（通过 MediaTemple）也为 jQuery、jQuery UI 和标准的 ThemeRoller 主题提供了 CDN。

7.3　为插件编写文档

你的插件可能非常优秀，而且可高度配置。但是，如果用户不知道它的能力，他们就不能最大程度地使用它。大多数开发者都会在代码中包含一些注释（最起码他们应该这么做），而且插件框架把可用的选项都收集在了一起，但是用户并不想通过翻代码来找到这些描述。

通过为插件书写文档并把它发布在网络上，可以让用户很容易评估插件所提供的功能，以及配置插件为己所用。清晰的文档和示例可以降低维护成本，因为用户可以自己找到很多问题的答案，而不必直接联系开发者。

7.3.1　选项文档

所有可以配置插件的选项都需要文档。每一个都应该列出选项名、期望类型、默认值，还有一个关于目的和影响的描述。图 7.6 展示了 MaxLength 插件的一些选项的文档。

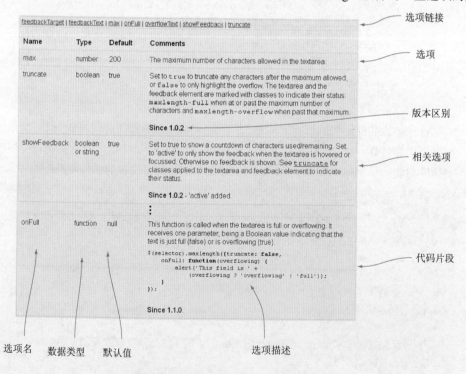

图 7.6　MaxLength 的一些选项文档

对于更复杂的特别是那些接受对象或函数的选项，开发者应该提供一个代码片段来说明如何使用这些选项。对于对象值，列出对象的每一个属性，以及它的期望类型、默认值，还有描述。类似地，对于函数，列出每个传入函数的参数，包括目的和类型。开发者还需要详细描述函数体中的 this 引用到哪里，返回值是什么（如果有的话）。

当描述选项之间的关联时，提供一些合适的链接指向相关选项。如果选项的数量很多，考虑在页面的顶部或/和底部提供一个字母序的链接列表，可以快速链接到特定的选项。

回为开发者的插件随着时间的推移也在发展，所以要记录一个选项是在哪个版本中被加进来或者改变的。这样就可以让老版本的用户在升级到最新版本时，很容易看到该怎么做。如果他们想继续使用当前版本，提供一个参考。

7.3.2 方法和工具函数的文档

开发者的插件提供的所有方法和工具函数也都需要文档。

应该详细说明每一个方法或函数的调用方式，展示所有参数和返回值，还要说明其目的。一定要标记出那些不返回 jQuery 对象，而且因此不能被进一步链式调用的方法。图 7.7 展示了 MaxLength 插件开始几个函数和方法的文档。

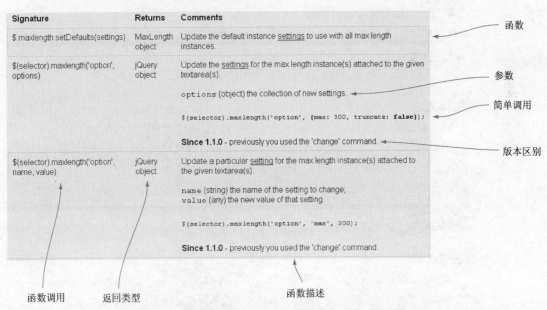

图 7.7 MaxLength 插件的一些函数和方法文档

列出每个参数并标明它的期望类型，是否可选，是否有默认值，以及它的目的。提供如何调用每个函数或方法的示例，包括指向其他方法或合适选项的链接，以及在哪个版本中加入或更改的记录。

7.3.3　演示插件的功能

第一印象非常重要，所以要通过提供一个网页尽可能好地展示自己的插件，尽可能展示所有功能。

首先以默认配置展示插件，然后通过设置不同的选项添加自定义的示例。如果可能，请包含产生这些示例的代码。这样用户就能找到他们想要的示例，并复制相应的代码来完成自己的功能。

作为为潜在用户提供的样品和示例库，演示页面还需要为开发者的插件提供一个有价值的测试工具，特别是那些很难用自动化工具测试到的界面部分。在所有主流浏览器上打开这个页面，并确保通过。

还可以包含下面这些内容中的一些或全部。

- 如何在用户页面上使用插件的说明。
- 其他用户的反馈。
- 一个已经使用了这个插件的站点列表。
- 一个所有可用选项的快速参考。
- 一个更详细文档的链接。
- 对插件本地化资源的访问（需要一定的信用）。
- 以前版本的列表，以及其中的变化。

图 7.8 展示了 MaxLength 插件演示页面的主要部分。

需要知道的

一个单元测试集合可以帮助保证插件在多种浏览器和多种情况下正常工作。

QUnit 提供一个 JavaScript 单元测试框架，让开发者可以全面地测试自己的插件。

把开发者的插件的所有文件打包到一个压缩包内以便于传播。

在发布包中提供开发者代码的最小化版本，为潜在用户降低网络开销。

为开发者的插件的选项和方法书写文档，以便于用户定制自己的需求。

提供示例来展示插件功能，最好能附上代码示例，以说服用户尝试它。

自己试试看

遵循本章中 MaxLength 插件的模式，为第 5 章中作为练习开发的 Watermark 插件书写测试。确保测试到了改变标签文本位置的选项，以及用来擦除标签的 clear 方法。

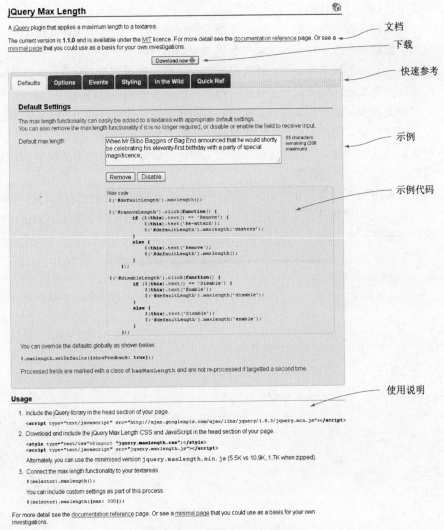

图 7.8 演示 MaxLength 插件

7.4 总结

写出最好的插件非常可喜可贺，但是如果用户不能很容易地找到、部署和配置它，他们可能会绕过它而寻求其他选择。

用户期望这个插件在发布后是（相对的）没有缺陷的。为了帮助开发者的测试工作，QUnit 可以为开发者的代码创建可重复的单元测试。尝试测试插件所提供的每一个选项、方法和函数。有了一组可重复的测试，开发者就能更容易地在保证插件继续正常工作的前提下重构自己的代码。

　　把插件所有的文件都打包到一个单独的压缩包中，以便于传播并保证不会漏掉任何东西。提供一个最小化版本的插件代码来帮助用户减少下载时间。

　　一个插件的演示页面可以作为开发者自己使用的可视化测试床，并且展示了开发者插件的所有功能。包含的示例代码可以帮助用户在他们自己的网站中制作类似效果。

　　在文档中包括所有东西，这样用户就能知道插件的全部能力，以及配置它或与它打交道时的期望。描述所有可用的配置选项，包括事件处理器、插件的所有方法，以及插件提供的其他功能。书写良好和全面的文档可以降低开发者的维护成本，因为用户通常可以自己找到问题的答案。

　　在本书的下一部分中，读者将看到 jQuery UI 如何提供它自己的插件框架，以及如何使用它来创建插件。本章介绍的测试、打包和插件文档的内容适用于开发者创建的任何插件。

第 3 部分

扩展 jQuery UI

jQuery UI 是一组构建在 jQuery 之上的用户界面插件。这些插件提供了基本的行为、视觉效果，以及用来增强网页的 UI 小部件。jQuery UI 有自己的扩展点及插件框架。

第 8 章将介绍 jQuery UI 的小部件框架。这个框架同样也应用了前面章节中介绍的最佳实践原则，并用来辅助为所有 jQuery UI 小部件创建一致的外观和行为。读者将会看到如何使用这个框架来开发一个完整的插件。

一个 UI 小部件的通用需求是通过鼠标拖动操作来交互。jQuery UI 通过它内置的鼠标模块支持这一需求。第 9 章将描述如何把这个功能整合到开发者自己的插件中。

jQuery UI 还提供了在页面上高亮、显示或隐藏的视觉效果。在第 10 章中，读者将会看到如何使用 jQuery UI 的功能来创建自己的效果，还有如何创建一个新的缓动（easing）或者加速度变化的动画。

第 8 章　jQuery UI 小部件

本章涵盖以下内容：

- 什么是 jQuery UI 小部件；
- 使用 jQuery UI 小部件框架；
- 应用设计原则；
- 创建一个完整的 jQuery UI 插件。

　　在本书前面的部分，读者已看到如何使用一个框架来创建一个集合插件，从而管理与 jQuery 的基本交互。现在读者将看到，jQuery UI 也提供了一个类似的框架，确保基于此开发的插件都以一个标准的方式工作。

　　jQuery UI "是一个构建在 jQuery 库上的一系列辅助功能，包括用户界面交互、特效、小部件和主题"（http://jqueryui.com）。它是一个官方的 jQuery 附加功能，包括一些叫作*小部件*（widgets）的 UI 组件。它使用 ThemeRoller 工具（http://jqueryui.com/themeroller/）为它管理所有小部件产生统一的观感。

　　如果想创建可以与现有 jQuery UI 小部件集成的可视化组件，开发者就需要基于它的小部件框架来开发自己的插件。无论是 jQuery UI 小部件框架还是第 5 章中介绍的框架，都是为了让开发者把精力集中在开发自己插件的特定功能上，而不必过多关注底层的基础设施。它们都允许在一个元素上存储状态，以及通过管理每一个插件实例的选项存取来定制插件外观和行为。两者都允许开发者通过指定方法的名字并传入所需的参数来调用附加行为。另外，两个框架都可以移除已应用的功能，把受影响的元素恢复到初始状态。

作为与前一个框架的比较，这里将使用 jQuery UI 小部件框架重新创建 MaxLength 插件。回想一下，这个插件限制一个 textarea 接受的文本长度，并提供有价值的反馈信息。在本章结束时，将会产生一个与标准 jQuery 组件观感相同的新插件。

8.1　小部件框架

jQuery UI 是高度模块化的，允许开发者选择自己想使用的部分，以减少需要的代码量。开发者可以创建一个自己的自定义下载，把依赖模块都考虑进去（http://jqueryui. com/ download）。

在介绍组成 jQuery UI 包的各个模块之后，下面将把注意力集中在小部件（Widget）模块上，并且开始基于 jQuery UI 包含的小部件框架来重新实现 MaxLength 插件。

8.1.1　jQuery UI 的模块

快速地介绍一下组成 jQuery UI 的模块有助于开发者理解它提供的一些选择。jQuery UI 的所有部分都依赖于*核心*（Core）模块提供的基础功能，所以它必须被包含在开发者的页面中。它还包括 zIndex 函数，允许开发者设置或获取一个元素的 z-index（用来标识在其他元素前面还是后面）。

小部件（Widget）模块是本章的主题。它提供了所有 jQuery UI 组件都使用的基础设施。如果一个小部件或行为依赖于鼠标拖动操作，*鼠标*（Mouse）模块通过把鼠标移动转换为可覆盖的回调，整个过程变得很简单。第 9 章将更为详细地介绍鼠标模块。*位置*（Position）模块是一个独立的工具，它简化了一个元素与其他元素的相对位置。

jQuery UI 在自己的模块中包括一系列底层行为。*拖动*（Draggable）模块允许开发者在页面上用鼠标拖动一个元素，*放置*（Droppable）模块允许开发者定义哪些元素可以接受并处理放开拖动的元素。

开发者可以使用*调整大小*（Resizable）模块来拖动一个元素的边框，从而调整它的大小。*选择*（Selectable）模块可以让开发者从列表中选择一个列表项，或通过鼠标拖动选择多个。可以使用*排序*（Sortable）模块来排序一个列表中的元素，也可以用鼠标把列表项拖动到想要放置的位置。许多小部件现在已经成为 jQuery UI 的一部分（见图 8.1），其他一些也正在计划中或开发中，并将被包括在未来版本的 jQuery UI 中。

折叠（Accordion）模块允许在垂直方向上展开小节标题下的内容，*选项卡*（Tabs）模块可以允许重叠多块内容，并可以通过顶部的标签来激活其中一个。开发者可以使用*对话框*（Dialog）模块在页面上显示一个弹出对话框，还可以选择屏蔽该页面上的其他任何操作。

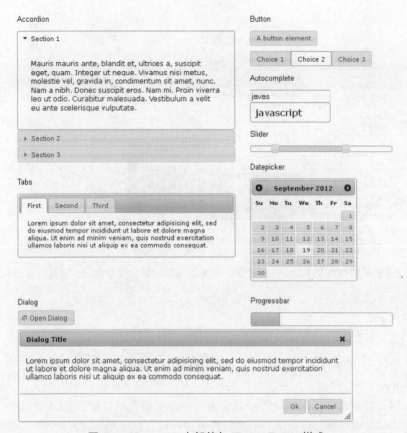

图 8.1 jQuery UI 小部件与 ThemeRoller 样式

为了在像按钮和链接这样的动作组件上得到统一的外观和功能，开发者可以使用*按钮*（Button）模块。可以使用*自动完成*（Autocomplete）模块为一个字段自动提供建议值，或者使用滑块（Slider）模块可视化地选择特定范围内的一个值或一个值域。为了在一个弹出的日历上选择日期，开发者可以使用*日期选择器*（Datepicker）模块，或者使用一个内联日历替代。*进度条*（Progressbar）模块允许开发者通过可视化的方式显示一个任务的进度。

jQuery UI 1.9 中新加入了*菜单*（Menu）模块（为开发者的网站提供导航功能）、*微调*（Spinner）模块（允许通过上下调整来选择数值），以及*提示信息*（Tooltip）模块（为开发者的元素提供可定制、可更换主题的浮动提示）。

一些视觉特效增强了 jQuery 本身提供的基本功能。其中大多数可以用来显式地显现或隐藏一个元素，或者开关它的可见性，例如修剪（Clip）或爆炸（Explode）。也有些是为了把注意力吸引到某个元素，例如高亮（Highlight）或晃动（Shake）。多个特效都用到的公共功能在*特效核心*（Effects Core）模块中。图 8.2 通过动画展示了多个特效。

第 10 章将详细讨论 jQuery UI 的特效。

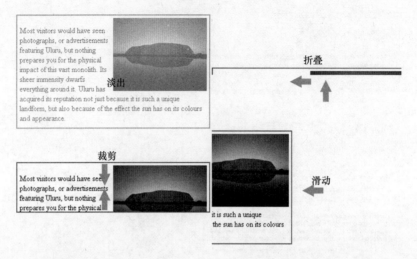

图 8.2   播放到 60% 的 jQuery UI 特效，从左上角顺时针依次是淡出、折叠、滑动和裁剪

本章详细介绍封装在小部件模块中的 jQuery UI 小部件框架。

8.1.2   小部件模块

当使用 jQuery UI 开发一个 UI 组件时，小部件模块是最关键的一个。它定义的 $.Widget "类" 形成了所有新组件的根基。（尽管 JavaScript 并没有把类作为一个正式结构，但是开发者可以创建类似于其他语言中定义的类的对象。）这个类提供了所有小部件共用的基础功能，以保证它们的操作方式相同，这就是*小部件框架*。

这些基础功能是：

- 把小部件附加到一个元素；
- 为一个小部件实例处理选项初始化；
- 在初始化以后存取选项值；
- 为一个小部件实例保持状态；
- 处理启用和禁用小部件；
- 注册和调用事件处理器；
- 在小部件上调用自定义方法；
- 与 ThemeToller 整合以得到一致的观感；
- 当不需要小部件时移除它。

一个小部件（适用于 MaxLength 插件）的生命周期将在 8.1.4 节中详细讲解。

8.1.3   MaxLength 插件

正如前面所提到的，本章中将使用 jQuery UI 小部件框架重新开发第 5 章中的

MaxLength 插件。这个插件将为 textarea 字段提供一个最长限制，类似于 input 字段内置的 maxlength 属性。它的调用方式与之前相同，无论是默认设置还是自定义选项：

```
$('#text1').maxlength();
$('#text1').maxlength({max: 400});
```

在限制输入文本长度的同时，这个插件还提供反馈信息来提示已经输入了多少个字符或者还有多少个可以输入，如图 8.3 所示。这个反馈信息将使用当前的 ThemeRoller 主题把它的外观与页面的其余部分进行整合。

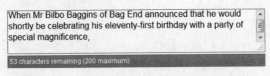

When Mr Bilbo Baggins of Bag End announced that he would shortly be celebrating his eleventy-first birthday with a party of special magnificence,

53 characters remaining (200 maximum)

图 8.3　运行中的 MaxLength jQuery UI 插件

这个插件将包括的功能与之前相同：

- 只在字符数达到上限时通知用户；
- 完全禁止反馈；
- 只在 textarea 激活时显示反馈信息；
- 当达到或超出上限时触发一个回调。

这个插件将遵循"*提供渐进增强*"原则。当 JavaScript 不可用时，开发者仍然可以输入文本，而长度限制将在文本提交到服务器之后进行。有 JavaScript 时，这个插件将在提交之前限制输入的文本长度，并且随之提供有价值的反馈信息。

8.1.4　MaxLength 插件的操作

这个插件的代码由一系列函数组成，它们覆盖或增强了小部件框架提供的功能。程序清单 8.1 展示了这些函数，代码之后是关于这些函数在小部件的生命周期中如何调用的描述。

程序清单 8.1　插件函数轮廓

```
var maxlengthOverrides = {                               ❶ 小部件默认        初始化
    options: {...},                                          选项          ❷ 一个
    _create: function() {...},                                               元素
    _setOption: function(key, value) {...},       ❹ 处理多个自
    _setOptions: function(options) {...},            定义选项
    refresh: function() {...},                                            刷新小
    curLength: function() {...},                                       ❺ 部件
    _checkLength: function() {...},           ❻ 获取当前长度           界面
    _destroy: function() {...}
};                                                           ❽ 移除插件功能
$.widget('kbw.maxlength', maxlengthOverrides);
```

处理单个自定义选项 ❸

强制执行长度限制 ❼

像往常一样，使用 jQuery "选择-操作"的方式把插件应用到页面上的一个或多个 textarea 元素上。小部件插件为每一个受影响的元素创建一个实例对象来保持插件的当

前状态，并把它们保存在这个元素上。这个实例对象的属性包括默认选项集合（代码中的 options❶）和初始化调用时提供的自定义选项。这些设置控制插件的外观和行为。在进行必要的设置后，框架调用 _create 函数❷在一个元素上完成开发者的初始化。

如果用户想在初始化之后改变一个插件实例的选项，他们可以使用 option 方法。这会调用一次 _setOptions 函数❹来处理一组选项，也会多次调用 _setOption 函数❸来处理单个选项的变化。

初始化和改变选项最终都会调用自定义的 refresh 函数❺，它会把插件的外观和行为与新的选项值同步。

作为插件初始化的一部分，它在 textarea 上附加事件处理器来监听击键动作。每次击键都会调用一次 _checkLength 函数❼，在输入的文本上强制执行长度检测，并更新所有相关的反馈元素来体现最新状态。如果 textarea 已满，并且用户为这个事件注册了一个回调，它们会立即得到通知。

用户随时可以通过调用 curLength 方法得到当前已用的字符数以及剩余字符数，它被映射到了 curLength 函数上❻：

```
var lengths = $('#text1').maxlength('curLength');
```

注意： 没有以下划线（ _ ）开头的函数可能可以被小部件框架直接通过函数名称调用，比如这里 curLength 的例子。那些以下划线开始的函数则被框架隐藏，不能访问。

用户可以通过调用 destroy 方法来完全移除 MaxLength 的功能，它直接被传递到 _destroy 函数❽。这个调用会回滚在初始化阶段做出的所有变化。

在开始开发插件之前，开发者首先要声明自己的小部件，这样才能使用小部件框架的功能。

8.2　定义小部件

在开始开发插件的特定功能之前，开发者还需完成几个基本步骤：
■　为小部件声明一个名字；
■　在自己的代码与其他 JavaScript 环境中间建立保护；
■　声明这个新的小部件。
下面来依次了解它们。

8.2.1　声明一个名字

开发者的插件需要以某种方式被标识，并且与其他插件加以区分。这个小部件框架通过它的小部件定义函数帮开发者应用了*"在所有地方使用唯一的名字"*原则。即使这样，开发者还是需要为自己的插件选择一个合适的名字以及命名空间。

命名空间的设计目的是用来帮助插件间的隔离，但是只有插件名被用来访问它的功能，所以这个名字必须唯一。正如前面所讨论的，如果两个同名插件被包括在同一个页面中，只有一个（后加载的那个）可以被访问。

本例中将使用与之前相同的插件名（maxlength），并添加一个命名空间 kbw（笔者名字的首字母）。插件名以及命名空间只应该包括小写字符、数字，以及连接符（-）或下划线（_）。命名空间 ui 是为 jQuery UI 的官方插件保留的，不能用于开发者自己的插件。除此之外，这个命名空间还应该表明这个插件从哪里来，以及它是否是一个插件集合的一部分。

插件代码应该出现在一个名为 jquery.<插件名>.js 的文件中。为了区分这个插件与第 5 章中开发的那个，同时也要保留插件名 maxlength，把这个文件命名为 jquery.maxlengthui.js，相关的 CSS 使用相同的文件名，但是扩展名不同。

8.2.2　封装插件

尽管这个小部件框架提供了许多公用功能，开发者仍然必须使用与第 5 章中相同的匿名函数来应用"*利用作用域隐藏实现细节*"原则和"*不要依赖$与jQuery的等同性*"原则。这在开发者的插件实现与其他 JavaScript 环境之间建立了保护，如程序清单 8.2 所示。

程序清单 8.2　封装插件代码

```
(function($) { // Hide scope, no $ conflict
    ... the rest of the code appears here
})(jQuery);
```

 ❷ 立即调用它　　❶ 声明匿名函数

这个匿名函数❶被当作一个新的*作用域*——这个函数中定义的变量和方法对外部不可见。内部代码不会与任何外部代码相互干扰。开发者可以用一种可控的方式，使用 jQuery 对象自己来提供对插件功能的访问。

这个包装函数把$声明为参数，并在立即调用它时❷把 jQuery 作为参数值传入。这样确保了在它的函数体内，$引用指向 jQuery 对象。这个函数中包含开发者的小部件的代码，从声明小部件自己开始。

注意：如前所述，不要把开发者的代码包装在$(document).ready(function() {...})回调或者它的缩写$(function(){...})中。开发者希望的是在它加载完成后立即执行代码，并且在随后正常初始化 jQuery 时就可用。

8.2.3　声明这个小部件

这个小部件框架管理了小部件的创建，允许为所有小部件添加标准功能。公用的功能包括为一组元素初始化此插件，处理选项存取，在不需要时移除插件功能。小部件的创建代码如程序清单 8.3 所示。

程序清单 8.3　声明小部件

```
var maxlengthOverrides = {                                    ❶ 定义小部件功能

    // Global defaults for maxlength
    options: {                                                ❷ 提供默认选项
        max: 200, // Maximum length
        ... Other default settings
    },

    _create: function() {...},

    // Other widget code
};

/* Maxlength restrictions for textareas.                      ❸ 声明新小
   Depends on jquery.ui.widget. */                               部件
$.widget('kbw.maxlength', maxlengthOverrides);
```

　　这个小部件框架允许开发者覆盖或增强它的那些可继承的功能，所以开发者首先定义一个对象，它的属性提供了这些覆盖❶，包括默认选项值和自定义方法。本章的剩余部分将详细介绍这个对象的内容。

　　与第 5 章一样，开发者通过允许传入可选的设置来自定义这个小部件。开发者定义了一个 options 对象作为这个小部件的一部分来保存默认值❷，这遵循了“*使用合理的默认值*”原则。这个 MaxLength 插件的大多数选项与第 5 章中的那些相同。一个不同点是当 textarea 达到或超出指定的上限时触发的那个回调函数，第 5 章中叫作 onFull，但是在 jQuery UI 的标准实践中是没有 on 的，所以这里的名字为 full。这个变化背后的一部分原因是 jQuery UI 允许开发者通过标准的 bind 或 on 函数把一个事件处理器附加到这些内部事件上，并自动地把它与合适的事件相连接。这个事件名字是插件名与选项名的组合。开发者可以这样提供一个事件处理器：

```
$('#text1').maxlength().bind('maxlengthfull', function(event, ui) {
    ...
});
```

　　jQuery UI 没有提供一个标准的本地化策略，所以不必担心把本地化支持合并到这个小部件中的问题。

　　开发者必须调用$.widget 函数来声明自己的小部件❸，需要提供小部件的名字，以及它的命名空间，通过句号（.）隔开。最后一个参数就是覆盖或扩展小部件可继承功能的那个对象。

　　这个调用还有一个可选参数，它用来指定使用哪个小部件“类”作为这个新小部件的基础。因为开发者正在创建一个只继承了基本功能的小部件，所以可以省略这个参数，并使用默认的$.Widget。第 9 章将介绍一个使用了这个参数的 jQuery UI 小部件，它通过指定$.ui.mouse 作为继承类来包含鼠标交互。

　　在开发者的小部件声明之后，小部件框架为 jQuery 元素集合创建一个与插件同名

（本例中为$.fn.maxlength）的新函数，并把它与开发者代码中提供的覆盖相连接。$.widget.bridge 函数在幕后完成 jQuery 的集合处理与自定义小部件之间的映射。

现在开发者的新小部件已经有了名字，并且继承了标准的小部件功能，开发者可以开始创建它的行为来完成自己的需求。

8.3　把插件附加到一个元素

小部件框架会自动处理把插件附加到一个元素集合，但是开发者也许想在这个时机执行一些处理。为了加入自己的代码，开发者把扩展基本小部件作为定义的一部分，覆盖那些没有做任何事情的实现。

8.3.1　基本附加和初始化

框架会截获插件的初始化调用，并执行一些标准处理。它创建一个小部件实例对象，并通过 data 函数把它赋值给选定元素的一个以插件命名的属性。在 jQuery UI 1.9 之后，这个属性名由命名空间加上破折号和插件名组成（本例中为 kbw-maxlength）；在 jQuery UI 1.9 之前，则只使用插件名（maxlength）。这个对象有两个核心属性：element 和 options。前者是插件应用元素的引用，后者是插件中被自定义选项覆盖后的默认选项的一份拷贝。

在初始化过程中，框架会调用_create 函数。通过把它作为小部件定义中函数覆盖的一部分，开发者可以在这里提供自己的插件代码，如程序清单 8.4 所示。在_create 函数中，this 引用了当前小部件实例对象。

程序清单 8.4　附加和初始化

```
/* Initialise a new maxlength textarea. */
_create: function() {                              ← ❶ 覆盖_create 函数
    this.feedbackTarget = $([]);
    var self = this;
    this.element.addClass(this.widgetFullName || this.widgetBaseClass).
        bind('keypress.' + this.widgetEventPrefix, function(event) {   ←
            if (!self.options.truncate) {
                return true;
            }                                          ❸ 添加事件处理器
            var ch = String.fromCharCode(event.charCode == undefined ?
                event.keyCode : event.charCode);
            return (event.ctrlKey || event.metaKey || ch == '\u0000' ||
                $(this).val().length < self.options.max);
        }).
        bind('keyup.' + this.widgetEventPrefix, function() {
            self._checkLength($(this));
        });                                          ❹ 刷新小部件界面
    this.refresh();                              ←
},
```

❷ 添加一个标记类

为了让小部件框架在恰当的时机调用到自己的代码，开发者定义了 _create 函数❶。开发者应该为当前选择的元素添加一个标记类❷，以便于在页面上识别受影响的元素。第 5 章中也使用这个方法标识一个元素已经被这个插件初始化过了，这个小部件框架通过小部件实例对象数据是否存在来完成同样的目的。在这里以及类似的场景下可以使用框架提供的 this.widgetFullName（在 jQuery UI 1.9 之前使用 this.widgetBase-Class），它的值为插件命名空间加上插件名称，中间通过破折号（-）分隔。

这个函数中的其余代码都是在处理插件的特定功能。对于 MaxLength 插件，开发者在主元素（textarea）❸上添加击键事件处理器，当文本内容发生变化时就能立即更新它的状态。开发者应该为事件添加一个命名空间，这样就可以在随后的代码中通过附加一个框架提供的 this.widgetEventPrefix 来容易地识别它们。注意：小部件的 options 提供这个 textarea 的最大长度，还有一个叫作（_checkLength）的内部函数。它们都是小部件实例对象 this（在这个事件处理器中起了一个别名 self）的一部分。

最后，应该调用自定义的 refresh 函数❹基于当前的选项集合来更新插件。8.4.3 节将介绍这个函数的更多细节，但是首先读者将看到如何定义选项的默认值，以及框架如何对这些值的改变做出反应。

8.4　处理插件选项

开发者可以为一个插件实例提供自定义选项来改变它的外观或行为。回忆一下指导原则"*预估定制点*"，尝试着预测什么是用户可能需要改变的，这样就能提供一个选项让他们那么做。然后考虑"*使用合理的默认值*"原则，并为选项赋一个适用于大多数用户的初始值。

为了达到这个目标，开发者需要：

■　为所有选项定义默认值；
■　处理选项值的存取；
■　立即应用任何选项变化；
■　允许禁用/启用插件。

8.4.1　小部件默认值

小部件框架会自动处理一个插件实例的初始化选项设置，把选项赋值给小部件实例对象的 options 属性，通常使用 this 来访问它。它会拷贝声明小部件时指定的所有默认值，并使用初始化调用时提供的值来覆盖。

程序清单 8.5 展示了如何定义默认选项值。回想一下，这个对象是组成小部件声明中自定义覆盖的一部分。

程序清单 8.5 默认选项值

```
// Global defaults for maxlength
options: {                                                        ❶ 定义全局默认选项值
    max: 200, // Maximum length
    truncate: true, // True to disallow further input,
        // false to highlight only
    showFeedback: true, // True to always show user feedback,
        // 'active' for hover/focus only
    feedbackTarget: null, // jQuery selector or function for
        // element to fill with feedback
    feedbackText: '{r} characters remaining ({m} maximum)',
        // Display text for feedback message,
        // use {r} for remaining characters,
        // {c} for characters entered, {m} for maximum
    overflowText: '{o} characters too many ({m} maximum)',
        // Display text when past maximum,
        // use substitutions above and {o} for characters past maximum
    full: null // Callback when full or overflowing,
        // receives two parameters: the triggering event and
        // an object with attribute overflow set to true
        // if overflowing, false if not
},
```

默认值最终会作为小部件原型的一个属性❶。为了让它们更易于访问，可以把这个插件中的一个属性直接映射到这组默认值：

```
// Make some things more accessible
$.kbw.maxlength.options = $.kbw.maxlength.prototype.options;
```

在元素上调用插件之前，可以像下面这样覆盖所有插件实例的默认值：

```
$.extend($.kbw.maxlength.options, {max: 300, truncate: false});
```

8.4.2 响应选项变化

小部件框架也会自动处理贯穿于插件整个生命周期的选项获取和更新。在取值模式中，option 方法让开发者指定一个选项名，并返回它的当前值（考虑默认值）。如果开发者没有提供一个名字，则返回整个选项集合：

```
var maxChars = $('#text1').maxlength('option', 'max');
var options = $('#text1').maxlength('option');
```

在设值模式中，option 方法可以通过选项名改变单个值，也可以通过一个 map 更改多个值：

```
$('#text1').maxlength('option', 'max', 400);
$('#text1').maxlength('option', {max: 400, truncate: false});
```

具体使用哪个模式是通过参数个数以及参数类型来决定的。

开发者可以在设值流程中放置一个钩子来监视值的改变，并做出反应。这可以通过在定义小部件时提供_setOption 或/和_setOptions 函数的覆盖来实现。程序清单 8.6 展示了如何对单个选项的改变做出反应。

程序清单8.6　处理单个选项

```
/* Custom option handling.
  @param  key     (string) the name of the option being changed        ❶ 覆盖
  @param  value   (any) its new value */                                  _setOption
_setOption: function(key, value) {                                        函数
    switch (key) {
        case 'disabled':                                           ❷ 处理特定的
            this.element.prop('disabled', value);                      一个选项
            this.feedbackTarget.toggleClass('ui-state-disabled', value);
            break;
    }
    // Base widget handling                                      ❸ 调用默认选项处理
    this._superApply(arguments);
},
```

_setOption 函数❶接收两个参数：选项名以及要改变的新值。如果用户在一次调用中提供了多个选项，它们会被独立地通过这个函数来处理。根据选项名❷来决定应该做出什么反应。对于 MaxLength 插件，开发者应该监视小部件的 disabled 状态，并且相应地调整它的外观和行为。

确保使用基本小部件处理器来设置一个选项值❸，使得存储在小部件实例对象中的值也能得到更新。在调用这个处理器之前，如果开发者需要比较新选项值（value）和旧选项值（this.options[key]），可以访问它们。

正如前面所提到的，开发者会为每个变化的选项依次调用_setOption 函数。如果希望在一组选项变化前或变化后做一些处理，开发者可以提供一个_setOptions 函数来达到这个目的（见程序清单 8.7）。

程序清单 8.7　处理多个选项变化

```
/* Custom options handling.
  @param  option  (object) the new option values */            ❶ 覆盖_setOptions 函数
_setOptions: function(options) {
    // Base widget handling
    this._superApply(arguments);                              ❷ 调用默认
    this.refresh();                                              选项处理
},                                                ❸ 刷新小部件界面
```

_setOptions 函数❶接收一个参数：一个包含选项名和选项值的对象。开发者应该总是为这些选项调用标准处理，包括之前介绍的单个选项处理（通过调用基本小部件中相同的函数）❷。然后可以根据小部件的新选项值来刷新它的外观和行为❸。通过在这个函数中而不是上一个中刷新界面，开发者可以降低性能开销，因为它只会在所有的选项改变完成后执行一次，而不是为每个选项都重复一次。refresh 函数将在下一小节中介绍。

jQuery UI 1.9 之前

　　调用继承函数的方式在 jQuery UI 1.9 中发生了变化。在新的 jQuery UI 版本中，开发者通过一个父类的引用来调用，像这样：

```
this._superApply(arguments);
```

　　在老版本中，开发者通过小部件原型来调用同样的函数，像这样：

```
$.Widget.prototype._setOption.apply(this, arguments);
```

　　或者像这样：

```
$.Widget.prototype._setOptions.apply(this, arguments);
```

　　为了让开发者的小部件能在现在以及早期版本的 jQuery UI 中都可以工作，开发者可以检查新函数是否存在，并执行相应的操作，如下例：

```
// Base widget handling
if (this._superApply) {
    this._superApply(arguments);
}
else {
    $.Widget.prototype._setOption.apply(this, arguments);
}
```

8.4.3 实现 MaxLength 的选项

　　开发者可以通过为 MaxLength 提供选项来改变它的外观和（或）行为。图 8.4 展示了一些选项变化的效果。

　　这些值在变化后需要被重新应用到受影响的元素上，同时也移除了前一个值的效果。refresh 函数执行了这个任务，它在初始化（参见 8.3.1 节）以及一个选项改变（参见 8.4.2 节）时都会被调用。程序清单 8.8 展示了它的定义的前半部分。

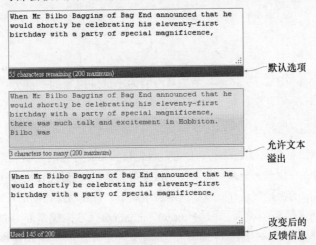

图 8.4　MaxLength 选项变化，从上到下分别是默认选项、不截断、改变反馈信息

程序清单 8.8　刷新小部件的外观和行为

```
/* Refresh the appearance of the maxlength textarea. */        ❶ 定义 refresh 函数
refresh: function() {
    if (this.feedbackTarget.length > 0) {
        // Remove old feedback element                          ❷ 如果之前存
        if (this.hadFeedbackTarget) {                              在反馈信息
            this.feedbackTarget.empty().val('').
                removeClass((this.widgetFullName ||
                    this.widgetBaseClass) + this._feedbackClass + ' ' +
                    this._fullClass + ' ' + this._overflowClass);
        }
        else {                                                  ❹ 移除内置反馈
            this.feedbackTarget.remove();
        }                                                       ❺ 清除反馈元
        this.feedbackTarget = $([]);                               素引用
    }                                                                              ❻ 如果需要显示
    if (this.options.showFeedback) { // Add new feedback element                      反馈，执行❼~⓫
        this.hadFeedbackTarget = !!this.options.feedbackTarget;
        if ($.isFunction(this.options.feedbackTarget)) {
            this.feedbackTarget =
                this.options.feedbackTarget.apply(this.element[0],[]);
        }
        else if (this.options.feedbackTarget) {
            this.feedbackTarget = $(this.options.feedbackTarget);
        }                                                                          ❾ 找到外部
        else {                                                                        反馈元素
            this.feedbackTarget =
                $('<span></span>').insertAfter(this.element);
        }
        this.feedbackTarget.addClass(                                              ⓫ 配置反馈
            (this.widgetFullName || this.widgetBaseClass) +                            元素
            this._feedbackClass + ' ui-state-default' +
            (this.options.disabled ? ' ui-state-disabled' : ''));
    }
    ...
},
```

左侧标注：
- 重置外部反馈元素 ❸
- 记住是否有外部反馈 ❼
- 检查外部反馈函数 ❽
- 创建内部反馈元素 ❿

在定义小部件时，把 refresh 函数❶声明为小部件覆盖的一部分。通过使用一个不以下划线（＿）开头的名字，可以直接把这个函数作为方法调用：

```
$('#text1').maxlength('refresh');
```

因为反馈信息选项可能发生了变化，首先移除所有存在的反馈元素。通过一个元素引用来判断是否存在反馈信息❷。如果存在且反馈元素是外部提供的，则重置并清理它❸；如果它是内部生成的，则完全移除❹。这两种情况下，都要清除指向旧反馈元素的引用❺。

然后重新评估新的设置，根据 showFeedback❻选项来确定此刻是否需要反馈信息。如果需要，开发者首先需要记住是否已经有了一个外部的反馈元素❼，以便它能在将来被正确地重置。如果外部反馈以方法的形式提供❽，开发者就必须调用它来获取真正的元素。或者使用 jQuery 来获取外部反馈元素❾，可以通过选择器字符串、DOM 元素或已存在的 jQuery 对象的形式指定它。如果没有提供外部反馈元素，开发者需要自己创建一个，并把它添加在 textarea 后面❿。这两种情况下，反馈元素都会被存储在实例对象（this）的 feedbackTarget 元素中，以便后续访问，并且使用合适的 ThemeRoller 类来配置它⓫，让它的外观风格与页面的其余部分相匹配。

注意：!! 结构已经在 3.2.1 节中解释过。

refresh 函数的后半部分主要涉及仅在元素激活时显示反馈信息。

程序清单 8.9　刷新小部件事件处理器

```
/* Refresh the appearance of the maxlength textarea. */      移除之前的事件❶
refresh: function() {                                         处理器
    ...
    this.element.unbind('mouseover.' + this.widgetEventPrefix +
        ' focus.' + this.widgetEventPrefix +
        ' mouseout.' + this.widgetEventPrefix +               当激活时显示反馈
        ' blur.' + this.widgetEventPrefix);              ❷   信息，执行❸—❻
    if (this.options.showFeedback == 'active') {
        // Additional event handlers                          鼠标移开时❹
        var self = this;                                      隐藏反馈信息
        this.element.
            bind('mouseover.' + this.widgetEventPrefix, function() {
鼠标悬停时          self.feedbackTarget.css('visibility', 'visible');
显示反馈信息❸  }).bind('mouseout.' + this.widgetEventPrefix, function() {
                if (!self.focussed) {
                    self.feedbackTarget.css('visibility', 'hidden');
                }
获得焦点时     }).bind('focus.' + this.widgetEventPrefix, function() {
显示反馈❺          self.focussed = true;
                self.feedbackTarget.css('visibility', 'visible');
失去焦点时     }).bind('blur.' + this.widgetEventPrefix, function() {
隐藏反馈信息❻      self.focussed = false;                     初始化时❼
                self.feedbackTarget.css('visibility', 'hidden');  隐藏反馈信息
            });
        this.feedbackTarget.css('visibility', 'hidden');
    }
    this._checkLength();                           调用实际的
},                                             ❽   长度检测
```

在程序清单 8.8 中的反馈元素上，首先移除之前用于处理 textarea 激活时显示反馈信息的所有事件❶。通过在设置事件时为它们指定一个命名空间，开发者可以防止它们与这个元素上的其他处理器之间相互干扰，并且在这里移除它们会变得很简单。开发者不能在这里移除所有包含这个命名空间的事件，例如初始化阶段创建的击键事件就必须保留。

如果用户选择只允许激活时显示反馈信息❷，开发者只为那些能代表激活状态的事件添加处理器。应该当鼠标悬停在 textarea 上时显示反馈❸，当鼠标离开且元素没有获得焦点时隐藏它❹。类似地，应该在 textarea 获得焦点时显示反馈信息❺，并且在失去

焦点时隐藏它❻。如前所述，开发者需要指定一个包括命名空间的事件名，因为
widgetEventPrefix 的值对每个小部件都是唯一的，使用它可以简化处理器的移除工作。
在每种情况中，都通过改变反馈元素的 visibility 来显示或隐藏文本，但仍然保留元素所
占的空间。初始化时，把反馈信息设置为隐藏❼。

最后，通过调用_checkLength 函数在 textarea 上应用长度限制❽。可以参考 8.8.1 节
中关于这个函数的详细介绍。

8.4.4   启用和禁用小部件

启用和禁用一个小部件是这个小部件框架中的标准功能，而不需要开发者做任何事情。
小部件的状态是通过把 disabled 选项设置为 true（禁用）或 false（启用）来控制的。
这个框架也把 enable 和 disable 方法映射到这个选项的变化：

```
$('#text1').maxlength('disable');
...
$('#text1').maxlength('enable');
```

框架在内部开关<命名空间>-<插件名>-disabled 和 ui-state-disabled 这两个类，并且
在适当的时候设置 aria-disabled 属性。开发者可以通过在自定义的_setOption 函数（参见
8.4.2 小节）中监视 disabled 选项的变化，插入启用和禁用插件时的额外处理代码。

现在用户已经可以配置开发者的新小部件了，接下来看看用户如何通过事件响应它
的状态变化。

8.5   添加事件处理器

开发者可以允许用户通过订阅自定义事件来对插件生命周期中的重要事件做出反
应。在插件的处理过程中，有些情况是用户想立即知道的，例如在输入框中输入内容时
触发的 change 事件。通过监听这个事件，用户可以立即根据插件的新状态来更新页面。
这个小部件框架也支持通过_trigger 函数的形式来调用事件。

为了给自己的插件添加事件回调，开发者需要做如下两件事情：

■　允许用户为一个事件注册处理器；
■　在恰当的时间触发这些事件。

下面来看这两个步骤。

8.5.1   注册一个事件处理器

这个插件只提供了一个事件：full。在 textarea 达到或超出允许的字符上限时，它会
被触发。事件的参数中传入一个标志，用来指示是否超出上限（因为 truncate 选项为
false），并要求用户在提交之前缩短文本长度。

full 的事件处理器是插件的另一个选项，如程序清单 8.10 所示，不需要回调时的默认值是 null。与其他 jQuery UI 事件处理器一样，用户使用它时为它赋一个接收两个参数的函数。第一个参数是触发事件，第二个是一个自定义 ui 对象，它持有溢出标志。在这个回调函数中，this 变量引用到这个插件所应用的主元素，这样允许用户在多个实例间重用一个处理器。

程序清单 8.10　定义一个事件处理器

```
// Global defaults for maxlength
options: {
    ...
    full: null // Callback when full or overflowing,
        // receives two parameters: the triggering event and
        // an object with attribute overflow set to
        // true if overflowing, false if not
},
```

如下代码片段所示，用户在插件初始化时注册他们的事件处理器，或者在随后的阶段中更新选项。

```
$('#text1').maxlength({full: function(event, ui) {
    $('#warning').show();
}});
```

这个插件框架自动把一个自定义事件映射到这个处理器，所以开发者可以使用 jQuery 标准的 bind 或 on 函数来订阅这个事件。这个事件名是插件名与选项名的组合（本例中为 maxlengthfull ）。

```
$('#text1').maxlength().on('maxlengthfull', function(event, ui) {
    $('#warning').show();
}});
```

一旦设置了事件处理器，开发者就需要在插件生命周期中的恰当时机调用它。

8.5.2　触发一个事件处理器

当开发者应用长度限制后，full 事件在 MaxLength 插件中的 _checkLength 函数结尾被触发，如程序清单 8.11 所示。在其他插件中，开发者应该在代码中的其他适当位置触发事件。

程序清单 8.11　触发一个事件

```
/* Check the length of the text and notify accordingly. */
_checkLength: function() {
    var value = this.element.val();
    var len = value.replace(/\r\n/g, '~~').replace(/\n/g, '~~').length;
    ...
    if (len >= this.options.max) {                              ❶ 判断触
        this._trigger('full', null, $.extend(this.curLength(),    发条件
            {overflow: len > this.options.max}));
    }                    ❷
},
```
调用事件 ❷

　　首先检查触发条件为 true❶，然后通过小部件的_trigger 方法产生事件❷。它的调用参数为事件名、引起这次触发的源事件，以及一个包含这个小部件相关信息的自定义 ui 对象。把源事件设置为 null，会导致 jQuery 创建一个类型名为插件名加事件名（maxlengthfull）的自定义事件对象。注意，如果插件名与事件名相同，这个事件类型并不是名字的重复，而是只有一个。例如，drag 插件中的 drag 事件，类型名中只有一个 drag。

　　如果开发者希望用户可以通过回调取消一个操作，他们就必须在处理器中调用 event.preventDefault()。这会导致调用处理器的_trigger 函数返回 false，允许开发者判断返回值并做出相应处理。例如，开发者的插件代码看起来可能是这样的：

```
if (this._trigger('myevent', null, {value: this.value})) {
    ... // Only if not cancelled
}
```

　　用户希望在值大于 10 时取消这个事件，如下：

```
$(selector).myplugin({myevent: function(event, ui) {
        if (ui.value > 10) {
            event.preventDefault();
        }
    }
});
```

　　事件回调允许开发者对小部件自身引发的变化做出反应。如果要自己触发其他行为，开发者需要在小部件中添加可以通过名字来调用的自定义方法，并通过参数调整方法的功能。

8.6　添加方法

　　使用自定义方法在插件中实现其他功能，在调用小部件时传入方法名。例如启用和禁用小部件：

```
$('#text1').maxlength('enable');
$('#text1').maxlength('disable');
```

　　这个小部件框架允许所有不以下划线（_）开头的函数都可以直接作为方法调用。如果这个函数有返回值，它会被传递给调用者，否则返回当前 jQuery 集合，以允许链式调用。

　　所有以下划线开始的函数都被认为是内部方法，不能以这种方式调用。不过这些函数可以通过小部件实例对象直接访问。例如，在 jQuery UI 1.9 之后，

```
$('#text1').data('kbw-maxlength')._setOptions({...});
```

　　或 jQuery UI 1.9 之前，

```
$('#text1').data('maxlength')._setOptions({...});
```

8.6.1 获取当前长度

程序清单 8.12 是一个自定义方法的例子，开发者可以允许用户使用 curLength 获取一个 MaxLength 插件实例的当前字符数。它返回一个包含属性 used（表示已输入的字符数）和 remaining（表示剩余可输入的字符数）的对象。注意，如果 textarea 允许溢出，used 可能比 max 设置还大，remaining 将会是负数。

程序清单 8.12 获取当前长度

```
/* Retrieve the counts of characters used and remaining.
   @return  (object) the current counts with attributes
            used and remaining */                              ❶curLength 方法
curLength: function() {                                           的函数
    var value = this.element.val();
    var len = value.replace(/\r\n/g, '~~').replace(/\n/g, '~~').length;
    return {used: len, remaining: this.options.max - len};
},                                                             ❷返回当前长度
```

为了把这个自定义方法链接到一个实现函数，必须使这个函数与将要使用的方法同名❶。在恰当的条件下，返回这个函数的请求值❷，它会被直接传递给用户。如果开发者没有在自定义方法的函数中返回任何东西，这个小部件框架会自动返回之前的 jQuery 对象，以允许链式调用。

开发者可以像这样调用这个方法：

```
var lengths = $('#text1').maxlength('curLength');
alert(lengths.remaining + ' characters remaining');
```

其他插件中的自定义方法可能允许或需要一些参数控制它们的操作，例如为滑块设置一个新的位置：

```
$('#slider').slider('value', 25);
```

为了实现这一点，开发者需要在函数的定义中列出这些参数，并在函数体中使用它们。小部件框架会把调用时提供的所有额外参数都传递过去。

到目前为止，读者看到的代码已经允许用户把 MaxLength 插件附加到特定元素，设置或获取它的选项值，以及为重大事件注册处理器。但是用户可能希望在某些时刻移除 MaxLength 的功能，这将在下一小节中讲述。

8.7 移除小部件

用户调用 destroy 方法移除小部件的所有痕迹。与其他方法一样，这会调用插件中的同名函数 destroy。

8.7.1　_destroy 方法

为了在 destroy 方法中添加自己的处理，开发者必须在声明小部件时提供一个_destroy
函数的覆盖。小部件内置的 destroy 函数会自动调用这个函数来实现小部件的特定行为。在
_destroy 中，取消在_create 和 refresh 函数中所做的所有工作，如程序清单 8.13 所示。

程序清单 8.13　移除小部件

```
/* Remove the maxlength textarea functionality. */          ❶  定义 destry 函数
_destroy: function() {
    if (this.feedbackTarget.length > 0) {                   ❷  如果有反馈
        if (this.hadFeedbackTarget) {                           信息，执行
            this.feedbackTarget.empty().val('').                ❸—❺
                css('visibility', 'visible').
                removeClass((this.widgetFullName ||
                    this.widgetBaseClass) +
                    this._feedbackClass + ' ' +
                    this._fullClass + ' ' +
                    this._overflowClass);
        }
        else {                                              ❹  移除内
            this.feedbackTarget.remove();                       置反馈
        }
    }                                                       ❺  移除插
    this.element.removeClass(                                   件功能
            (this.widgetFullName || this.widgetBaseClass) + ' ' +
            this._fullClass + ' ' + this._overflowClass).
        unbind('.' + this.widgetEventPrefix);
}
```

重置外部
反馈元素 ❸

首先声明这个函数来增强 destroy 方法❶。对于 MaxLength 插件，首先通过反馈元
素的引用属性来检查是否显示反馈❷。如果有，需要确定它是否是一个外部元素。如果
是，则必须把它重置到初始状态❸；如果是一个内部元素，则可以完全移除❹。

然后需要移除标记类、状态类，以及所有附加的事件处理器❺。使用添加事件处理
器时使用的命名空间来清除它们会非常简单，同时可以安全地删除这个命名空间所匹配
到的所有处理器，而不影响其他处理器。

在执行这个方法之后，MaxLength 的功能不再应用到选定的元素上，开发者的页面
也被重置到它的初始状态。

jQuery UI 1.9 之前

在 jQuery UI 1.9 之前，开发者需要覆盖 destroy 函数，而不是_destroy，并且需要通过引用小部
件原型来调用这个继承功能。为了让自己的插件能在现在以及之前版本的 jQuery UI 上工作，开发者
需要扩展自己的插件，在早期版本中添加 destroy 函数，并让它调用_destroy，就像最新版这样。开

发者也需要调用从小部件框架中继承来的 destroy 函数。完整的代码如下所示：

```
if (!$.Widget.prototype._destroy) {
    $.extend(maxlengthOverrides, {
        /* Remove the maxlength textarea functionality. */
        destroy: function () {
            this._destroy();
            // Base widget handling
            $.Widget.prototype.destroy.call(this);
        }
    });
}
```

8.8 收尾

这个插件与小部件框架相关的部分已经介绍完了。但是还有一些收尾工作要做：

■ 实现小部件主体；

■ 定义它的外观样式。

小部件主体实现了这个插件的主要目的——限制一个 textarea 中的文本长度。

8.8.1 小部件主体

这个 MaxLength 插件被设计来限制一个 textarea 中可输入的文本长度。到现在为止，开发者已经把这个插件集成入小部件框架，提供并自定义了小部件的标准功能。最终，所有路径都指向完成实际工作的 _checkLength 函数，它确定内容长度并在必要时截断它。程序清单 8.14 为这个函数的代码。

程序清单 8.14 检查字段长度

```
/* Check the length of the text and notify accordingly. */
_checkLength: function() {                                   标准化行结尾 ❶
    var value = this.element.val();
    var len = value.replace(/\r\n/g, '~~').replace(/\n/g, '~~').length;  ←
    this.element.toggleClass(this._fullClass, len >= this.options.max).
        toggleClass(this._overflowClass, len > this.options.max);
    if (len > this.options.max && this.options.truncate) {    应用文本
                                                              截断 ❸    ←
设置 textarea      // Truncation
❷ 的当前状态        var lines = this.element.val().split(/\r\n|\n/);
        value = '';
        var i = 0;
        while (value.length < this.options.max && i < lines.length) {
            value += lines[i].substring(
                0, this.options.max - value.length) + '\r\n';
            i++;
```

```
            }
            this.element.val(value.substring(0, this.options.max));
            this.element[0].scrollTop =
                this.element[0].scrollHeight; // Scroll to bottom
            len = this.options.max;
        }
        this.feedbackTarget.toggleClass(
                this._fullClass, len >= this.options.max).
            toggleClass(this._overflowClass, len > this.options.max);
        var feedback = (len > this.options.max ? // Feedback
            this.options.overflowText : this.options.feedbackText).
                replace(/\{c\}/, len).
                replace(/\{m\}/, this.options.max).
                replace(/\{r\}/, this.options.max - len).
                replace(/\{o\}/, len - this.options.max);
        try {
            this.feedbackTarget.text(feedback);
        }
        catch(e) {
            // Ignore
        }
        try {
            this.feedbackTarget.val(feedback);
        }
        catch(e) {
            // Ignore
        }
        if (len >= this.options.max) {
            this._trigger('full', null, $.extend(this.curLength(),
                {overflow: len > this.options.max}));
        }
    },
```

❹ 在反馈元素
上设置当前
状态

❺ 产生并显示反馈信息

❻ 在恰当时机
调用回调

　　首先确定 textarea 当前内容的长度，此时需要考虑不同浏览器行结尾字符的差异❶。然后依据内容长度和插件的选项设置，在 textarea 上应用一个或两个类来表示它的当前状态（满或溢出）❷。回想一下，this 引用到当前小部件实例对象，它的主要属性为原始元素（element）以及当前选项（options）。

　　当用户指定了截断多余文本，并且内容长度超出指定最大值时❸，计算截断后的值，必要时标准化行结尾。把文本赋回 textarea 时，它会自动地滚动到顶端。假定大多数文本输入都发生在内容结尾，所以开发者帮助用户把它移动到底部。如果内容被截断，更新保存文本长度的变量。

　　基于文本的新长度，在反馈控件上应用一个或两个类❹。当发生截断时，这可能导致 textarea 的状态与反馈元素不一致，因为在前一个处理中，长度可能已经被缩短了。这其实是有意为之，反馈信息应该表示更新后的状态，然而 textarea 可以表示输入额外的文本但是失败了。

　　使用一个由插件溢出状态决定的消息，把 textarea 的状态显示到所有反馈控件上❺。反馈控件可能是一个 div、span 或段落，或者一个 input 字段，以允许最大的灵活性。但是这两种元素设置文本的方式不同，错误的调用方式会在某些浏览器上产生错误。因此以安全的方式使用这两个 try/catch 语句来设置恰当的控件。

最后，如果 textarea 已满或已溢出，通过 full 的回调函数来通知用户❻。8.5.2 节非常详细地讨论了这个话题。

这个插件的功能已经完成。下一步是为它设置恰当的样式，以匹配其他 jQuery UI 小部件。

8.8.2　设置小部件样式

jQuery UI 使用 ThemeRoller 工具为小部件生成 CSS，为所有组件提供统一的感观，并遵守原则"*用 CSS 控制插件样式*"。大多数插件的外观是由应用在元素上的标准类调用 ThemeRoller 样式产生的。如果开发者需要任何额外的样式，随着自己的插件提供一个与插件代码的文件名相同但扩展名不同的外部 CSS 文件，在本例中为 jquery.maxlengthui.css。

插件代码为它管理的元素赋了多个状态类。这些类使插件的外观与页面上其他 jQuery UI 组件保持一致。这个反馈控件最初被设置一个 ui-state-default 类。当 textarea 已满或已溢出时，ui-state-highlight 和 ui-state-error 类分别被添加到反馈控件和 textarea 上。当小部件被禁用时，标准的 ui-state-disabled 类被同时应用到 textarea 和它的反馈控件。

由于重用了 ThemeRoller 的类，这个插件自定义的 CSS 变得很小，提供了所有反馈元素的默认外观。

程序清单 8.15　小部件的样式

```
/* Styles for Max Length UI plugin v1.0.0 */
.kbw-maxlength-feedback {                          ◁──── 反馈元素的样式
    margin: 0em 0em 0em 0.5em;
    font-size: 75%;
    font-weight: normal;
}
```

用户可以使用这几行 CSS 来改变这个小部件的外观，如图 8.5 所示。

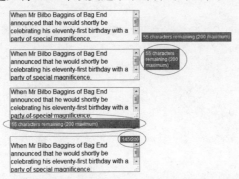

图 8.5　为 jQuery UI MaxLength 插件设置样式，从上到下分别是
默认样式、紧凑样式、下部反馈、浮动反馈

8.9 完整的插件

MaxLength jQuery UI 小部件现在已经完成了，它为 textarea 字段提供了类似于 input 字段内置的最大长度功能。jQuery UI 中包含的小部件框架简化了这个插件的实现，并且辅助应用了第 4 章中介绍的指导原则和设计原则。完整的代码可以从本书的网站上下载。

额外的小部件功能

这个小部件框架还提供了本章中没有覆盖的几个功能。

名字常量

开发者在 MaxLength 插件的代码中使用了两个名字常量，框架还提供了另外几个。开发者可以在自己的插件函数中通过小部件实例对象（this）访问它们。

名字	目的	示例
namespace	开发者在插件定义时提供的命名空间	kbw
widgetBaseClass	一个独立使用或作为前缀（jQuery UI 1.9 之前）的类名	kbw-maxlength
widgetEventPrefix	事件类型的前缀	maxlength
widgetFullName	一个独立使用或作为前缀（jQuery UI 1.9 之前）的类名	kbw-maxlength
widgetName	在插件定义时提供的名字	maxlength

Create 事件

另一个与小部件生命周期互动的方式是响应初始化过程中的 create 事件。它在_create 函数结束后被触发，并且允许开发者在小部件创建完成后对一个特定实例做进一步修改。

```
$('#text1').maxlength({create: function(event, ui) {
    ...
}});
```

小部件初始化

开发者通过覆盖_create 函数来为一个特定元素初始化这个插件（参见 8.3.1 小节）。开发者还可以提供一个函数在创建之后为所有实例执行进一步处理。在调用_create 和触发 create 事件之后，_init 函数被调用。它不接收任何参数，this 变量像往常一样指向小部件实例对象。

```
$.widget('kbw.maxlength', {
    _init: function() {
        ...
    }
}
```

元数据支持

小部件框架在 Metadata 插件（https://github.com/jquery-orphans/jquery-metadata）可用的情况下会自动使用它（直到 jQuery UI 1.9）。它允许开发者内联地配置元素，而不是通过选项。例如，开发者可以调用基本的初始化，并从目标元素获取所需的设置，像这样：

```
$('#text1').maxlength();

<textarea id="text1" rows="5" cols="50"
    class="{maxlength: {max: 300}}"></textarea>
```

从 jQuery UI 1.10 开始，Metadata 插件不再作为内置功能支持。但是可以很容易地把它加回来。开发者检测是否存在_getCreateOptions 函数，如果不存在，则恢复它。

```
if ($.Widget.prototype._getCreateOptions === $.noop) {
    $.extend(maxlengthOverrides, {
        /* Restore the metadata functionality. */
        _getCreateOptions: function () {
            return $.metadata && $.metadata.get(
                this.element[0])[this.widgetName];
        }
    });
}
```

访问 widget

在插件外部，开发者可以使用 widget 方法来获取一个指向这个插件所管理的主元素的引用。这个函数默认返回插件应用的原始元素（this.element），但是开发者可以覆盖整个行为来提供一些更有用的东西。例如，对话框插件返回一个包装了原始元素的 div 引用：

```
$('#dialog').dialog({open: function(event, ui) {
    var wrapper = $(this).dialog('widget');
    ...
}});
```

开发者需要知道

当需要与其他 jQuery UI 小部件集成时，创建一个 jQuery UI 插件。

jQuery UI 包括一个小部件框架以提供大多数集合插件都需要的基本功能。

通过作用域来保护开发者的代码和防止名字冲突。

使用$.widget 函数定义一个新的小部件。

覆盖继承来的小部件函数以自定义小部件的行为，特别是_create、_setOptions、_setOption、_destroy。

通过选项提供灵活的配置，但总是为它们提供合理的默认值。

使用方法在插件内部提供额外功能。

为开发者的插件添加恰当的 ThemeToller 类，以便与已经应用的风格进行整合。

自己试试看

把第 5 章中练习的 Watermark 插件重新实现为 jQuery UI 小部件。与前面一样，添加一个选项来控制标签文本，以及一个方法来按需清除标签文本。

8.10　总结

　　jQuery UI 是一个官方的 jQuery 扩展，它提供一系列关于页面交互的增强功能。它包括基本的工具函数、底层行为（例如拖放）、上层组件或小部件（例如 Tabs 和 Datepicker），以及一系列显示特效。相关的 ThemeRoller 工具允许为所有的小部件应用一致的感观。

　　jQuery UI 小部件构建在一个由小部件框架提供的基础设施之上，确保它们有一致的操作方式，并且易于维护。这个框架与第 5 章中介绍的自定义框架是平行关系。

　　通过使用小部件框架重写 MaxLength 插件，读者已经看到了这两种方式的异同。两者都允许开发者创建一个与 jQuery 集成的插件，维护每个插件实例的状态，与用户交互，并且清除自己。这些框架可以让开发者专注于开发插件的特定功能，而无须陷入底层的基础框架。

　　在下一章中，读者将会看到另一个 jQuery UI 模块——它简化了与鼠标的交互，而开发者将会用它来捕获一个签名。

第 9 章 jQuery UI 的鼠标交互

本章涵盖以下内容：

■ jQuery UI 的鼠标模块；

■ 创建一个使用鼠标的 jQuery UI 插件。

上一章介绍了 jQuery UI 小部件框架，并用它开发了一个插件。读者看到了这个框架如何对小部件进行基本的管理，以及如何帮助 jQuery UI 组件保持一致的感观。鼠标交互是网页界面的另一个重要部分。标准 jQuery 是通过它众多的鼠标事件处理器来支持的。但是这些处理器都是在基础层面上进行操作的，更复杂的一些交互还需要开发者自己来开发。

许多 jQuery UI 小部件都使用鼠标拖动操作。它还提供了一个独立的模块，以一种易用且一致的方式处理这些交互。jQuery UI Mouse 模块监听底层的鼠标事件，并把它们转换为开发者可以响应的拖动事件。它类似于汽车的速度计，把车轮的转动转换为一个总体的速度。

为了看到实际应用的鼠标模块，本章将开发一个插件。它捕获页面上的鼠标签名，并把它转换为文本表现形式，以便进一步处理。额外的功能包括检查一个签名已经被输入（为了验证目的），清除一个签名，随后再次显示它。

9.1 jQuery UI Mouse（鼠标）模块

jQuery UI 认为鼠标交互是许多 UI 组件的基础部分，它通过 ui.mouse 模块直接提供对拖动处理的支持。Draggable（可拖动）、Resizable（可调整）、Selectable（可选择）、Sortable（可排序）以及 Slider（滑块）模块都依赖它，这说明了这个功能是一个公用的需求。标准 jQuery 库以多个鼠标事件以及处理器的形式提供基础的鼠标交互，然而 jQuery UI 把这些基础事件翻译为高层行为，允许开发者在它们触发时进行自定义处理。

9.1.1 鼠标拖动操作

Mouse 模块在目标元素的多个鼠标事件上进行包装，并把这些底层事件转换为与拖动操作直接相关的高层事件。结果就是基于这个模块的小部件只需要实现它们所需的拖动行为，而无须关心如何在初始点侦测和开始一个拖动，并跟踪它的进展。

所以，开发者不必关心底层的 mousedown、mousemove 和 mouseup 事件，小部件把它们翻译为对_mouseCapture、_mouseStart、_mouseDrag 和_mouseStop 函数的调用，如图 9.1 所示。如果想使一个新的小部件能处理拖动，只需扩展 Mouse 模块并覆盖这几个函数，让它们在合适的时机被调用。

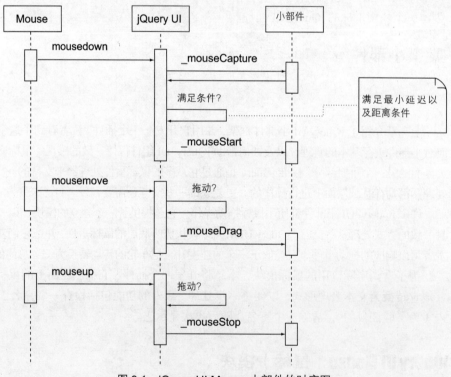

图 9.1 jQuery UI Mouse 小部件的时序图

在鼠标移出拖动元素时，Mouse 模块也会继续正常处理拖动。这是为了防止多个元素同时开始拖动，消除它们之间可能的干扰。

9.1.2 鼠标选项

Mouse 模块支持通过一些选项来自定义它的行为。把它们包括在正常的自定义选项中，开发者可以覆盖特定小部件实例的选项，像这样：

```
$('div.item').draggable({distance: 5, delay: 100});
```

这些是自定义选项。

- cancel——开发者可以提供一个选择器来禁止初始化一个拖动事件。这个选择器被应用在目标元素的父元素上，如果匹配，则停止进一步处理。默认值是任意输入字段（包括 textarea、选择框和按钮）或下拉列表: :input、option。
- distance——指定触发拖动操作时鼠标需要移动的最小距离。默认值为一个像素。
- delay——指定触发拖动操作时鼠标按钮需要保持按下的最小时间（毫秒）。默认值为 0 毫秒。

9.2 定义小部件

与前一章中开发的 MaxLength 小部件一样，开发者需要在进入新小部件的主体之前先做一些基础工作。首先定义这个插件提供的功能，以及所需的操作顺序。然后声明这个小部件，并添加 jQuery UI 提供的鼠标支持。

接下来的几小节中将介绍这些步骤。

9.2.1 签名功能

将要创建的这个 Signature 小部件通过监视一个网页上特定区域（一个 div 或者 span 元素）内的鼠标拖动来捕获一个签名。它使用一个内嵌的 canvas 元素来把这些动作绘制为一个及时反馈的可视签名，并且生成一个文本形式的签名，以便存储和后续重用。

canvas 元素

JavaScript 不是设计用来在运行中操作图像的，但是开发者可以创建一个签名的临时图像并立即显示。HTML 5 的 canvas 元素在网页上提供了一个标准的绘图板，开发者可以用它来显示一个生成的图像。它有一个可以通过 JavaScript 操作的 API。

不幸的是，这个元素在老版本的 Internet Explorer 中并不支持。所以，在这种情况下，还需为此加入额外代码。Explorer Canvas 脚本（http://excanvas.sourceforge.net/）为这些浏览器添加了访问和使用 canvas 的方法。只需在开发者的页面上包括以下标签：

```
<!--[if IE]>
<script type="text/javascript" src="js/excanvas.js"></script>
<![endif]-->
```

产生后续处理的图像文件已经超出 JavaScript 的能力范围，所以生成一个文本版本的签名，可以方便地传输和存储。选择 JSON 作为文本格式，因为它可以以相对较低的开销表示签名，并且可以很容易地被 JavaScript 处理。

一个签名由许多条线组成，每一条线又由许多相连的点组成。这被翻译为一个线的数组，每条线是一个点的数组，每个点包含一个 x 和 y 坐标。例如，图 9.2 所示的签名用程序清单 9.1 所示的 JSON 文本表示。

捕获签名

用鼠标在此
签名

图 9.2　捕获一个签名并把它转换为 JSON

程序清单 9.1　一个签名的 JSON 版本

```
{"lines":[[[38,85],[38,83],[38,82],[39,80],[40,76],
[41,73],[42,69],[42,65],[43,61],[44,58],[44,54],
[44,51],[45,48],[46,44],[48,41],[48,40],[49,37],
[51,36],[52,35],[53,34],[54,33],[55,33],[56,33],
[57,34],[58,36],[59,39],[61,43],[63,47],[65,52],
[66,55],[66,59],[66,64],[67,67],[67,70],[67,72],
[67,73],[68,74],[69,74],[70,74]],
[[41,62],[42,62],[43,62],[45,60],[48,59],[54,56],
[60,54],[66,52],[71,51],[77,50],[80,50],[83,49]]]}
```

当这个 JSON 版本的签名被传输到服务器之后，它可以通过恰当的服务器端处理（例如一个 Java 或.NET 应用）重新生成一个图像，或者可以作为文本格式存储。本书的网站上提供了一个 Java 版本的图像生成代码。这个小部件也支持重新显示 JSON 格式的签名。

在发生错误时或者用户不喜欢他们的签名时，这个小部件允许清除签名。这个小部件可以回传它捕获的签名，以迎合可能存在的验证需求。

这个 Signature 小部件使用 signature 作为名字，包括一个命名空间 kbw（与 MaxLength 小部件相同）。这个插件的代码文件为 jquery.signature.js，关联的 CSS 文件为 jquery.signature.css。下一小节将展示这个插件代码的轮廓。

9.2.2　Signature 插件的操作

这个插件的代码由许多函数组成，它们覆盖或增强了小部件框架以及 Mouse 模块提供的功能。程序清单 9.2 展示了这些函数，然后读者将会看到在小部件的生命周期中这些函数是如何被调用的。

程序清单 9.2　插件函数的轮廓

```
var signatureOverrides = {
    options: {...},                              ←── 小部件默认值
    _create: function() {...},                   ←── 初始化一个元素
    _refresh: function(init) {...},              ←── 刷新小部件界面
    clear: function(init) {...},                 ←── 清除签名
    _changed: function(event) {...},             ←── 同步变化和通知
    _setOptions: function(options) {...},        ←── 自定义选项处理
    _mouseCapture: function(event) {...},        ←── 确定是否可以开始拖动
    _mouseStart: function(event) {...},          ←── 开始一条线
    _mouseDrag: function(event) {...},           ←── 为一条线跟踪鼠标
    _mouseStop: function(event) {...},           ←── 结束一条线
    toJSON: function() {...},                    ←── 把捕获的线转换为 JSON 文本
    draw: function(sigJSON) {...},               ←── 根据签名的 JSON 描述绘制它
    isEmpty: function() {...},                   ←── 确定是否发生过绘图
    _destroy: function() {...}                   ←── 移除签名功能
};
$.widget('kbw.signature', $.ui.mouse, signatureOverrides);
```

　　首先，Signature 插件使用 jQuery 惯用的"选择-操作"模式把它应用到页面上的一个或多个 div 元素上。这时，小部件框架为每一个受影响的元素创建一个实例对象来存储这个插件的状态。这个对象中包括控制显示和行为的选项集合，它们包括继承来的小部件默认值（options 变量），以及初始化时提供的覆盖值。然后调用_create 函数，允许开发者执行这个插件的一些特定设置。

　　如果用户希望稍后更改选项，他们需要使用 option 方法。这会触发调用_setOptions 函数，让开发者相应地更新这个小部件。在本例中，开发者应该调用_refresh 函数来应用新的设置并刷新小部件界面。

　　当用户尝试在小部件元素上开始一个拖动操作时，如果小部件被禁用，_mouseCapture 函数会防止拖动开始。否则会调用_mouseStart 函数来让开发者初始化一条新的签名线，接下来会随着鼠标的移动多次调用_mouseDrag，当拖动停止时调用_mouseStop。插件将捕获的点存储在一个内部数组中，以供后续处理使用。在拖动结束时，还会调用_changed 函数通过回调事件把变化通知给用户。

　　用户使用一个方法调用 toJSON 函数来获取 JSON 格式表示的签名。返回的文本值可以被发往服务器或者用在其他地方来定义捕获的线条。当使用一个方法调用 draw 函数时，提供 JSON 值可以重新在小部件元素中显示这个签名。

```
var signature = $('#mysignature').signature('toJSON');
...
$('#mysignature').signature('draw', signature);
```

注意： 没有以下划线（_）开头的函数可以通过小部件框架直接调用，只需在调用插件时提供函数名，例如这里的 toJSON 和 draw。以下划线开始的那些函数则被框架隐藏，不能访问。

出于验证的目的，用户可以通过方法调用 isEmpty 函数来确定是否已经捕获一个签名。通过一个方法调用 clear 函数可以擦除所有捕获的线。

如果用户希望移除签名的所有功能，他们可以调用 destroy 方法，最终传递到_destroy 函数，并清除在初始化过程中所做的一切设置。

为了开始创建自己的插件，开发者声明一个新的小部件，并让它基于 jQuery UI Mouse 类。

9.2.3 声明这个小部件

与 MaxLength 小部件一样，开发者声明一个匿名方法并立即调用它。这遵循"*利用作用域隐藏实现细节*"和"*不要依赖$与 jQuery 的等同性*"原则，如下：

```
(function($) { // Hide scope, no $ conflict
    ... the rest of the code appears here
})(jQuery);
```

接下来定义这个新的小部件，并且让小部件框架提供桥接功能和基础功能，如程序清单 9.3 所示。

程序清单 9.3　声明这个小部件

```
var signatureOptions = {                              ◄── ❶ 定义新的小部件

    // Global defaults for signature
    options: {
        background: '#ffffff', // Colour of the background   ◄── ❷ 提供默认选项

        ... Other default settings
    },

    _create: function() {...},

    // Other widget code
};

/* Signature capture and display.
   Depends on jquery.ui.widget, jquery.ui.mouse. */       ❸ 声明新的小
$.widget('kbw.signature', $.ui.mouse, signatureOverrides);  ◄── 部件
```

首先定义一个对象来覆盖和增强内置的小部件功能❶，包括默认值❷和自定义方法。接下来通过调用$.widget 函数来声明开发者的小部件❸，并为它提供一个名字，包括命名空间并用句号（.）分开，最后一个参数是对继承功能的覆盖。

回想一下，这个函数调用的第二个参数定义了使用哪个小部件"类"作为这个新小部件的基础。对于这个插件来说，开发者想要一个与鼠标交互的小部件，所以把这个参数值指定为$.ui.mouse。Mouse 小部件以及它的基类功能都会被包括到开发者的新小部件中。

在这个声明之后，jQuery 有了一个新的集合函数（$.fn.signature），并且已经与开发者之前提供的覆盖相连接。这个小部件已经拥有了监听任何鼠标拖动的基础功能。

在响应鼠标动作之前，开发者需要在页面上特定的元素上初始化这个插件。

9.3 把插件附加到一个元素上

为了使用此插件，用户需要在页面上选择一个合适的元素，然后把插件应用在它上面。这与 jQuery 通常的做法相同。在开发者根据当前插件的具体用途自定义受影响的元素之前，jQuery UI 小部件框架自动提供了通用的功能。

9.3.1 框架初始化

与前一章中的 MaxLength 小部件一样，当这个插件被应用到一个元素上时，这个小部件框架首先创建一个对象来保持这个特定元素的插件状态，并通过 data 函数附加这个对象。开发者可以使用基于插件名（jQuery UI 1.9 及之后为 kbw-signature，jQuery UI 1.9 之前为 signature）的一个名字来获取这个实例对象。

在这个实例对象中，element 属性指向插件所应用的元素，options 属性包含插件默认选项的一份拷贝，这份拷贝会被初始化时的自定义选项所覆盖。此外，这个小部件框架检查此页面是否包括 Metadata 插件（https://github.com/jquery-orphans/jquery-metadata）。如果有，此框架使用它检查选定元素属性中包含的配置。当然，这还是基于插件名称来进行的。默认情况下，这些自定义信息保存在 class 属性中：

```
<div id="sign" class="{signature: {guideline: true}}"></div>
```

注意：在 jQuery UI 1.10 中，对 Metadata 插件的自动支持已经被移除，但是开发者可以使用 8.9
小节中的方法恢复这个功能。

除了小部件框架提供的自动处理之外，在把插件附加到一个元素上时，开发者通常还需要执行自己的初始化步骤。

9.3.2 自定义初始化

作为框架初始化工作的一部分，它会调用开发者在插件声明时提供的_create 函数来执行自定义初始化，如程序清单 9.4 所示。回想一下，在_create 函数中，this 指向小部件的当前实例对象。

程序清单 9.4   附加和初始化

```
/* Initialise a new signature area. */
_create: function() {
    this.element.addClass(this.widgetFullName || this.widgetBaseClass);
    try {
        this.canvas = $('<canvas width="' + this.element.width() +
            '" height="' + this.element.height() + '">' +
            this.options.notAvailable + '</canvas>')[0];
        this.element.append(this.canvas);
        this.ctx = this.canvas.getContext('2d');
    }
    catch (e) {
        $(this.canvas).remove();
        this.resize - true;
        this.canvas = document.createElement('canvas');
        this.canvas.setAttribute('width', this.element.width());
        this.canvas.setAttribute('height', this.element.height());
        this.canvas.innerHTML = this.options.notAvailable;
        this.element.append(this.canvas);
        if (G_vmlCanvasManager) { // Requires excanvas.js
            G_vmlCanvasManager.initElement(this.canvas);
        }
        this.ctx = this.canvas.getContext('2d');
    }
    this._refresh(true);
    this._mouseInit();
},
```

❶ 覆盖 _create 函数

❷ 添加标记类

❸ 为其他浏览器初始化

❺ 为 IE 初始化

❹ 获取绘图上下文

❻ 初始化 Explorer Canvas

❼ 刷新小部件外观

❽ 初始化鼠标交互

为了让小部件框架把自己的代码作为初始化处理的一部分来调用，开发者必须把 _create 函数❶定义为小部件覆盖的一部分。开发者可以使用框架提供的 this.widgetFullName 值（jQuery UI 1.9 之前为 this.widgetBaseClass）在当前选中的元素上添加标记类❷，以便在页面上识别这些受影响的元素。然后继续执行针对这个插件的处理。

对于原生支持 canvas 的浏览器❸，可以用 jQuery 的标准方式添加这个新元素。通过把下层的 canvas 元素赋给 this.canvas 在当前小部件实例对象中保持一个引用。因为开发者将在绘制签名时继续使用这个 canvas，开发者也需要在小部件实例对象 this.ctx 中保存一个引用作为绘图上下文❹。

因为 IE 中对 canvas 的支持有所不同，它会抛出一个异常，而且必须单独处理它。对于 IE，开发者需要创建一个新的 canvas 元素，并调整大小，以填充它的父元素——签名功能的目标元素。当浏览器不支持 canvas 时（假定 Explorer Canvas 没有被正确加载），开发者需要显示一些提示文本（从选项中来）。把这个新元素加入它的容器之后，为它初始化 Explorer Canvas❺。最后这一步添加了本该由更现代的浏览器原生支持的 canvas 功能。与其他浏览器一样，开发者保存一个绘图上下文❻。

对于所有浏览器，开发者都调用自定义的 _refresh 函数❼来根据当前选项设置刷新插件。更多细节参见 9.4.3 小节。

最终，开发者必须使用这个小部件基于的 jQuery UI Mouse 模块初始化鼠标处理❽。鼠标模块封装了基础鼠标事件的处理器，把一连串的这种事件转换为高层的鼠标拖动操作。它使后者更容易整合到开发者的小部件中。

这个插件功能已经被附加到页面上的一个元素上。下一步是允许通过选项来配置这个插件实例。

9.4　处理插件选项

用户期望在初始化调用小部件时，通过提供选项来改变插件的外观和行为。开发者应该预测用户想改变什么，*预估定制点*，并让他们通过选项来实现。如果开发者总是为选项*使用合理的默认值*，就能让用户以最小化的配置使用这个插件。

为了达到这些目标，开发者需要：

- 为所有选项定义默认值；
- 处理选项值的获取和设置；
- 立刻应用任何选项变化；
- 允许插件的启用和禁用。

下面将依次讨论这些方面。

9.4.1　小部件默认值

一个小部件特定实例的选项是由小部件框架来设置的。它把小部件声明中的指定默认值拷贝一份，并用初始化调用时提供的值覆盖它。程序清单 9.5 展示了默认选项值的定义。

程序清单 9.5　默认选项值

```
// Global defaults for signature
options: {
    background: '#ffffff', // Colour of the background          ❶ 定义全局默认选项值
    color: '#000000', // Colour of the signature
    thickness: 2, // Thickness of the lines
    guideline: false, // Add a guide line or not?
    guidelineColor: '#a0a0a0', // Guide line colour
    guidelineOffset: 50, // Guide line offset from the bottom
    guidelineIndent: 10, // Guide line indent from the edges
    notAvailable: 'Your browser doesn\'t support signing',
        // Error message when no canvas
    syncField: null, // Selector for synchronised text field
    change: null // Callback when signature changed
},
```

通过在第一次定义小部件的覆盖值时声明一个 options 属性❶，列出所有可能的配置项，并提供它们的默认值。这个方式也可以让开发者把所有选项的文档集中在一个地方。图 9.3 所示的例子展示了一部分选项变化的效果。

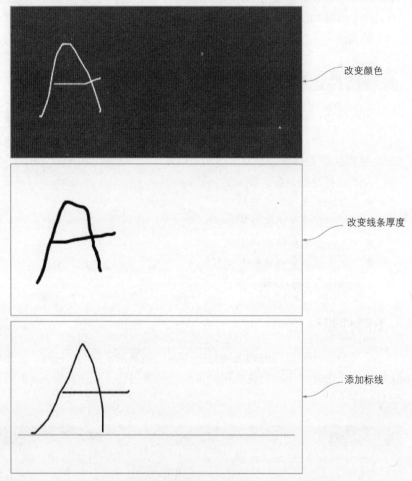

改变颜色

改变线条厚度

添加标线

图 9.3　签名的选项：线条和背景色、线条厚度、添加一个标线

这个小部件框架把这组默认值存储为小部件原型的一个属性。开发者可以把这个插件的一个直接属性映射到这组默认值，以便易于访问：

```
$.kbw.signature.options = $.kbw.signature.prototype.options;
```

在任何元素上调用插件之前，开发者可以使用下面的代码来覆盖所有插件实例的默认值：

```
$.extend($.kbw.signature.options,
    {background: '#FFFFE0', guideline: true});
```

尽管这个小部件框架自动处理选项值的获取和设置，但开发者通常需要在这些值变化时执行额外的处理，以保持插件与新值同步。

9.4.2 设置选项

设置和获取选项值是小部件框架提供的两个功能。与 MaxLength 小部件一样，开发者可以在设置过程中放置钩子，在值发生变化时执行自己的功能。Signature 小部件不需要处理任何特定选项，所以它不需要覆盖_setOption 函数。但是它需要在任何值改变时刷新界面，以体现这些最新的值（见程序清单 9.6）。

程序清单 9.6　处理选项变化

```
/* Custom options handling.
   @param  options  (object) the new option values */          ❶ 覆盖_setOptions
_setOptions: function(options) {                                    函数
    // Base widget handling            ❷ 调用默认选项处理
    this._superApply(arguments);                                ❸ 刷新小部件
    this._refresh();                                               界面
},
```

开发者可以覆盖_setOptions 函数❶在任意选项值变化时刷新小部件界面。开发者必须调用继承来的选项处理函数，以确保这个新值被存储到当前元素上❷。然后开发者需要调用自定义的_refresh 函数把这些变化应用到小部件所管理的元素上❸。这个函数会在接下来的小节中介绍。

---

jQuery UI 1.9 之前

在 jQuery UI 1.9 中，调用继承函数的方式发生了变化。在新版的 jQuery UI 中，开发者通过父类的一个引用来调用这些函数，像这样：

```
this._superApply(arguments);
```

在老版本中，开发者通过小部件原型来调用同样的方法，像这样：

```
$.Widget.prototype._setOptions.apply(this, arguments);
```

为了让自己的小部件可以同时在现在和以前的 jQuery UI 版本中工作，开发者可以检查这个新函数是否存在，并做出相应处理。这里是一个例子：

```
// Base widget handling
if (this._superApply) {
    this._superApply(arguments);
}
else {
    $.Widget.prototype._setOptions.apply(this, arguments);
}
```

9.4.3　实现 Signature 选项

当选项值变化时，开发者应该刷新小部件的元素以反映这些变化。对于 Signature 插件，这些选项会影响签名的绘制效果。在初始化和选项值变化时（参见 9.4.2 节），自定义的_refresh 函数会被调用来执行这个任务（参见 9.3.1 节），如程序清单 9.7 所示。

程序清单 9.7　刷新这个小部件的外观和行为

```
/* Refresh the appearance of the signature area.
   @param  init  (boolean, internal) true if initialising */    ❶ 定义_refresh 函数
_refresh: function(init) {
    if (this.resize) {                                          ❷ 为 IE 更新 canvas
        var parent - $(this.canvas);                               的尺寸
        $('div', this.canvas).css(
            {width: parent.width(), height: parent.height()});
    }
    this.ctx.fillStyle = this.options.background;
    this.ctx.strokeStyle = this.options.color;                  ❸ 应用新的绘图
    this.ctx.lineWidth = this.options.thickness;                   选项
    this.ctx.lineCap = 'round';
    this.ctx.lineJoin = 'round';
    this.clear(init);                                           ❹ 擦除 canvas
},
```

首先在小部件的定义中把_refresh 函数❶声明为小部件覆盖的一部分。因为这个函数以下划线（_）开始，所以它不能被作为一个方法直接调用。

IE 对 canvas 的支持并不像开发者期望得那么完善，所以开发者需要调整 canvas 的大小以适应它的显示时容器❷。这个函数用来做这件事很合适，因为它在绘图之前被调用。当执行 IE 的初始化时，在_create 中设置 this.resize 标志（参见 9.3.2 节）。

接下来，在通过调用 clear 函数擦除已有内容之前❸（参见 9.7.1 节），应该根据最新的选项值初始化绘图上下文❹。下一次在 canvas 上绘图时将会使用新的设置。

与改变小部件的外观一样，开发者可以完全启用或禁用它的功能。

9.4.4　启用和禁用小部件

启用和禁用一个小部件是框架提供的标准功能，开发者不需要做额外的工作。disabled 选项控制小部件的状态，可设置为 true（禁用）或 false（启用）。框架也把 enable 和 disable 方法映射到了这个属性值的变化。

```
$('#sign').signature('disable');
...
$('#sign').signature('enable');
```

这个框架在主元素上开关两个类——<namespace>-<pluginname>-disabled 和 ui-state-disabled，并且恰当地设置 aria-disabled 属性。这个小部件没有直接在这个 disabled 属性

发生变化时加入任何额外处理，但是会在鼠标拖动开始时检查它的值（参见 9.6.1 节）。

　　开发者现在可以配置这个插件并让这些变化体现在它的外观和行为上。这些配置选项中包括一些回调处理器，以允许开发者监视插件生命周期中的重要事件。这将在接下来的内容中介绍。

9.5　添加事件处理器

　　这个 Signature 小部件允许用户通过事件对签名的变化做出反应。小部件框架支持以_trigger 函数的形式创建事件。

　　为了在自己的插件中添加事件回调，开发者需要做以下几点：

- 允许用户为一个事件注册处理器；
- 在恰当的时机触发这些事件。

接下来的几小节中将会详细介绍这些方面。

9.5.1　注册一个事件处理器

　　当 Signature 小部件的签名变化时（绘制一条新线），通过它的文本格式重绘签名时或者清除所有内容时，都会触发 change 事件。

　　change 事件处理器是这个插件的一个选项，如程序清单 9.8 所示。它的默认值为 null，表示不需要回调。当使用它时，必须提供一个接收两个参数的函数，参数分别是触发事件，以及一个自定义的 ui 对象——为了与其他 jQuery UI 事件保持一致。在本例中不需要返回自定义信息，所以 ui 对象一直为空。在回调函数中，this 变量指向插件的主元素。

程序清单 9.8　定义一个事件处理器

```
// Global defaults for signature
options: {
    ...
    change: null // Callback when signature changed
},
```

　　可以在插件初始化时定义一个事件处理器，如以下代码所示，或者在随后通过更新选项来定义它。

```
$('#sign').signature({change: function(event, ui) {
    $('#submit').prop('disabled', false);
}});
```

　　还有一个方法，开发者可以使用 jQuery 标准的 bind 或 on 函数来订阅一个事件，因为这个插件框架会自动把一个自定义事件映射到这个处理器。这个事件名是插件名与选项名的组合（本例中为 signaturechange）。

```
$('#sign').signature().on('signaturechange', function(event, ui) {
    $('#submit').prop('disabled', false);
}});
```

现在插件已经知道了这个事件处理器，开发者需要在插件生命周期中的恰当时机调用它。

9.5.2   触发一个事件处理器

当签名被修改时会触发 change 事件，这发生在签名被清除时，一个新线条被绘制时，或者从 JSON 格式重绘整个签名时。每种情况都会调用在小部件覆盖中定义的 _changed 函数，如程序清单 9.9 所示。

程序清单 9.9   触发一个事件

```
/* Synchronise changes and trigger change event.
   @param  event  (Event) the triggering event */     ❶ 定义 _changed
_changed: function(event) {                               函数
    if (this.options.syncField) {
        $(this.options.syncField).val(this.toJSON());   ❷ 同步签名与文本字段
    }
    this._trigger('change', event, {});                 ❸ 触发 change 事件
},
```

定义 _changed 函数，使其在签名变化时被调用❶。如果开发者指定了一个需要与签名保持同步的文本，就需要同时根据最新的变化更新这个字段❷。参见 9.7.2 节中关于 toJSON 函数的详细介绍。

最后，通过小部件的 _trigger 函数产生这个事件❸。它的参数包括这个新事件的名字、引起这次触发的源事件，以及一个保持了这个小部件相关信息的自定义 ui 对象。传入 _changed 函数的事件应该是当一条新线被添加到签名中时的那个鼠标事件。不需要为这个小部件发送自定义信息，所以最后一个参数为空。

在初始化和配置这个插件之后，开发者可以继续处理它的核心功能——捕获鼠标动作。

9.6   与鼠标交互

jQuery UI Mouse 模块自动拦截标准的鼠标事件，并把它们转换为更上层的拖动事件。与此同时，它应用小部件指定的最小距离和时间限制，并且只允许一个元素捕获和跟踪鼠标。

开发者的小部件只需响应以下事件：

- 确定一个拖动是否可以开始；
- 开始一个拖动操作；
- 在拖动中跟踪鼠标；

■ 结束一个拖动操作。

下面将依次讨论这些事件。

9.6.1 是否可以开始一个拖动

Mouse 模块基于多个条件来判断是否可以开始一个拖动操作，包括鼠标移动多远以及它被按下多久。这个模块还提供一个钩子，开发者可以使用它来添加自己的条件——_mouseCapture 函数，如程序清单 9.10 所示。这个函数接收发生的鼠标事件作为参数，并且必须返回 true（允许开始一个拖动）或 false（中止拖动）。函数的默认实现总是返回 true。

程序清单 9.10 允许一个拖动操作

```
/* Determine if dragging can start.
   @param  event  (Event) the triggering mouse event          ❶ 覆盖_mouse
   @return  (boolean) true if allowed, false if not */             Capture 函数
_mouseCapture: function(event) {
   return !this.options.disabled;          ❷ 如果禁用，则不允许
},                                             拖动
```

在定义小部件时覆盖_mouseCapture 函数来添加一个自定拖动条件❶。对于 Signature 小部件来说，只有在小部件没有被禁用时才能开始一个拖动。禁用状态由小部件的 disabled 选项进行维护，所以开发者可以把这个选项值取反，作为这个函数的返回值❷。

注意：如本章中覆盖的其他函数一样，在这个拖动函数中，this 变量指向当前小部件实例对象。

它持有原始目标元素（this.element）、当前选项值的引用（this.options）以及其他属性。

9.6.2 开始一个拖动

开发者应该在定义小部件时覆盖_mouseStart 函数来提供开始拖动操作时的自定义功能。这个函数的 event 参数提供鼠标的详细位置（见程序清单 9.11）。

程序清单 9.11 开始一个鼠标拖动

```
   /* Start a new line.                                          ❶ 覆盖_mouse
      @param  event  (Event) the triggering mouse event */          Start 函数
   _mouseStart: function(event) {
      this.offset = this.element.offset();
      this.offset.left -= document.documentElement.scrollLeft ||  ❷ 计算当前
         document.body.scrollLeft;                                   鼠标位置
❸ 计算     this.offset.top -= document.documentElement.scrollTop ||
   当前点        document.body.scrollTop;
      this.lastPoint = [this._round(event.clientX - this.offset.left),
         this._round(event.clientY - this.offset.top)];
      this.curLine = [this.lastPoint];                            ❹ 创建一
      this.lines.push(this.curLine);                                条新线
   },                                                                并存储
```

默认的 _mouseStart 函数不做任何事情，所以开发者覆盖它来处理一个鼠标拖动的开始❶。提供给这个函数的鼠标坐标是相对于当前视口（页面在浏览器中的可视部分）的位置，所以开发者需要把这些位置转换为相对于小部件 canvas 的坐标。

首先计算原始目标元素在当前视口中的偏移量❷，同时也要考虑页面可能已经被滚动。这个偏移量被存储在小部件实例对象中，以供后续使用（this.offset）。基于这个偏移量和鼠标事件的坐标，创建一个点来存储鼠标相对于原始元素左上角的位置❸。因为开发者正在开始一个新的拖动操作，创建一条只包含这个点的新签名线，并把它加入签名的线条列表中❹。

当开始一条新线后，开发者可以跟踪鼠标在屏幕上的进度，并捕获它的坐标。

9.6.3 跟踪一个拖动

_mouseDrag 函数可以让开发者跟踪一个拖动操作中的鼠标移动。这个函数在小部件声明时作为一个覆盖提供。event 参数包含鼠标位置的详细信息。它的实现代码如程序清单 9.12 所示。

程序清单 9.12 跟踪一个鼠标拖动

```
/* Track the mouse.                                          覆盖 _mouseDrag
   @param  event  (Event) the triggering mouse event */   ❶ 函数
_mouseDrag: function(event) {
    var point = [this._round(event.clientX - this.offset.left),
        this._round(event.clientY - this.offset.top)];       计算当前鼠标位置 ❷
    this.curLine.push(point);
    this.ctx.beginPath();
    this.ctx.moveTo(this.lastPoint[0], this.lastPoint[1]);
    this.ctx.lineTo(point[0], point[1]);
从上一个位         this.ctx.stroke();                    ❹ 存储新的上
❸ 置开始绘制      this.lastPoint = point;                   一个位置
},
```

覆盖 _mouseDrag 函数来添加自己的鼠标跟踪❶。因为从鼠标事件中获取的鼠标位置是相对于页面的，开发者应该基于拖动开始时计算得到的容器元素偏移量，把它转换为相对于容器元素的坐标❷，并把这个坐标点插入当前线条的数组。

通过在容器元素中的 canvas 上反应鼠标移动，为用户提供反馈❸。使用绘图上下文，移动到上一个鼠标位置，并在它与当前位置之间划一条线。画线的样式在初始化时提供（或者通过更新一个选项值），并在 _refresh 函数中应用（参见 9.4.3 小节）。最后把当前点存储为下次鼠标移动时的上一个点❹。

监视拖动动作可以让开发者捕获用户绘制的线。当他们完成一条线时，开发者还有些整理工作要做。

9.6.4 结束一个拖动

当一个鼠标拖动操作结束时，_mouseStop 函数被调用。在小部件声明时覆盖它来加入开发者自己的处理。详细的鼠标位置信息由 event 参数提供。程序清单 9.13 展示了这个完整的处理。

程序清单 9.13　结束一个鼠标拖动

```
/* End a line.
   @param  event  (Event) the triggering mouse event */        ❶ 覆盖_mouseStop 函数
_mouseStop: function(event) {
    this.lastPoint = null;
    this.curLine = null;                                        ❷ 清除上一个点和线
    this._changed(event);
},                                                              ❸ 调用签名变化的处理
```

定义 _mouseStop 函数来添加鼠标拖动结束时的处理❶。在调用签名变化处理❷来同步相关字段和触发 change 事件（参见 9.5.2 节）之前，开发者需要清理上一个点和当前线条引用来整理签名❸。

这个插件现在已经可基于鼠标在 canvas 上的移动来捕获一个签名，并把它们记录在一个线条数组中。但是当开发者要用这些捕获的点做进一步处理时，还有很多工作要做。

9.7　添加方法

Signature 插件提供额外的自定义功能，允许开发者与它捕获的签名交互。这些功能包括清除一个签名，把签名转换为文本格式以便于传输和存储，从一个存储的文本格式重绘签名，以及判断是否已经输入签名。

回想一下，这个小部件框架支持在插件中自定义方法，可以在小部件实例对象上直接通过名字调用这样的方法。所有以下划线（_）开始的函数都被认为是内部函数，不能以这种方式调用。有返回值的方法直接把值返回给调用者，没有返回值的方法会返回当前 jQuery 集合，以允许链式调用。

9.7.1　清除签名

如果用户在签名时发生了一个错误，或者不想要这个结果了，他们可以擦除签名并重新开始。clear 方法提供了这个功能（见程序清单 9.14）。

程序清单 9.14　清除签名

```
/* Clear the signature area.
   @param  init  (boolean, internal) true if initialising */    ❶ clear 方法
clear: function(init) {                                             的函数
    this.ctx.fillRect(0, 0,
        this.element.width(), this.element.height());           ❷ 擦除画布
```

```
                            if (this.options.guideline) {
                                this.ctx.save();
                                this.ctx.strokeStyle = this.options.guidelineColor;
  ❸  绘制标线               this.ctx.lineWidth = 1;
                                this.ctx.beginPath();
                                this.ctx.moveTo(this.options.guidelineIndent,
                                    this.element.height() - this.options.guidelineOffset);
                                this.ctx.lineTo(
                                    this.element.width() - this.options.guidelineIndent,
                                    this.element.height() - this.options.guidelineOffset);
                                this.ctx.stroke();
                                this.ctx.restore();            ❹  清除线条定义
                            }
                            this.lines = [];
                            if (!init) {
                                this._changed();             如果没有初始化, 则触发
                            }                              ❺  change 事件
                        },
```

这个函数的命名与方法名相同,以便让小部件框架为它们之间建立映射❶。使用之前指定的背景色(参见程序清单 9.7),通过在保存的绘图上下文上绘制一个填充矩形来擦除画布❷。

如果用户需要一个标线,在指定的位置用指定的颜色绘制它❸。在绘制标线之前保存绘图上下文的当前样式(save()),维护签名线的样式,以便随后可以恢复这些样式(restore())。

接下来清除小部件捕获的所有线条❹,并且调用_changed 函数❺来同步文本版的签名(如果需要),并把这个变化通知给用户。在小部件初始化时并不需要处理这个变化,所以这里根据传入的 init 标志判断是否绕过处理。尽管这个方法包含一个参数,但是它只会在内部使用,最终用户不需要提供这个参数。

可以这样调用这个方法:

```
$('#sign').signature('clear');
```

9.7.2　转换为 JSON

这个签名可以被表示为 JSON 对象,以便于传输和存储。这个对象只包含一个属性(lines),它是组成签名的线条数组。每条线都是一个点(x 和 y 坐标)的数组。使用 toJSON方法来获取这样一个 JSON 对象的文本版本(见程序清单 9.15)。

程序清单 9.15　转换为 JSON

```
/* Convert the captured lines to JSON text.
   @return  (string) the JSON text version of the lines */    ❶  toJSON 方法的
toJSON: function() {                                              函数
    return '{"lines":[' + $.map(this.lines, function(line) {
        return '[' + $.map(line, function(point) {           ❷  添加每条线
添加           return '[' + point + ']';
每个点 ❸    }) + ']';
    }) + ']}';
},
```

通过定义一个同名函数来提供 toJSON 方法的代码❶。转换过程一开始首先定义最外层对象以及它的 lines 属性，然后依次处理每条线并把它的定义添加到 JSON 文本中❷。对于每条线，逐个处理它的点，并把它们加入 JSON 文本❸。

注意：这只是 JSON-字符串转换的一部分实现。完整的转换代码 stringifyJSON 函数可以在 GitHub（https://gist.github.com/JaNightmare/2051416）上找到。

可以像下面这样获取签名的 JSON 版本：

```
var jsonText = $('#sign').signature('toJSON');
```

结果字符串看起来是这样的，它定义了两条由许多个点组成的线：

```
{"lines":[[[38,85],[38,83],[38,82],[39,80],[40,76],
[41,73],[42,69],[42,65],[43,61],[44,58],[44,54],
[44,51],[45,48],[46,44],[48,41],[48,40],[49,37],
[51,36],[52,35],[53,34],[54,33],[55,33],[56,33],
[57,34],[58,36],[59,39],[61,43],[63,47],[65,52],
[66,55],[66,59],[66,64],[67,67],[67,70],[67,72],
[67,73],[68,74],[69,74],[70,74]],
[[41,62],[42,62],[43,62],[45,60],[48,59],[54,56],
[60,54],[66,52],[71,51],[77,50],[80,50],[83,49]]]}
```

或者，可以为这个小部件提供一个 synchField 选项，它指定一个文本字段用来保持与签名 JSON 文本的同步。开发者可以提供一个 jQuery 选择字符串、一个 DOM 元素，或者一个已存在的 jQuery 对象作为选项值。同步过程会发生在 _changed 函数的处理过程中（参见 9.5.2 节）。

尽管开发者现在可以捕获一个签名并把它转换为 JSON 文本以便存储，但在将来的某个时间，开发者将会需要重新显示这个签名。

9.7.3 重新绘制签名

如果一个签名需要被重新显示，它可能需要从 JSON 格式中重绘。draw 方法接收一个 JSON 字符串或对象，并把它定义的签名绘制在画布上，如程序清单 9.16 所示。

程序清单 9.16 重新绘制签名

```
/* Draw a signature from its JSON description.
   @param  sigJSON  (object) object with attribute lines
                     being an array of arrays of points or
                     (string) text version of the JSON */        ❶ draw 方法的
                                                                     函数
draw: function(sigJSON) {
    this.clear(true);
    if (typeof sigJSON == 'string') {                          ❸ 拷贝线条定义
        sigJSON = $.parseJSON(sigJSON);
    }
    this.lines = sigJSON.lines || [];
    var ctx = this.ctx;
```

❷ 擦除画布

```
$.each(this.lines, function() {
    ctx.beginPath();                                        ❹ 绘制每条线
    $.each(this, function(i) {
        ctx[i == 0 ? 'moveTo' : 'lineTo'](this[0], this[1]);
    });
    ctx.stroke();                          ❺ 触发 change 事件
});
this._changed();
},
```

声明这个 draw 函数来实现 draw 方法❶。它接收一个参数，这个参数是定义了组成签名线条的一个对象，或者是这个对象的 JSON 字符串。

通过调用 clear 函数来清除任何已存在的签名❷。如果这个签名值以文本形式提供，开发者需要把它转换为相应的 JavaScript 对象❸，否则直接使用 JSON 对象。接下来把新的线条定义从这个对象中转到小部件实例对象中，并依次绘制每一条线❹。回想一下，这个绘制会使用之前在 _refresh 函数中建立的样式（参见 9.4.3 节）。当它被绘制之后，开发者需要处理数据同步，以及通过调用 _changed 来通知用户（参见 9.5.2 节）❺。

9.7.4 检查签名是否存在

签名档很可能是页面上的一个必选字段。为了辅助验证处理，并隐藏小部件的内部工作，isEmpty 方法返回一个 Boolean 值来表示这个字段的状态（见程序清单 9.17）。

程序清单 9.17   检查签名是否存在

```
/* Determine whether or not any drawing has occurred.
   @return  (boolean) true if not signed, false if signed */    ❶ isEmpty 方法的
isEmpty: function() {                                                函数
    return this.lines.length == 0;              ❷ 返回状态
},
```

定义 isEmpty 函数来实现相应的方法❶。在这个函数中，通过把捕获线条的数量和零比较来返回状态❷。

注意: 这个方法返回一个 Boolean 值，它并不能被用在 jQuery 链式调用中间。可以像下面这样
      使用这个方法，结果如图 9.4 所示。

```
if ($('#sign').signature('isEmpty')) {
    alert('Please enter your signature');
}
```

与 Signature 插件的交互到此结束。但是开发者可能想要从受影响的元素上完全移除这个 Signature 的功能。

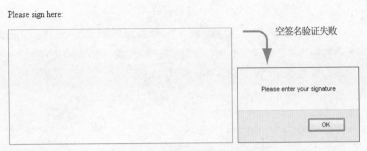

图 9.4 签名验证的结果

9.8 移除小部件

调用 destroy 方法来移除小部件的所有痕迹。与其他方法一样，这会调用它在插件内部的同名函数——destroy。

9.8.1 _destroy 方法

小部件框架包括一个 destroy 函数来清理所有框架初始化。在这个过程中的恰当时机，它会调用_destroy 函数。它默认不做任何事情。在小部件声明时覆盖_destroy 函数，开发者可以钩入 destroy 方法的调用过程，并回滚在_create 函数中所做的事情（见程序清单 9.18）。

程序清单 9.18 移除这个小部件

```
/* Remove the signature functionality. */
_destroy: function() {                          ❶ destroy 方法的函数
    this.element.removeClass(
        this.widgetFullName || this.widgetBaseClass);    ❷ 移除标记类
    $(this.canvas).remove();                    ❸ 移除 canvas
    this.canvas = this.ctx = this.lines = null;
    this._mouseDestroy();                        ❹ 整理鼠标处理
}
```

声明_destroy 函数来介入 destroy 方法调用❶。开发者应该在这个函数中移除标记类❷、canvas 元素，以及自己在初始化时加入的相关引用❸。通过调用_mouseDestroy 函数来清理鼠标小部件❹。

在执行这个方法之后，受影响的元素将会被恢复到它们的初始状态，Signature 的功能也不再存在。

jQuery UI 1.9 之前

    在 jQuery UI 1.9 之前，开发者需要覆盖 destroy 函数而不是_destroy，通过小部件原型的引用调用继承功能。为了让自己的插件能同时在当前和更早版本的 jQuery UI 上工作，开发者需要为早期版本覆盖 destroy 函数，并让它调用_destroy，就像最新版一样。开发者也需要调用从小部件框架中继承来的 destroy 函数。完整的代码如下：

```
if (!$.Widget.prototype._destroy) {
    $.extend(maxlengthOverrides, {
        /* Remove the maxlength textarea functionality. */
        destroy: function () {
            this._destroy();
            // Base widget handling
            $.Widget.prototype.destroy.call(this);
        }
    });
}
```

9.9 完整的插件

    jQuery UI Signature 小部件已经完成。它允许开发者在页面上的一块区域内捕获一个签名，把它编码为文本格式以便进一步处理，并在需要时解码并重绘它。使用 jQuery UI Mouse 模块极大地简化了鼠标交互和拖动操作的处理。这个插件的完整代码可以在本书的网站上下载。

开发者需要知道

    当开发者需要在小部件中使用鼠标拖动操作时，从 jQuery UI Mouse 模块中继承。

    调用_mouseInit 来初始化鼠标处理，并通过_mouseDestroy 移除它的影响。

    覆盖_mouseCapture 函数来表明是否开始一个鼠标拖动。

    覆盖_mouseStart、_mouseDrag 和_mouseStop 函数来响应拖动操作。

    小部件的标准功能仍然可以用来处理选项，安装和拆卸插件。

自己试试看

    创建一个简单的素描板插件，仍然基于 HTML 5 的 canvas 元素。允许用户在 canvas 上拖动，并在拖动、区域上绘制一个矩形。开发者可以在拖动时用一个 Image 元素保存 canvas 的状态，以简化反馈矩形的绘制：

```
this.img.src = this.canvas.toDataURL(); // Save initial state
this.ctx.drawImage(this.img, 0, 0); // Restore initial state
```

9.10 总结

尽管 jQuery 已经通过它的鼠标事件处理机制提供对基本鼠标交互的支持，但 jQuery UI 提供一个更上层的交互来处理鼠标拖动操作。jQuery UI Mouse 模块拦截基本的 mousedown、mousemove 和 mouseup 事件，并把它们转换为调用_mouseStart、_mouseDrag 和_mouseStop 函数，允许开发者专注于响应鼠标拖动，而不用关心底层结构。jQuery UI 在它自己的许多模块中都使用了拖动功能。

开发者通过在自己的小部件声明时把 Mouse 模块作为开始点，把它加入自己的小部件中。然后覆盖前面列出的拖动函数来加入自己的处理。基本 Widget 的所有功能仍然可用，因为 Mouse 模块扩展了它。

本章中开发的 Signature 插件展示了如何使用鼠标交互在页面上开发有用的功能。它允许开发者在页面上的一个区域内捕获鼠标拖动产生的签名，然后把这个签名转换为一个 JSON 格式的文本，以便于存储和进一步处理。

这一部分的最后一章将介绍 jQuery UI 特效框架，以及如何扩展它，从而为开发者的页面提供吸引眼球的动画效果。

第 10 章　jQuery UI 特效

本章涵盖以下内容：

- jQuery UI 特效框架；
- 加一个新特效；
- 什么是缓动（Easing）；
- 添加新的缓动。

　　伴随着各种小部件（在前两章中讨论过），jQuery UI 还提供了额外的行为，包括用户交互，例如 draggable 和 droppable，以及一些用来呈现元素的特效。这些特效增强了页面上元素的显示或隐藏效果，或者通过多个方面的动画凸显一个元素。内置特效的底层是创建这些动画的核心功能。正如开发者所期望的，可以添加自己的特效，并把它们与 jQuery UI 的内置功能集成到一起。

　　以类似的方式，*缓动*（easing）通过在动画过程中修改一个属性值的变化率来增强动画。jQuery UI 提供了许多这样的缓动。在 jQuery 本身提供的两种缓动之外，jQuery UI 提供了许多种缓动，极大地扩展了选择范围。开发者也可以添加自己的缓动，让动画行为如己所愿。

　　这些特效一起使用，可以让一个网页更加生动，并且为开发者的站点提供统一的观感。开发者可以让一个元素折叠到它的中线再消失，就像电视屏幕关掉那样。或者闪动一个通过 Ajax 更新的元素的背景色，以吸引用户的注意。开发者可以在移动一个元素时使用缓动模拟物理现象，例如，让它像受到重力作用一样弹跳。这些特效可以使用户在页面上下文中与该元素产生更多关联。

10.1　jQuery UI 特效框架

像小部件框架一样，这个 jQuery UI 特效框架也是模块化的。它允许开发者选择自己需要使用的部分，以降低代码下载量。开发者可以创建自己的自定义下载（http://jqueryui.com/ download），它会考虑到模块间的依赖。

在开始介绍如何创建一个新特效之前，读者应该对 jQuery UI 特效框架已经提供的其他功能有一些概念，这样就能在开发自己的特效时使用它们。

10.1.1　Effects Core 模块

在 jQuery UI 的特效模块之下有一个公共功能的核心模块。开发者不需要重新构建这些已经实现过的功能，只需直接把它们应用到自己的特效中。随着颜色动画，开发者可以找到把属性从一个类变化到另一个的动画，以及一系列可以用来开发新特效的底层函数。

颜色动画

Effects Core 模块为包含颜色值的属性（前景色和背景色，以及边框色和轮廓色）添加自定义动画的支持。jQuery 本身只允许在简单数值（可有一个单位符号，例如 px、em 或%）的属性上动画。它并不知道如何解析更复杂的值，例如颜色，或者如何正确地增加这些值以完成过渡，例如从蓝色经过紫色过渡到红色。

颜色值由三部分组成：红、绿和蓝，每一部分的取值范围在 0～255 之间。它们可以用下列不同的方式在 HTML 和 CSS 中指定：

- 十六进制数字——#DDFFE8。
- 最小化十六进制数字——#CFC。
- 十进制 RGB 数值——rgb(221, 255, 232)。
- 十进制 RGB 百分比——rgb(87%, 100%, 91%)。
- 十进制 RGB 及透明度——rgba(221, 255, 232, 127)。
- 颜色名称——lime。

红、绿和蓝三部分必须被分开，并独立地从它们的初始值动画到最终值，最后组合为一个新的颜色值。

jQuery UI 为每一个受影响的属性添加动画步骤，以正确地解析当前和期望颜色，并变化这些值以运行动画。在上面列表中提到的颜色格式之外，也可以通过调用 animate 函数并传入一个 3 个数字（每一个都在 0～255 之间）的数组来指定颜色。当定义这些函数后，开发者就可以像动画其他数值属性一样对颜色施加动画：

```
$('#myDiv').animate({backgroundColor: '#DDFFE8'});
```

　　jQuery UI 包含一个它能理解的颜色名列表，从基本的 red 和 green 到更为复杂的 darkorchid 和 darksalmon，甚至还有一个 transparent 颜色。

　　第 11 章将介绍如何为其他非数值属性值添加动画功能。

类动画

　　标准 jQuery 允许开发者在一个选定元素上添加、移除或开关类。jQuery UI 则更进一步，允许开发者在前后两个状态之间提供动画。

　　它通过从初始配置和最终配置中提取所有可以被施加动画的属性值（数值和颜色），并在这些属性上调用标准的 animate 来变化它们。这个动画通过在调用 addClass、removeClass 或 toggleClass 函数时指定一个持续时间来触发：

```
$('#myDiv').addClass('highlight', 1000);
```

　　jQuery UI 还增加了一个新函数 switchClass。它移除一个类并添加一个类，可以在两个状态间过渡（当指定持续时间时）：

```
$('#myDiv').switchClass('oldClass', 'newClass', 1000);
```

10.1.2　公共特效函数

　　为了更好地支持 jQuery UI 的多种特效，Effects Core 模块提供许多对这些特效有用的函数，它们可能对开发者也有用。为了说明如何使用这些方法，程序清单 10.1 展示了 slide 特效中的相关部分。

> **程序清单 10.1　使用了公共函数的 slide 特效**

```
$.effects.effect.slide = function( o, done ) {

    // Create element
    var el = $( this ),
        props = [ "position", "top", "bottom",
            "left", "right", "width", "height" ],
        mode = $.effects.setMode( el, o.mode || "show" ),   ◀──── ❶ 确定操作模式
        ...;
    // Adjust
    $.effects.save( el, props );                            ◀──── ❷ 保存当前设置
    el.show();
    distance = o.distance || el[ ref === "top" ?
        "outerHeight" : "outerWidth" ]( true );

    $.effects.createWrapper( el ).css({overflow: "hidden"});  ◀──── ❸ 创建动画包装

    ...
```

```
    // Animation
    animation[ ref ] = ...;

    // Animate
    el.animate( animation, {
        queue: false,
        duration: o.duration,
        easing: o.easing,
        complete: function() {
            if ( mode === "hide" ) {
                el.hide();
            }
            $.effects.restore( el, props );
            $.effects.removeWrapper( el );
            done();
        }
    });
};
```

❹ 恢复原始设置

❺ 移除动画包装

可以使用 setMode 函数❶基于当前元素(el，一个 jQuery 对象)的可见性把一个 toggle 模式转换为合适的值（ show 或者 hide）。如果开发者指定了 show 或 hide 模式，它将会使用这个值；如果没有指定，则默认为 show。

在开始特效动画之前，开发者可能想使用 save 函数❷来记忆元素（ el ）上的一些属性初始值（从 props 中获取），以便在结束时能恢复它们。使用 jQuery 的 data 函数把这些值存储在元素上。

为了在特效中更加容易地移动元素，开发者可以使用 createWrapper 函数❸在这个元素外包装一个容器，作为运动的参照点。从这个特定元素（ el ）上把位置信息拷贝到这个包装容器上，因此它直接出现在原始元素的位置上。然后把这个元素放置在新容器的左上角，所以用户是感知不到整个显示效果的变化的。这个函数返回一个包装容器的引用。所有对原始元素 left/right/top/bottom 设置的变化现在都是相对于它的初始位置，不会影响到周围的元素。

之前已经保存了属性的初始值，开发者应该在动画结束时使用 restore 函数把它们恢复回去❹。同时，开发者还需要通过 removeWrapper 函数移除所有之前创建的包装容器❺。当包装容器被移除时，这个函数返回一个它的引用；如果没有包装容器，则返回元素自己。

这里是 jQuery UI Effects Core 模块提供的其他一些可能比较有用的函数。

■　getBaseline(origin, original)——这个函数把一个 origin 描述(一个两元素的数组，分别表示垂直和水平位置)以及一个 original 尺寸（一个有 height 和 width 属性的对象）标准化为小数值（ 0.0 到 1.0 ）。它把位置名称（ top、left、center 等）转换为 0.0、0.5 或 1.0，并把数字值转换为相应轴上的比例。返回的对象包含 x 和 y 属性来保存相应方向上的小数值。例如：

```
var baseline = $.effects.getBaseline(['middle', 20],
    {height: 100, width: 200}); // baseline = {x: 0.1, y: 0.5}
```

■　setTransition(element, list, factor, value)——使用这个函数可以一次在多个属性

值上应用一个比例因子。它遍历 list 中的属性名，在 element 上查询属性的当前值，并把它乘以 factor 然后更新。把结果保存在 value 对象中响应名称的属性中，并把这个对象返回。例如，要把特定的值减半，开发者可以这么做：

```
el.from = $.effects.setTransition(el, ['borderTopWidth',
    'borderBottomWidth', ...], 0.5, el.from);
```

■ cssUnit(key)——使用这个函数把一个指定的 CSS 属性（key）分解为它的数量和单位（em、pt、px 或%），并返回包含这两个值的一个数组。如果这个单位不是这些已知类型，则返回一个空数组。例如：

```
var value = el.cssUnit('width'); // e.g. value = [200, 'px']
```

本小节中介绍的这些函数被许多 jQuery UI 提供的特效所使用。在讲解如何创建开发者自己的特效之前，首先在下一小节中介绍这些特效。

10.1.3　已有特效

jQuery UI 提供了许多特效，其中大多被设计为用来增强一个元素的显示或消失效果（例如 blind 和 drop），还有其他一些用来把开发者的注意力吸引到一个元素上（例如 hightlight 和 shake）。表 10.1 列出了这些可用的特效，以及用来改变它们行为的选项。

表 10.1　jQuery UI 特效

名　　称	效　　果	选　　项
blind	元素在垂直（默认）或者水平方向上，从上或左，展开或折叠	direction
bounce	元素掉入或掉出视图，并弹跳几次	direction, distance, times
clip	元素在垂直（默认）或者水平方向上，从它的中线展开或折叠	direction
drop	元素从左边（默认）或上面滑入或滑出视图，并且透明度逐渐变化	direction, distance
explode	元素被打散为一些碎片，或者重新从这些乱飞的碎片中组合起来	pieces
fade	元素透明度的淡入或淡出	—
fold	元素先从一个方向展开或折叠，再是另一个方向（默认为先水平后垂直）	horizFirst, size
highlight	简单地改变元素背景色	color
puff	元素尺寸增大或减小，透明度淡入或淡出	direction, from, origin, percent, restore, to
pulsate	元素淡入淡出多次	times
scale	元素以一个比例从它的中心点展开或折叠	direction, from, origin, percent, restore, scale, to

续表

名 称	效 果	选 项
shake	元素多次从一边移动到另一边	direction, distance, times
size	元素体积增大或缩小到给定的面积	from, origin, restore, scale, to
slide	元素从它的边缘垂直（默认）或水平滑动	direction, distance
transfer	元素被移动以及调整尺寸来匹配目标元素	className, to

jQuery UI Effects Demo

Click on the objects in the house.

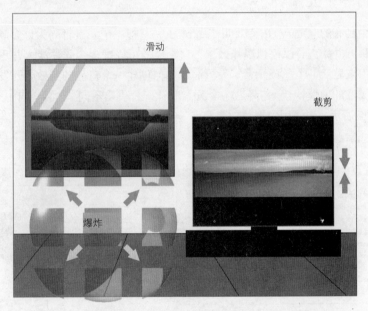

图 10.1 运行中的一些 jQuery UI 特效，从左上角顺时
针依次是滑动（slide）、裁剪（clip）、爆炸（explode）

这些特效可以与 jQuery UI 的 show、hide 和 toggle 函数联合使用，把希望使用的特效名称作为第一个参数传入。开发者也可以提供额外的选项来改变特效的行为，例如动画的持续时间，以及一个在动画结束时触发的回调函数。

```
$('#aDiv').hide('clip');
$('#aDiv').toggle('slide', {direction: 'down'}, 1000);
```

图 10.1 展示了一些特效正在运行的例子。

现在读者已经看到了这些已有的特效，是时候来探索如何添加自己的特效了，并让它可以以同样的方式使用。

10.2　添加一个新特效

通过扩展$.effects.effect 添加一个函数实现开发者的需求，可以在现有的 jQuery UI 特效中添加一个新特效。与以往的插件一样，开发者需要遵循那些指导原则以确保一个健壮的解决方案。

注意：在 jQuery UI 1.9.0 之前，开发者通过扩展$.effects 变量来添加新特效。这个做法在 jQuery UI 1.9.0 以及之后发生了变化。10.2.4 节将讲解这个区别。

10.2.1　内爆一个元素

一个已有的 jQuery UI 特效叫作 explode。它把一个元素打碎为许多碎片，然后让它们相互移开并淡出，以模拟爆炸效果。这个特效可以把多个碎片淡入并重新组合为原始元素，用来显示一个隐藏元素。为了演示如何创建一个自己的特效，开发者可以写一个相对于爆炸的内爆特效。与隐藏一个元素时让碎片飞出不同，它们会向中央塌陷并淡出，如图 10.2 所示。当使用内爆特效来显示一个元素时，碎片从中央向外飞出并淡入，以重建整个元素。

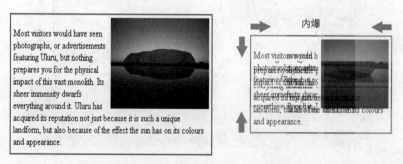

图 10.2　内爆特效，展示了初始元素（左）和隐藏的过程（右）

开发者需要为这个特效选择一个名字，以便于在 jQuery 中识别（牢记"*在所有地方使用唯一的名字*"原则），例如 implode。已有特效的文件命名格式为 jquery.ui.effect-<名字>.js。尽管这个命名规则不是强制的，但是遵守它是一个很好的实践。这表示这个新特效依赖于 jQuery UI Effects Core 模块。

一如既往，在开发者的代码周围用一个匿名函数来利用作用域隐藏实现细节，并且*不要依赖$与 jQuery 的等同性*。在这个函数中定义新特效，并把它整合到标准的 jQuery 特效中（*把一切都放在 jQuery 对象中*）。程序清单 10.2 展示了这个新特效的声明。

程序清单 10.2　为 jQuery UI 定义一个 implode 特效

```
(function($) { // Hide scope, no $ conflict

$.effects.effect.implode = function(options, done) {
    ... // Implement the effect
};

})(jQuery);
```

❶ 定义内爆特效

通过扩展$.effects.effect 添加一个接收两个参数的函数来定义 implode 特效❶，options 参数封装了调用特效时提供的所有参数，done 参数提供了一个进一步处理动画的回调。options 参数对象的属性包含所有用来自定义这个特效的用户选项，包括动画时长（duration，如果提供的是一个名称，例如 slow，它会被转换为一个数值）、操作模式（mode），以及动画结束时的回调函数（complete）。

开发者的特效函数会在恰当的时间被调用，因为这个特效可能是应用在元素上的一系列动画的一部分。这个处理的其余部分（见程序清单 10.3 和程序清单 10.4）都发生在这一背景之下。

10.2.2　初始化特效

当需要一个特效时，会为受影响的元素调用程序清单 10.2 中定义的函数。在实现真正的动画之前，它需要解析传入的所有选项，并为后续的动作初始化环境。程序清单 10.3 展示了特效处理的这一部分。

程序清单 10.3　内爆特效的初始化

```
var rows = cells = options.pieces ?
    Math.round(Math.sqrt(options.pieces)) : 3;

options.mode = $.effects.setMode($(this), options.mode);
var el = $(this).show().css('visibility', 'hidden');

var offset = el.offset();
// Subtract the margins - not fixing the problem yet
offset.top -= parseInt(el.css('marginTop'), 10) || 0;
offset.left -= parseInt(el.css('marginLeft'), 10) || 0;

var cellWidth = el.outerWidth(true) / cells;
var cellHeight = el.outerHeight(true) / rows;

var segments = $([]);
var remaining = rows * cells;
var completed = function() { // Countdown to full completion
    if (--remaining == 0) {
        options.mode == 'show' ? el.css({visibility: 'visible'}) :
            el.css({visibility: 'visible'}).hide();
```

❶ 默认碎片数

❷ 设置 show/hide 模式

❸ 计算偏移量

❹ completed 回调

```
    if (options.complete) {
        options.complete.apply(el[0]); // Callback    ❺ 触发用户回调
    }
    segments.remove();
    done();                                           ❻ 清理并继续
    }
};
```

　　这个过程首先为没有定义的选项提供默认值❶。为了压缩这个元素，把它分解为多个碎片，并分别移动，所以需要知道需要有多少个碎片。对于这个特效，为了让效果对称，计算提供数值的平方根（options.pieces），并把结果取整。如果没有设置碎片数，则使用一个合适的默认值（本例中为 3）。

　　jQuery UI 特效使用一个模式选项（options.mode）来确定一个元素是需要被显示还是隐藏，并调用 show 或 hide 设置相应的值。或者用户也可以开关当前的可见性，所以开发者需要使用 setMode 函数把 toggle 模式翻译为恰当的 show 或 hide 值❷。把原始元素的 visibility 设置为 hidden 来让它不可见，但是还占据页面上的位置。把这个元素的引用（el）保存下来，以便后续使用。

　　继续初始化，计算多个需要在渲染动画效果时用到的值❸，包括原始元素在页面上的偏移量，以及每个碎片的宽度和高度。通过在这里计算这些值，避免多次重复计算。

　　为了确保这个特效运行时的清理工作，为动画中的每个独立的碎片定义一个 completed 回调❹。这个回调会在每个碎片移动时被调用，但是开发者只需在所有碎片结束移动后才进行清理，所以每次减小一个计数器（remaining），并只在计数器到达 0 时才继续。当所有这些都完成时，根据设置的特效模式，完全显示或隐藏之前不可见的原始元素。如果用户提供自定义的回调函数，就在这个时机点调用它❺，并把当前元素（el[0]）作为调用上下文。移除复制的原始元素碎片，并调用 done 回调来为这个元素进行进一步的动画处理❻。

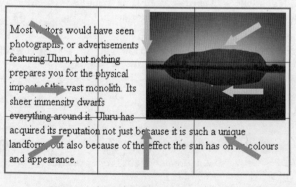

碎片按照提示的方向移动

图 10.3　把元素打散为碎片，并让它们独立地向中心移动

10.2.3　实现特效

在准备好特效的基础工作之后，下一步就是实现它的功能，以期望的方式对受影响的元素施加动画。图 10.3 展示了这个元素如何被分解为碎片，每一片都向中央运动。

程序清单 10.4 展示了 implode 特效的动画实现代码。

程序清单 10.4　应用内爆特效

❶ 遍历每一个内爆碎片

```
for (var i = 0; i < rows; i++) {
    for (var j = 0; j < cells; j++) {
        var segment = el.clone().appendTo('body').wrap('<div></div>').
        css({position: 'absolute', visibility: 'visible',
            left: -j * cellWidth, top: -i * cellHeight}).
        parent().addClass('ui-effects-implode').
        css({position: 'absolute', overflow: 'hidden',
            width: cellWidth, height: cellHeight,
            left: offset.left + j * cellWidth +
                (options.mode == 'show' ?
                -(j - cells / 2 + 0.5) * cellWidth : 0),
            top: offset.top + i * cellHeight +
                (options.mode == 'show' ?
                -(i - rows / 2 + 0.5) * cellHeight : 0),
            opacity: options.mode == 'show' ? 0 : 1}).
        animate({left: offset.left + j * cellWidth +
                (options.mode == 'show' ? 0 :
                -(j - cells / 2 + 0.5) * cellWidth),
            top: offset.top + i * cellHeight +
                (options.mode == 'show' ? 0 :
                -(i - rows / 2 + 0.5) * cellHeight),
            opacity: options.mode == 'show' ? 1 : 0
        }, options.duration || 500, completed);
        segments = segments.add(segment);
    }
}
```

❷ 复制原始元素并包装在一个 **div** 中

❸ 设置包装容器的内容位置

❹ 访问包装容器

❺ 设置容器位置

❻ 通过包装容器对碎片施加动画

❼ 记住这一段

这个内爆特效把初始元素打散为小碎片，并让它们向中心点运动，同时淡出。首先遍历每一个碎片❶（rows 和 cells），并把原始元素拷贝到一个包装容器中，这样开发者就可以通过设置新 div 中内容的位置（left 和 top）❷只显示原始元素的一部分❸。结果产生许多独立的 div，每个显示原始元素的一部分，并且可以被独立移动。

然后为每个碎片的包装 div（parent）标记一个类（ui-effects-implode）来帮助识别它❹（在程序清单 10.3 中的 completed 回调中）。这个包装容器的大小被设置为只显示原始元素的一部分，隐藏这个范围之外的内容，并把它放置到开始点的绝对位置❺。当使用这个特效来隐藏元素时，每一个碎片都从原始元素上面相应的位置开始，这个位置通过当前的索引（i 和 j）以及每个格子的宽度和高度计算得来。当使用这个特效显示一个元素时，所有碎片一开始都重叠在中心点，然后向外移动到它们的原始位置上，以重建整个元素。

最后，把包装 div 的位置向它的目标位置❻移动，这个位置与开始位置相反。在每个独立的动画结束后，调用前一小节中讲到的 completed 回调做最终的清理工作，以及移除这里添加的段❼。

10.2.4　在 jQuery UI 1.9 之前实现特效

特效的实现在 jQuery UI 1.9.0 中发生了变化，特效代码需要为早期的版本做出一些改变。幸运的是，大部分代码可以直接重用，如程序清单 10.5 所示。

程序清单 10.5　为早期版本的 jQuery 实现一个特效

```
var newEffects = !!$.effects.effect; // Using new effects framework?    ◀── ❶ 使用新特效

if (newEffects) {
    $.effects.effect.implode = function(options, done) {
        implodeIt.apply(this, arguments);    ◀── ❸ 调用特效函数
    };
}                                            ◀── ❹ 否则，声明早期 jQuery 特效
else {
    $.effects.implode = function(o) {
        var options = $.extend({complete: o.callback}, o, o.options);    ◀── ❺ 转换选项
        return this.queue(function() {
            var el = $(this);
            implodeIt.apply(this, [options, function() {    ◀── ❼ 调用特效函数
                el.dequeue();
            }]);
        });
    };
}

/* Apply the implode effect immediately.
   @param options  (object) settings for this effect
   @param done     (function) callback when the effect is finished */
function implodeIt(options, done) {            ◀── ❽ 抽出的特效函数
    ... // Same code as for jQuery UI 1.9.0 effect
}
```

❶ 使用新特效
❷ 如果是，则声明 jQuery 1.9 特效
❸ 调用特效函数
❹ 否则，声明早期 jQuery 特效
❺ 转换选项
❻ 把特效处理加入队列
❼ 调用特效函数
❽ 抽出的特效函数

首先通过检查 $.effects.effect 是否存在来确定新的特效框架是否可用❶。如果它存在，与之前一样声明新特效❷。但是这次调用一个实际实现特效的公共函数❸。

如果开发者使用的不是新特效框架，则在 $.effects 下声明这个特效，仍然使用相同的名字，为它赋一个只接收一个参数（o）的函数❹，这个参数包含自定义特效的所有选项。这个选项的结构与 jQuery 1.9.0 中的新版本不同，所以需要把它转换为新版本的格式，以便在公共的实现函数中使用❺。新版的选项是平铺的，所以开发者把用户定义的设置（o.options）拿到顶层，与顶层那些已经存在的属性放在一起。此外，用户自定义的 complete 函数需要被转换为一个不同的名字（callback）。

在这个版本中，开发者的特效函数必须返回一个当前 jQuery 集合的引用，它通过

queue 函数做到这一点❻。调用 queue 会为每个选择的元素在标准的 fx 队列中添加一个回调函数，从而在恰当的时机处理这个队列并运行特效功能。jQuery 1.9.0 会代替开发者处理这个队列，所以在新版本中不需要这些处理。

添加到队列中的函数调用了公共实现函数，随之传入转换过的选项以及一个回调函数 done。它会通过调用 dequeue 触发元素的标准 fx 队列中的下一项❼。

公共实现函数使用了 jQuery 1.9.0 特效的参数❽，并且与之前特效动画的代码完全相同。

使用这里的代码，用户不必做任何额外工作，就可以在所有 jQuery 版本下运行开发者的特效。

10.2.5　完整的特效

现在已经完成了一个新 jQuery UI 特效的实现。它可以通过把一个元素从它的中央展开或向中央塌陷，显示或隐藏它。这个插件的所有代码都可以从本书的网站上下载。

为了使用这个新特效，开发者首先需要把 jQuery 和 jQuery UI 的代码（至少是 Effects Core 模块）加载到自己的页面上，然后加载插件代码。接下来通过在调用 show、hide 或 toggle 时提供特效的名字，把它应用到一个元素上。同时也可以提供额外的选项来自定义这个特效。

```
$('#aDiv').hide('implode');
$('#aDiv').toggle('implode', {pieces: 25}, 1000,
    function() { alert('Done'); });
```

默认情况下，所有动画都是通过接近恒定的速度把属性值从开始值变化到结束值。或者还可以使用另外的方式来变化这些值，就能完成很有趣且很真实的动画。例如接下来将要介绍的方法。

10.3　缓动动画

动画的工作方式是把一个属性从一个值变化到另一个值，使得这个元素在页面上的外观随之变化。但是以恒定的速度改变这些值并不能总是满足开发者的期望，例如当开发者用页面上的元素表示现实世界的物体时。幸运的是，jQuery 提供了这样的非线性变化，使开发者可以为自己的动画完成额外的特效。

10.3.1　什么是缓动

*缓动*是一个运动中物体的加速或减速。在现实世界中，这是由外力导致的，例如重力或摩擦力。在动画术语中，它定义了这样一种方式：一个属性的变化速度是随着时间

变化的。

　　缓入（ease-in）是从静止加速。*缓出*（ease-out）是减速到静止。有时候可以把它们组合在一个缓动中，成为一个*缓入出*（ease-in-out），慢慢加速，然后减速到静止。

　　一个缓动被实现为一个函数，它返回一个给定时间的属性值。为了迎合用户自定义动画时长和属性范围的需求，这个函数被标准化为接收一个介于 0.0（开始）和 1.0（结束）之间的时间，并且产生的返回值也介于 0.0 和 1.0 之间。程序清单 10.6 展示了 swing 缓动函数的定义。

程序清单 10.6　swing 缓动函数

```
jQuery.easing = {
    ...
    swing: function( p ) {
        return 0.5 - Math.cos( p*Math.PI ) / 2;
    }
};
```

　　注意：本小节介绍的缓动动画函数的操作方式在 jQuery 1.7.2 和 jQuery UI 1.8.23 中发生了变化。在这些版本之前，这个缓动函数负责计算某个特定时间点上的实际属性值，并且接收属性的初始值以及变化量作为参数。这里只关注新版本。

　　为了在自己的动画中使用一个缓动，开发者需要在这个动画的选项中提供它的名字。例如，为了让一个元素的高度从当前值跳到一个新值，开发者可以使用 easeInOutElastic 缓动：

```
$('#mydiv').animate({height: 200}, 1000, 'easeInOutElastic');
```

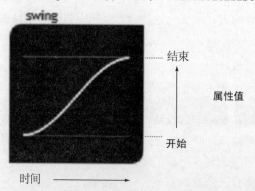

图 10.4　一个缓动图，展示了一个属性值在动画期间的变化

　　可以通过在每个属性上指定不同的缓动，为一个动画的不同部分应用不同的缓动。比如，在背景色上使用 linear 缓动，在其他所有的属性上应用 easeInOutElastic 缓动，可以这么做：

```
$('#mydiv').animate({height: 200, backgroundColor: ['red', 'linear']},
    1000, 'easeInOutElastic');
```

看到一个缓动效果的最简单的方法是绘制它的函数图。图 10.4 展示了 swing 缓动的缓动图。图中时间从左到右增加，属性随之从底部的初始值变化到顶部的最终值（水平灰线）。在本例中，读者可以看到属性值一开始变化很慢，然后加速，在快到达最终值时又慢下来。因此，它是一个*缓入出*（ease-in-out）类型的缓动。

10.3.2 已有的缓动

jQuery 本身只定义了两个缓动：linear 和 swing，后者是默认值。jQuery UI 提供的缓动在 jQuery Easing 插件中（http://gsgd.co.uk/sandbox/jquery/easing/），它已经被合并到 jQuery UI Effects Core 模块中。这些功能是 Robert Penner 定义的缓动功能（http://www. robertpenner. com/ easing/）在 JavaScript 中的移植。jQuery 标准的 swing 被重命名为 jswing，默认缓动变为 easeOutQuad.。

图 10.5 展示了 jQuery 和 jQuery UI 的缓动图。

linear 缓动是一个属性的开始值到结束值的恒定变化；而 swing 缓动是基于一个余弦曲线，一开始的加速度很小，快结束时也有相应的减速度。下一给缓动（easeInQuad 到 easeInOutExpo）基于不断增加次方（power）的数学函数（二次 quadratic、三次 cubic、五次 quintic，以及指数 exponential），提供了越来越快的加速度和减速度。每一个都包括缓入、缓出，以及组合的版本。

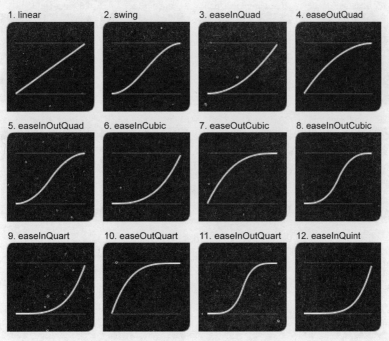

图 10.5　jQuery 和 jQuery UI 的缓动图

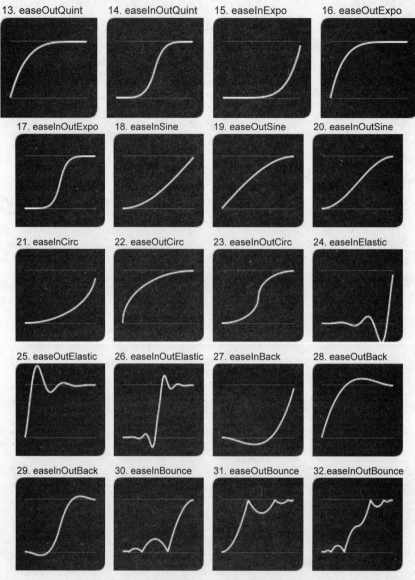

图 10.5　jQuery 和 jQuery UI 的缓动图（续）

　　接下来是基于正弦函数和圆形的缓动。elastic 和 back 缓动比较有趣，它们把属性值扩展到了初始范围之外来完成它们的特效。elastic 缓动在一个属性的初始值或最终值附近震动，就像它被连接到一个弹簧，而 back 缓动退回开始值或超出结束值。bounce 缓动模拟一个增强或减弱的弹跳效果来到达期望值。所有这些缓动都包括缓入、缓出和组合形式。

10.3.3 添加一个新缓动

开发者可以使用缓动产生一些引人注目的特效，就像上一小节中展示的 bounce 缓动一样。为了让自己的动画能脱颖而出，开发者可以通过自定义缓动来准确地完成想要的效果。一个这样的特效可以让属性值在变化的中途退回去一点，从而在一个标准动画中增添一些趣味（参见后面的 bump 缓动）。

为了添加自己的缓动，开发者需要扩展$.easing 并提供一个以这个新动画命名的函数。这个函数接收一个参数来表示在动画过程中所占的时间比例（从 0.0 到 1.0），并且返回这段时间内属性值的变化比例（从 0.0 开始到 1.0 结束）。jQuery 把这些比例转换为实际的属性值。

图 10.6 展示了两个标准缓动：linear 和 swing，以及一些自定义缓动的缓动图。程序清单 10.7 展示了它们背后的代码。

标准

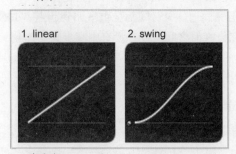

自定义

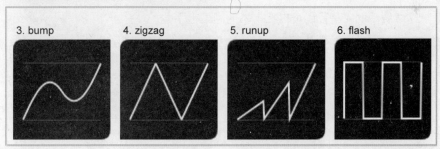

图 10.6 标准和自定义的 jQuery 缓动图

程序清单 10.7 自定义缓动函数

```
/* Bump easing. */
$.easing.bump = function(p) {
    return (p < 0.5 ? Math.sin(p * Math.PI * 1.46) * 2 / 3 :
        1 - (Math.sin((1 - p) * Math.PI * 1.46) * 2 / 3));
};
```

❶ bump 缓动

```
/* Zigzag easing. */
$.easing.zigzag = function(p) {
    return 3 * (p < 0.333 ? p : (p < 0.667 ? 0.667 - p : p - 0.667));
};

/* Runup easing. */
$.easing.runup = function(p) {
    return (p < 0.333 ? p :
        (p < 0.667 ? (p - 0.333) * 2 : (p - 0.667) * 3));
};

/* Flash easing. */
$.easing.flash = function(p) {
    return Math.floor(p * 4 + 1) % 2;
};
```

❷ zigzag 缓动

❸ runup 缓动

❹ flash 缓动

　　bump 缓动❶使一个属性值向它的最终值移动，然后轻微向回掉头，再继续向终点变化。它通过把两段正弦曲线连接起来完成这个效果。zigzag 缓动❷线性地把属性值变化到它的最终值，然后又回到初始值，再次变化到最终值，每次变化占用 1/3 的时间。

　　runup 缓动❸线性地改变属性值，但是每过 1/3 时间都会重置回到起点，每次都会离终点更近。flash 缓动❹直接在初始值和最终值之间切换，没有中间步骤，达到一个闪烁效果。

　　为了使用这些缓动，开发者在调用动画时指定它们名字，以及动画值。

```
$('#aDiv').animate({height: 300}, 1000, 'runup');
```

　　或者可以在一个特定属性的最终值后面进行覆盖：

```
$('#aDiv').animate({height: [300, 'bump'], opacity: 0.0}, 1000, 'runup');
```

　　这些缓动的完整代码可以在本书的网站上下载。

早期 jQuery 版本中的缓动

　　为了让这些缓动支持所有版本的 jQuery，开发者需要独立地定义基础缓动函数，然后直接把这个函数连接到新版 jQuery 上（当 $.support.newEasing 为 true 时 ）。对于老版本，通过一个包装函数根据基础缓动函数的返回值、初始属性值及变化量来计算实际值。

```
$.support.newEasing = ($.easing.linear(1.0) == 1.0);

function bumpEasing(p) {
    return (p < 0.5 ? Math.sin(p * Math.PI * 1.46) * 2 / 3 :
            1 - (Math.sin((1 - p) * Math.PI * 1.46) * 2 / 3));
}

if ($.support.newEasing) {
    $.easing.bump = bumpEasing;
}
```

```
else {
    $.easing.bump = function (p, n, firstNum, diff) {
    returnfirs tNum + diff * bumpEasing(p);
    };
}
```

开发者需要知道

创建一个自定义特效或缓动，可以在开发者的页面上添加一个独一无二的特效。

jQuery UI 包括一些改变元素外观的特效——显示或隐藏时，或者让它们引起用户注意。

jQuery UI 提供了一些公共功能以供特效使用。

扩展$.effects.effect 来添加一个新特性（jQuery UI 1.9 之前为$.effects）。

缓动控制一个动画属性值随着时间的变化率。

扩展$.easing 来添加一个新缓动（但是它在 jQuery 1.7.2 和 jQuery UI 1.8.23 之前的实现不同）。

自己试试看

开发一个叫作 spiral 的新特效。把元素分解为四部分，让左上方的部分向下滑动，右上方的向左滑动，右下方的向上滑动，左下方的向右滑动。每一部分随着它的运动淡出。当显示元素而不是隐藏时，向反方向滑动。

添加一个新的缓动，在动画结束之前，超过最终值 10%。更大的一个挑战是，用抛物线代替直线来实现这个缓动。

10.4　总结

jQuery UI 模块包括一些基础工具函数、底层行为（例如拖曳和放置）、高层组件或小部件（例如 Tabs 和 Datepicker），以及许多视觉特效。开发者可以用这些特效增强页面元素的呈现，或者把用户的注意力吸引到一个元素上。为了帮助开发者创建自己的特效，它还提供了一些公用的函数。

通过扩展$.effects.effect 来定义一个函数实现期望的变化，开发者可以在已有的特效中添加自己的特效。这里描述的内爆效果补充了已有的爆炸效果，使得一个元素向自己内部塌陷。

基本的 jQuery 也提供了通过指定一个缓动在动画过程中变化属性值的能力。它只定义了两个这样的缓动，但是 jQuery UI 加入了更多，允许开发者在自己的动画中实现有趣的效果。正如期望的那样，开发者可以添加自己的缓动函数来定义新的方法，把一个属性从初始值变化到结束值。

这里就完成了对 jQuery UI、它的模块以及扩展点的介绍。在本书的最后一部分，读者将会看到基础 jQuery 中其他可以被增强的方面，从而提供新功能。首先从非数值属性的动画开始。

第 4 部分

其他扩展

jQuery 还提供了许多扩展点，在本章把它们收集到一起。

jQuery 可以自动为简单数值施加动画，但是对于更加复杂或多值的属性就超出了它的能力。在第 11 章中，读者将会看到如何为这些属性值添加动画功能，从而允许开发者把它们合并到已有的动画中。

jQuery 很好地支持了 Ajax 来获取并处理远程内容，以避免刷新整个页面。第 12 章展示如何在 Ajax 处理流程中增强内置的功能，从预处理请求到提供另一个获取机制，再到把返回数据转换为更有用的格式。

事件处理是 jQuery 简化网页开发的另一个方面，它提供了跨浏览器的一致性。第 13 章中介绍的事件框架允许开发者通过增强事件处理过程来添加新事件，或修改现有的事件处理。

最后，第 14 章讨论使用 Validation 插件来添加新的验证规则。尽管这不是 jQuery 本身的一部分，但这个插件被广泛使用，并提供了它自己的扩展点。

第 11 章　属性的动画

本章涵盖以下内容：
- jQuery 动画框架；
- 添加自定义属性动画。

　　jQuery 中被最为广泛使用的特性之一就是它的动画功能。它支持在一个元素的多个属性上进行动画，以改变页面的显示效果。除了基本的 show 和 hide 函数可以提供指定时长的动画过渡之外，还有许多标准的滑动和淡出动画，例如 slideDown 和 fadeIn。如果还想要更奇特的效果，开发者可以使用一个自定义动画来把一个元素移动到特定位置，或者使用 animate 函数改变它的面积或字体大小。

```
$('#myDiv').slideDown('slow');
$('#myDiv').animate({width: '20%', left: '100px'});
```

　　但是内置动画函数只能处理包含简单值的属性：一个数值后面跟一个可选的单位说明符，例如 200（pixels）、2em 或者 50%。为了能让 jQuery 工作在更复杂的属性值上，例如颜色（#CCFFCC），开发者必须定义一个知道如何解析这个复杂值的自定义动画处理器，在动画过程中计算这个值的变化，并把新值设置回这个属性上。

　　jQuery UI 包括了自定义动画来处理这些包含颜色值的属性，例如 color 和 background-color。这些函数知道如何解析 CSS 颜色值（可能是十六进制、RGB 三原色，也可能是颜色名称）来抽取红、绿、蓝三个组成部分。每个组成部分被分别动画，在动画的每一步都重新组合来展示动画。这个颜色动画插件允许开发者在请求动画时指定标准格式的属性和颜色值。

```
$('#myDiv').animate({fontSize: '20px', backgroundColor: '#DDFFE8'});
```

为了对其他非标准属性值施加动画，开发者需要找一个合适的动画插件，或者自己开发，如本章所述。一旦开发者有了这样一个插件，就可以把那个属性与标准属性一样对待，从而允许开发者把所有动画功能应用在它上面。例如，开发者可以把一个自定义缓动动画应用在自己的属性上，或者在动画结束时触发一个回调。

本章将为 background-position 样式创建一个动画处理器，演示如何为一个复杂值提供动画，以及如何处理不同 jQuery 版本的动画框架之间的差异。

11.1   动画框架

开发者可以使用 jQuery 的 animate 函数对选定元素的一个或多个属性施加动画。指定需要改变的属性列表，以及各自的最终期望值。动画会逐渐把每一个属性从它的当前值变化到新值，并根据处理结果在页面上更新显示。

需要注意的是，jQuery 对动画有一些限制条件。除属性为简单数值的限制外，jQuery 不能解析那些被设置为标准名字的属性值。例如，当为一个元素的边框宽度施加动画时，开发者应该从一个数值开始，而不是术语 thin 或 thick。同样，开发者不应该在施加动画时混淆单位，例如动画从像素值开始却以百分比值结束，因为 jQuery 不能自动处理转换。

接下来的几小节将讲解 jQuery 动画的内置功能，例如设置变化持续时间、为额外效果使用其他缓动、动画结束时的通知，以及在这些功能的表象之下 jQuery 是怎么实现的。

11.1.1   动画功能

对于常见的特效，jQuery 在基本的 animate 之外还定义了一些更有针对性的函数来封装这些属性。如果开发者在调用 show、hide 或 toggle 时提供一个持续时间，受影响的元素会淡入或淡出，以及从左上角展开或收缩到左上角，如图 11.1 所示。类似地，fadeIn、fadeOut 或 fadeToggle 函数通过改变元素透明度来显示或隐藏它，slideDown、slideUp 和 slideToggle 函数则改变元素高度。

在同一个元素上通过调用不同的 animate 或相关函数产生的多个动画被放置在一个队列中（叫作 fx），一个接一个地被执行。开发者可以通过把一个动画的 queue 选项设置为 false 来让它立即执行。

图 11.1 调用 show() 的动画过程，从上到下依次是进度 35%、85% 和 100%

新的属性值可以设置为一个数字（假定以像素作为单位）或者可以是一个数字加上一个单位符号，例如 2em 或 50%。此外，开发者可以通过前缀 -= 或者 += 来请求一个相对变化量，从当前值减去或加上这个变化量来产生最终值。

开发者可以提供额外的选项来修改 animate 调用的行为。

```
$('#myDiv').animate({left: '50px', width: '-=50px'},
    {duration: 500, easing: 'linear', complete: function() {
        $('#myDivController').attr('src', 'img/expand.gif');
    }});
```

duration 指定了动画要持续多久，它可以是一个单位为毫秒的数字或速度名称(slow，normal 或 fast)。提供一个 easing 来定义属性如何随着时间变化（第 10 章介绍了缓动的详细内容）。自从 jQuery 1.4 发布之后，开发者可以指定属性级别的缓动以更好地控制自己的动画。

为了在一个动画结束时得到通知，在调用选项中提供一个 complete 回调。当每个元素的动画结束时，这个函数都会被触发一次，与改变的属性数目无关。尽管没有参数被传入这个回调，但是它的 this 变量仍然指向当前元素。

指定一个 step 选项作为动画进度的回调，并为它提供一个接收两个参数的函数，参数分别为当前选项值（now）和一个包含属性和动画详细内容的对象（tween）。它也有一个指向当前元素的 this 变量。在每个元素的每个属性的每个动画步骤上，这个函数都会被调用一次，以便开发者监视和/或修改它的进展。

但是当开发者调用 animate 时，jQuery 在做什么？请继续阅读并找出答案。

11.1.2 步进一个动画

在表象之下，jQuery 使用它的 Deferred 对象来管理动画过程，但是它最终还是依赖 JavaScript 标准的 setInterval 函数来实现延迟。这个延迟默认被设置为 13ms，保存在 $.fx.interval 变量中。在动画的每一步中，jQuery 调用一个函数使用新值更新受影响的属性。注意，jQuery 在每一步中都计算逝去的时间，而不是依靠迭代次数，这样能提供更高精度的动画渲染。

注意：在 jQuery 1.8.0 之前，动画过程并没有使用 Deferred 处理，而是直接调用 setInterval 函数。

> **Deferred 对象**
>
> jQuery 1.5 引入了 jQuery.Deferred()。它是一个链式工具对象，可以把多个回调注册到回调队列中，调用回调队列，以及传递任何异步或同步函数的成功或失败状态（http://api.jquery.com/category/deferred-object/）。
>
> jQuery.Deferred()引入了多个管理和调用回调的增强方法。特别是 jQuery.Deferred()提供了灵活的方式来提供多个回调，并且无论原来的回调调度是否发生，这些回调都可以被调用。

动画处理器被保存在$.Tween.propHooks 对象中，并以属性名作为索引。当没有提供自定义处理器时，使用一个名为_default 的标准处理器，如程序清单 11.1 所示。这个处理器只能理解基本数值和单位格式的属性值，而且只能满足那些直接设置在元素上，以及那些通过 css 函数管理的属性。

程序清单 11.1 默认动画处理器

```
Tween.propHooks = {                              ◀── ❶ 动画扩展点
    _default: {
        get: function( tween ) {                 ◀── ❸ 获取属性值
            var result;
❷ 默认属性
  处理器
            if ( tween.elem[ tween.prop ] != null &&
                (!tween.elem.style ||
                tween.elem.style[ tween.prop ] == null)){    ◀── ❹ 得到一个属性值
```

```
            return tween.elem[ tween.prop ];
        }

        // passing any value as a 4th parameter to .css will
        // automatically attempt a parseFloat and fallback to a
        // string if the parse fails so, simple values such as
        // "10px" are parsed to Float. complex values such as
        // "rotate(1rad)" are returned as is.
        result = jQuery.css( tween.elem, tween.prop, false, "" );
        // Empty strings, null, undefined and "auto"
        // are converted to 0.
        return !result || result === "auto" ? 0 : result;
    },
    set: function( tween ) {
        // use step hook for back compat -
        // use cssHook if its there - use .style if its
        // available and use plain properties where available
        if ( jQuery.fx.step[ tween.prop ] ) {
            jQuery.fx.step[ tween.prop ]( tween );
        } else if ( tween.elem.style && ( tween.elem.style[
                jQuery.cssProps[ tween.prop ]] != null ||
                jQuery.cssHooks[ tween.prop ] ) ) {
            jQuery.style( tween.elem, tween.prop,
                tween.now + tween.unit );
        } else {
            tween.elem[ tween.prop ] = tween.now;
        }
    }
  }
};
```

得到一个样式值 ❺
设置属性值 ❻
兼容 jQuery 1.8 ❼
更新一个样式 ❽
更新一个属性 ❾

默认处理器（名为 _default ❷）被定义为 Tween.propHooks 对象 ❶（后来使用别名 $.Tween.propHooks）的一部分。每一个处理器都是一个包含两个属性的对象：一个取值函数（get）❸，获取当前属性值；一个设值函数（set）❻，更新和应用动画中的新值。

注意：在 jQuery 1.8.0 中，定义自定义动画的方式发生了变化。在之前的版本中，开发者提供一个设值函数扩展 $.fx.step 来满足自己的自定义属性。下一小节主要专注于后期版本，但是之后的几小节也展示了如何在早期版本中定义同样的动画。

传入取值和设值函数的参数（tween）包含当前动画的信息。它有一个当前元素（tween.elem）的引用、动画的属性名（tween.prop）❹❾，以及为这个属性使用的缓动名称（tween.easing）。它还有一个对象（tween.options）保存了调用 animate 时传入的选项以及默认值。这些包括了动画持续时间（duration）、动画的默认缓动（easing），以及完成（complete）或步进（step）回调。

取值方法尝试把值作为 CSS 属性来获取 ❺，然后把未知的值转换为 0。

对于设值函数 ❻，tween 参数包含一些当前动画步骤的额外信息。它提供了这个属性的初始值（tween.start）和最终值（tween.end），以及当前值（tween.now）❽。这些值都是简单数值，它们的单位信息包含在 tween.unit 属性中。tween.pos 属性包括一个 0 到 1 之间的值，它表示动画已播放部分与动画时长的比例。

为了有向后兼容的能力，这个函数检查属性是否有一个 $.fx.step 的实现❼，如果有则调用它。否则，计算动画步骤的当前值——通过用已播放比例乘以结束值和开始值的差，再加上开始值。

```
tween.pos * (tween.end - tween.start) + tween.start
```

在把结果设置回相应的属性之前，需要在它后面加上单位。

一个动画处理器是基于动画的属性名来找到的，它的 get 和 set 函数在动画过程中恰当的时间被调用。jQuery 管理这个过程来计算初始属性值以及与最终值的差值，调度属性值的更新，在每一步中调用处理器，以及在动画结束时做清理工作并通知用户（如果必要）。

为了介绍开发者的动画处理器，下面将为 background-position 样式创建一个。它不是一个简单数值。

11.2　添加一个自定义属性的动画

许多属性值都可以用内置的动画函数来处理，例如一个数值加上可选的单位标识符。但是开发者可能想要在其他不符合这个格式的属性上施加动画。如果不知道如何解析和更新这些属性值，jQuery 就不能为它们提供动画。下一小节将介绍 background-position 的动画处理器。它要处理一个由两个数字和单位组成的复合值，让开发者在指定的时间内平滑地改变这个组合值。

自定义的属性动画必须扩展 $.Tween.propHooks 来为这个特定的属性格式定义一个取值函数和一个设值函数。jQuery 可以把这些函数集成到它的标准动画处理过程中来更新这些属性值。

11.2.1　background-position 的动画

CSS 属性 background-position 是一个非标准的格式。它的表示背景图片相对于左上角的水平位置和垂直位置的偏移量的两个值（如果提供了两个值），或者是一个值表示两者的偏移量（如果只提供了一个值）。开发者可以通过对背景图片的位置施加动画来完成有趣的效果，例如滚动背景或高亮图片的一部分，使自己的网站更能吸引访问者。图 11.2 所示是一个例子。

除了数值加单位的标准格式外，这个位

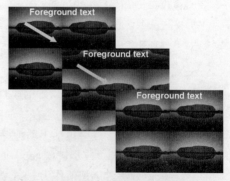

图 11.2　背景图位置的动画，沿着箭头方向依次是播放进度的 0%、50%、100%

置还可能通过一个名称指定：水平方向上的 left、center 或 right，以及垂直方向上的 top、center 或 bottom。这些名称对应各自方向上的 0%、50% 和 100%。开发者也必须允许在指定最终属性值时使用相对位置，例如由 -= 或 += 开始的值。

```
.uluru { background-image: url(img/uluru.jpg);
    background-position: 'left top'; }
```

当这个自定义动画完成后，可以像这样使用它来移动背景图：

```
$('div.uluru').animate({'background-position': '200px 150px'});
```

注意：对于那些包含连接符 (-) 的属性名，开发者可以使用驼峰命名法以避免使用引号。

jQuery 会自动在这两种格式间转换：$('div.uluru').animate({backgroundPosition: '200px 150px'});

首先开发者需要为这个属性定义动画处理器，并且提供一个函数来获取当前属性值。

11.2.2　声明和获取这个属性值

作为自定义动画插件的开始，首先通过定义取值函数来获取当前属性值，扩展 jQuery 的 Tween 处理。程序清单 11.2 展示了基本的插件声明。

程序清单 11.2　jQuery 1.8.x 中的定义

```
(function($) { // Hide scope, no $ conflict                  ❶ 声明匿名函数

$.Tween.propHooks['backgroundPosition'] = {
    get: function(tween) {
        return parseBackgroundPosition($(tween.elem).css(tween.prop));
    },                                          ❹ 定义设值            ❸ 定义取值
    set: setBackgroundPosition                     函数                  函数
};
                         ❺ 立即调用作用域函数
})(jQuery);
```

❷ 添加自定义动画处理器

与其他插件一样，首先从一个匿名包装函数❶开始。它用来把开发者的代码与外界隔离，以及通过在参数中声明 $ 并传入 jQuery 来确保两者在开发者的代码中保持一致❺。

把动画函数定义在一个 $.Tween.propHooks 的扩展对象中，以这个新属性为名❷。如果这个属性名中包含连接符 (-)，开发者就需要使用相应的驼峰命名，例如这里使用 backgroundPosition 来替换 background-position。jQuery 会在使用它之前把带连接符的名字转换为驼峰版本。

这个对象包含两个函数：一个取值函数来获取当前属性值❸，以及一个设值函数使用一个新值更新属性❹。它们都会使用内部函数做进一步处理。两个函数的参数 (tween) 都是一个封装了这个属性动画设置的对象。它的属性包括一个当前 DOM 元

素的引用（elem）、属性的名字（prop）、使用的缓动（easing）以及动画调用时传入的选项（options）。

程序清单 11.3 展示了内部函数如何从属性上获取位置。

程序清单 11.3   解析 background-position 的值

```
/* Parse a background-position definition: horizontal [vertical]
   @param  value  (string) the definition
   @return  ([2][string, number, string]) the extracted values -
            relative marker, amount, units */
function parseBackgroundPosition(value) {
    var bgPos = (value || '').split(/ /);
    var presets = {center: '50%', left: '0%', right: '100%',
        top: '0%', bottom: '100%'};                          ❶ 解析位置的函数
    var decodePos = function(index) {
        var pos = (presets[bgPos[index]] || bgPos[index] || '50%').
            match(/^([+-]=)?([+-]?\d+(\.\d*)?)(.*)$/);
        bgPos[index] = [pos[1], parseFloat(pos[2]), pos[4] || 'px'];
    };
    if (bgPos.length == 1 &&
            $.inArray(bgPos[0], ['top', 'bottom']) > -1) {
        bgPos[1] = bgPos[0];                                 把位置分离为
        bgPos[0] = '50%';                                    值和单位  ❸
    }
    decodePos(0);
    decodePos(1);                        ❺ 解析并返回位置值
    return bgPos;
}
```

❷ 分离水平和垂直部分

❹ 处理垂直位置

因为这个属性值不是一个简单的数值，开发者需要在它里面定位相关的部分以便后续使用。可以定义另一个函数来解析这些值❶。因为属性值可能包含水平和垂直两个部分，第一步是通过 split 函数分离它们❷。

通过一个内部函数（decodePos）❸来解析每一部分的位置值。如果必要，这个值可以从一个位置名称转换（通过 presets 对象）或在没有提供时默认为 50%（center）。然后可以通过正则表达式来寻找一个以可选的+=或-=开始的相对值，它后跟一个数字（包括可选的负号和小数部分），以及单位说明符。每个部分都被捕获到一个正则表达式分组中（通过在模式外加上括号（））。最后，更新位置数组（bgPos）中相应的条目，让它成为这些组件（相对量标识、数值以及单位）的数组。在这里把这些组件分开是为了在后续的动画处理中更容易。

background-position 也可能只包含单个值。它被解析为水平位置。这时的垂直位置默认为 center，除非它被指定为垂直位置名（top 或 bottom），这时的水平位置默认为 center。开发者需要检查这个情况并相应地转换值❹。

然后把这个解析函数依次应用到位置的每个部分上❺，并且把这个被分解为几个部分并加以更新后的值返回给调用者。

最后，定义一个设值函数来修改属性值，这样就完成了这个动画处理器。

11.2.3　更新属性值

下一步是根据动画进度更新位置值，以及把这个值设置回元素上，以更新界面显示。程序清单 11.4 展示了 background-position 动画处理器的设值函数。

程序清单 11.4　设置 background-position

```
/* Set the value for a step in the animation.                          ❶ 定义属性
   @param  tween  (object) the animation properties */                    设值函数
function setBackgroundPosition(tween) {
    if (!tween.set) {                            ❷ 如果没有初始化，
        initBackgroundPosition(tween);              则执行初始化设置
    }
    $(tween.elem).css('background-position',                            ❸ 设置新属性值
        ((tween.pos * (tween.end[0][1] - tween.start[0][1]) +
        tween.start[0][1]) + tween.end[0][2]) + ' ' +
        ((tween.pos * (tween.end[1][1] - tween.start[1][1]) +
        tween.start[1][1]) + tween.end[1][2]));
}
```

定义一个内部函数，使用动画过程中的新值来更新属性❶。这个函数的参数是一个包含当前动画详细信息的对象。jQuery 在动画的每一步发生时都调用这个函数，所以尽量减少这个函数中的工作，以提高性能。

在这个函数第一次被调用时，开发者应该执行一些初始化工作，例如计算在整个动画过程都不会变的值。为了避免在每次调用中都执行初始化的开销，可以通过参数对象中的一个标志变量来控制是否执行初始化❷。程序清单 11.5 描述了初始化函数。

程序清单 11.5　初始化 background-position 动画

```
    /* Initialise the animation.
       @param  tween  (object) the animation properties */        ❶ 定义动画
    function initBackgroundPosition(tween) {                         初始化
解析最  ❸  tween.start = parseBackgroundPosition(
终位置           $(tween.elem).css('backgroundPosition'));      ❷ 解析初始位置
        tween.end = parseBackgroundPosition(tween.end);
        for (var i = 0; i < tween.end.length; i++) {           ❹ 遍历解析后
            if (tween.end[i][0]) { // Relative position             的值
                tween.end[i][1] = tween.start[i][1] +
计算相对          (tween.end[i][0] == '-=' ? -1 : +1) * tween.end[i][1];
位置  ❺     }
        }
        tween.set = true;                      ❻ 标记为已初始化
    }
```

在动画的每一步中，通过标准的 css 函数把新值更新到当前元素（tween.elem）的属性上❸。根据动画已经执行的时间比例来计算这个新值，这个比例由 jQuery 设置在 tween.pos 中，它的范围是 0（动画开始）到 1（动画结束）。一般来说，开发者会用这个

因子乘以这个属性最终值与初始值的差（整个过程中都需要变化），加上初始值，再附加上单位标识符，像这样：

```
(tween.pos * (tween.end - tween.start) + tween.start) + tween.unit
```

对于 background-position，开发者需要分别计算水平和垂直部分，然后把它们组合到一起。

为了降低每一步动画中的计算量，定义一个初始化函数❶。它只在整个过程开始时调用一次。这个函数的内容依赖于动画属性的结构，但是在一般情况下，开发者会提取出初始值和最终值的部件，使它们可以很容易地在前面的设值函数中进行组合。

对于 background-position，通过 parseBackgroundPosition 函数把动画对象（tween）的开始和结束属性当作一个它们部件的数组来进行计算（❷和❸）。

遍历每一个结束位置❹，通过检查相应的 tween.end 中的第一个元素，判断它是否是一个相对值，例如以+=或-=开始的值❺。如果是，则在当前值（tween.start）中加上或减去这个相对值来得到最终值。

最后，应该设置一个标志来表示已经执行初始化过程❻，并且在这个动画中不需要再次执行。

这个新的 Background Position 插件现在已经可以使用了，它允许开发者使用与其他元素属性同样的方式来对背景图的位置施加动画。

如前面所提到的，jQuery 在 1.8 版本中改变了它处理动画的方式。下一小节将介绍如何在老版本中创建同样的动画。

11.2.4   background-position 在 jQuery 1.7 中的动画

在 jQuery 1.8.0 之前，开发者需要扩展$.fx.step 来添加一个自定义属性动画，并且只需要提供一个设值函数。幸运的是，每一步动画的内部处理在老版本和新版本中基本相同，所以开发者可以重用之前为新版本开发的大部分内容，如程序清单 11.6 所示。

> **程序清单 11.6   jQuery 1.7 中的 background-position 动画**

```
(function($) { // Hide scope, no $ conflict                    ◄╌╌╌  ❶ 声明匿名函数

// Enable animation for the background-position attribute
$.fx.step['backgroundPosition'] = setBackgroundPosition;  ◄╌╌  定义自定义属性
                                                              ❷ 动画处理器
})(jQuery);    ◄╌╌╌  ❸ 立即调用作用域函数
```

与新版本的 jQuery 中一样，开发者首先使用一个匿名函数❶来隐藏插件代码，以及使$指向 jQuery❸。在这个作用域内，开发者在$.fx.step 上扩展一个与动画属性同名的属性，并且把新属性的设值函数赋给它❷。如果开发者的属性名中包含一个连接符，在定义步进函数时使用驼峰命名。setBackgroundPosition 函数与新版 jQuery 中的相同，可以被重用。

可以通过检查是否存在新版本的 jQuery 动画框架来定义恰当的动画处理器（见程序清单 11.7）。

程序清单 11.7　定义恰当的动画处理器

```
var usesTween = !!$.Tween;                          ❶ 确定使用哪个动画框架

if (usesTween) { // jQuery 1.8+
    $.Tween.propHooks['backgroundPosition'] = {      ❷ 定义
        get: function(tween) {                          jQuery 1.8+
            return parseBackgroundPosition(             的处理器
                $(tween.elem).css(tween.prop));
        },
        set: setBackgroundPosition
    };
}
else { // jQuery 1.7-                                ❸ 定义
    // Enable animation for the background-position attribute   jQuery 1.7-
    $.fx.step['backgroundPosition'] = setBackgroundPosition;   的处理器
};
```

注意：!! 结构已经在 3.2.1 节中解释过。

可以通过检查 $.Tween 是否存在来确定使用哪个动画框架❶。基于这个检查，为新框架定义 $.Tween.propHooks 对象❷，或为老版本定义 $.fx.step 函数❸。现在开发者的动画插件就可以工作在所有 jQuery 版本上了。

注意：在 jQuery 1.5 之前，标准的动画处理会引发 background-position 设置中的初始值错误，所以这里的代码不适用于这些早期版本。

11.2.5　完整的插件

现在已经完成了 jQuery Background Position 插件的创建。开发者可以使用它来移动一个元素的背景图。这个插件也让开发者使用了 jQuery 动画框架的所有特征，例如通过 em 单位或百分比来定位、相对位移、更多效果的缓动，以及完成后的回调。在本书的网站上可以下载这个插件的完整代码。

> **开发者需要知道**
>
> 标准的 jQuery 只能对简单数值属性施加动画。
>
> 为更复杂的属性值创建一个自定义动画处理器。
>
> 扩展 $.Tween.propHooks 为一个新属性添加动画功能。
>
> 为属性值提供取值和设值函数。
>
> 在 jQuery 1.8 之前，扩展 $.fx.step。

自己试试看

　　为 border-width 属性开发一个动画插件。它可能最多由 4 个简单数值组成，包括上、右、下、左边框分别的设置。如果只设置了一个值，它会被应用到所有边框上。如果提供了 2 个值，它们会被应用到上/下和左/右边框上。如果提供了 3 个值，则没有设置的左边框等于右边框的值。

11.3　总结

　　jQuery 提供了对元素上多个属性施加动画的支持，在页面上可以产生不同的变化。在内置的动画函数 show、hide、fade 和 slide 之外，开发者也可以直接调用 animate 函数来请求一个动画。只有简单数值和单位格式的元素属性可以在动画中被自动处理。

　　对于那些没有和标准格式保持一致的属性，开发者需要找到或开发一个知道如何解析这些值的动画插件。jQuery UI 包括可以处理颜色值的动画插件，允许这些值可以与标准属性一起被施加动画。

　　在本章 background-position 样式的示例中，读者看到了如何创建一个插件，让它可以从属性值中提取相关信息，计算动画过程中的当前值，以及使用这个新值更新元素。这个插件使这个新属性可以像其他元素一样被施加动画。

　　下一章将研究 jQuery Ajax 框架，并且发现如何扩展它以满足额外的需求。

第 12 章　扩展 Ajax

本章涵盖以下内容:
- jQuery Ajax 框架;
- 添加 Ajax 预过滤器;
- 添加 Ajax 传输器;
- 添加 Ajax 转换器。

对 *Ajax* (异步 JavaScript 和 XML) 的支持是 jQuery 的核心功能之一。这种支持使得它能更容易地从服务器上请求内容, 并处理返回的数据, 以及相应地更新当前页面, 而不必刷新全部页面。开发者需要指定要访问的 URL 以及需要一同发送的参数, 然后可以在一个回调函数中处理返回的数据, 如下所示。

```
$.ajax('product.php', {data: {prod_id: 'AB1234'},
    success: function(info) {...}});
```

jQuery 还提供了一些封装了 Ajax 功能的简便函数。对于简单的请求和响应, 开发者可以使用 get 函数, 或者使用 post 函数来使用另一种参数编码。为了加载特定类型的数据, 开发者可以使用 getScript 或 getJSON 来分别加载 JavaScript 和 *JSON* (JavaScript Object Notation)。如果想要把 HTML 内容直接放置在页面上的一个元素中, 开发者可以在那个元素上使用 load 函数。

```
$.get('product.php', {prod_id: 'AB1234'}, function(info) {...});
$.getScript('product.js');
$('#mydiv').load('product.php', {prod_id: 'AB1234'}, function(info) {...});
```

　　jQuery 还提供对所有 Ajax 处理设置默认值，以及对 Ajax 生命周期中发生的事件注册处理器的功能。

　　尽管有许多内置的功能，但是如果获取的内容是非常规格式，开发者可能发现需要自己处理内容。幸运的是，jQuery 在它的 Ajax 框架中包含了许多扩展点，允许开发者自定义内容的下载和处理。

12.1　Ajax 框架

　　jQuery 的底层实际上是它管理一个 XMLHttpRequest（或者有些版本的 IE 中相应的 ActiveX 对象）对象来执行远程内容的实际下载。jQuery 把几个步骤合并到它的一个 Ajax 请求执行中。开发者可以在多个阶段中添加自己的处理来实现获取信息的特定需求。

　　一个请求从应用预过滤器开始，这可能影响到这个调用如何继续进行，然后选择一个传输机制用作实际下载。当收到内容之后，它可能会通过一个转换器得到一个用户想要的格式。图 12.1 展示了一个基本 Ajax 调用的操作序列图。

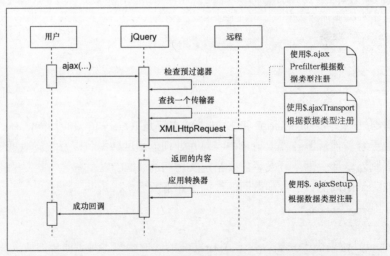

图 12.1　一个标准 Ajax 调用的时序图，展示了扩展点

　　整个流程根据开发者的请求指定的数据类型所驱动，标准的类型包括 text、html、xml、script、json 和 jsonp。如果没有指定返回数据类型，jQuery 将尝试通过返回的 MIME 类型来确定。如果返回的数据类型与请求类型不同，则调用转换过程。

　　从版本 1.5 开始，jQuery 包装了原生的 XMLHttpRequest 对象来提供额外的功能。

这个增强的对象被称为 jqXHR 对象。这个包装器也扮演了一个 Deferred 对象[①]，允许开发者添加当 Ajax 处理成功或发生错误时触发的回调函数。

注意：jQuery 1.8 不再推荐使用 jqXHR 对象的 success、error 和 complete 函数，应该使用它们相应的替代函数 done、fail 和 always。

12.1.1 预过滤器

一个*预过滤器*（prefilter）是一个函数，它在实际请求发生之前被调用。它允许开发者预处理请求并修改它的处理进程，而且它在创建自定义数据类型时非常有用。例如，开发者可以在请求中添加额外的头信息，或者甚至完全取消请求。

预过滤器在参数序列化（data 选项被转换为字符串，假定 processData 为 true）之后被调用，但是在 Ajax 框架查找合适的传输器之前。预过滤器由它们应用的数据类型来识别，例如 html 或 script，并且可以使用*表示操作所有数据类型。指定了数据类型的过滤器首先被执行，然后才执行那些所有类型的过滤器。

可以通过调用$.ajaxPrefilter 函数来注册一个新的预过滤器，此时需要提供相关数据类型以及被调用的函数。这个函数的参数包括 Ajax 选项以及一个用来远程访问的jqXHR 对象的引用。可以调用 abort 函数来取消一个请求。

例如，为了取消所有 html 请求的用户代理身份，可以像这样使用一个预过滤器：

```
$.ajaxPrefilter('html', function(options, originalOptions, jqXHR) {
    jqXHR.setRequestHeader('User-Agent', 'Unknown');
});
```

12.1.2 传输器

一个*传输器*（transport）提供了从服务器上获取请求数据的底层机制。尽管通常使用 XMLHttpRequest 对象，但是还有其他下载内容的方式，例如一个 img 元素的 src 属性（下载一个图片）。

可以通过调用$.ajaxTransport 函数来注册一个新的传输器，同时开发者需要提供这个传输器应用的数据类型，以及一个函数来返回获取到自定义对象。这个传输器对象提供 2 个回调函数：一个执行实际的数据获取，另一个在请求中止时做清理工作。和预过滤器一样，开发者可以使用*把这个传输器定义给所有数据类型。只有第一个匹配的传输器会被使用，同时优先使用特定数据类型的传输器。

例如，为了禁止对所有 xml 文档的访问，可以像下面这样使用一个传输器。

jQuery 本身使用这个功能来处理跨域请求 script 数据类型。

---

① jQuery API 文档，"Category: Deferred Object"，http://api.jquery.com/category/deferred-object/。

```
$.ajaxTransport('xml', function(options, originalOptions, jqXHR) {
    return {
        send: function(headers, complete) {
            complete('403', 'Forbidden', {});
        },

        abort: function() {}
    };
});
```

12.1.3 转换器

从服务器获取的数据并不一定是最有用的格式。*转换器*（converter）实现了这个转换过程。它接收基于文本的内容作为输入，并生成恰当的输出。

例如，当开发者从服务器请求一个 XML 时，指定一个 dataType 为 xml。这会触发一个转换器把返回的文本当作 XML 文档解析，并产生一个 XML DOM 作为 Ajax 调用的最终值。接下来，开发者可以直接遍历整个 DOM 来获取适合当前情况的信息。

转换器被注册在$.ajaxSetup 调用参数的 converters 属性中。在一个字符串中指定源数据格式和目标数据格式来标识一个转换器，并把这个值与执行转换的函数相关联。可以在转换器标识符中使用*表示任意数据类型。例如，刚才介绍的 XML 转换器的定义如下——通过调用 jQuery 的 parseXML 函数把文本转换为 XML。

```
ajaxSettings: {
    ...
    converters: {
        ...
        // Parse text as xml
        "text xml": jQuery.parseXML
    },
    ...
}
```

可以用类似的方式定义开发者自己的转换器，实现一个自定义数据格式转换为另一种格式。

接下来的几小节将非常详细地介绍每个扩展点，首先从预过滤器开始。

12.2 添加一个 Ajax 预过滤器

Ajax 预过滤器允许开发者预处理一个 Ajax 调用，并有可能改变它如何进行，例如为一个较慢的服务器改变 timeout 设置，或者甚至阻止远程调用。jQuery 本身使用预处理器来处理 json 和 jsonp 数据类型，允许它为这些类型的请求安装恰当的回调。接下来将看到两个预过滤器的例子：一个用来改变请求数据类型，另一个用来取消整个请求。

12.2.1　改变数据类型

预过滤器允许开发者在发送请求之前修改 XMLHttpRequest 对象（封装为 jqXHR）的设置。此外，预处理器可以通过返回一个期望的数据类型来改变一个请求的数据类型。这将会影响到所有使用这个新数据类型的后续操作，包括基于这个新值的另一个预过滤器。

程序清单 12.1 展示了如何基于请求 URL 改变数据类型。

程序清单 12.1　改变数据类型

```
/* Set CSV data type. */
$.ajaxPrefilter(function(options, originalOptions, jqXHR) {     ❶ 为所有类型定义
    if (options.url.match(/.*\.csv/)) {                             预过滤器
        return 'csv';                                           ❷ 如果文件名
    }                                                              是*.csv
});                          ❸ 改变数据
                               类型
```

调用$.ajaxPrefilter 注册一个新的预过滤器函数❶。注意，不必提供一个匹配的数据类型，这时就像*一样匹配所有类型。在本例中，开发者希望所有对扩展名为.csv 的文件的请求都被当作 csv 数据类型对待，所以检查提供的 URL 是否以要求的文本结尾❷，如果是，则返回新的数据类型❸。

如果要继续标准处理过程，就不要返回任何东西。12.4 小节将介绍如何通过一个转换器处理这个 CSV 内容。

12.2.2　禁用 Ajax 处理

也许有时候开发者完全不想使用 Ajax 调用，或者可能想阻止某些类型的调用。程序清单 12.2 展示了一个预过滤器如何通过取消选定的请求来满足这个需求。

程序清单 12.2　禁用 Ajax 处理

```
/* Disable Ajax processing. */          ❶ 需要禁止的数据类
$.ajax.disableDataTypes = [];              型列表

$.ajaxPrefilter('*', function(options, originalOptions, jqXHR) {     ❷
    if ($.inArray(options.dataType, $.ajax.disableDataTypes) > -1) {
        jqXHR.abort();
    }                                    为所有类型定义预
});                                      过滤器
```
❸ 禁用指定类型

首先定义一个需要被禁用的数据类型列表❶。然后用户可以按需添加类型。

```
$.ajax.disableDataTypes.push('html');
```

通过调用 $.ajaxPrefilter 创建一个预过滤器❷，同时提供需要应用的数据类型，以及在这些情况下使用的函数。数据类型通过一个或多个由空格分开的值指定，例如 html 或 jsonjsonp。也可以使用*（或者完全省略数据类型）指定所有数据类型。此外，还可以在数据类型上加一个前缀+来指定这个过滤器应该在其他过滤器之前被调用。

开发者的预过滤器函数接收几个参数：options 持有这个请求的所有 Ajax 设置，无论是默认值还是这个 Ajax 调用时提供的值，然而 originalOptions 值只包含用户指定的设置，jqXHR 是 jQuery 中 jqXHR 对象的一个引用。可以检查给定的选项（指定的或默认的），并且根据这个对象相应地修改这个请求。可以看到在本例中检查了请求的数据类型是否在禁用列表中，如果是，则会中止这个请求❸。

开发者可以在 jqXHR 对象上执行的其他操作包括：通过 setRequestHeader(name, value) 函数为这个请求添加头信息，或者通过 overrideMimeType(mimeType) 函数改变这个请求的 MIME 类型。

如果需要从这个数据类型禁用列表中移除一个值，开发者可以使用 jQuery 的 $.map 函数。例如移除 html 数据类型，可以这么写：

```
$.ajax.disableDataTypes = $.map($.ajax.disableDataTypes, function(v) {
    return (v == 'html' ? null : v);
});
```

可以扩展这个预处理器，包含特定类型的请求（GET 或 POST）或者其他 Ajax 设置。

12.3　添加一个 Ajax 传输器

Ajax 传输器提供下载请求内容的机制，它们默认使用标准的 XMLHttpRequest 对象。但是开发者可以添加自己的传输函数，从而为特定的数据类型实现替代方法。开发者同样也可以修改标准数据类型的数据获取过程，并且为它添加自己的功能。后面的例子中会对这两个扩展进行说明。

12.3.1　加载图像数据

假定开发者想要在页面上预先加载图片。可以创建 Image 元素并对它们进行设置，初始化下载请求，并在它们准备好时做出反应。或者可以使用 Ajax 框架从 jQuery 提供的所有功能中获益，例如认证和错误处理。

为了用 Ajax 调用来加载图像，可以定义一个知道如何处理这种格式的 image 传输器函数。因为它不是基于文本的，所以要使用 DOM Image 对象的下载功能来执行实际的传输。程序清单 12.3 展示了如何定义这个传输器来完成这一点。

程序清单 12.3　加载 Image 数据

```
/* Transport image data. */
$.ajaxTransport('image', function(options, originalOptions, jqXHR) {
    if (options.type === 'GET' && options.async) {
        var image;
        return {
            send: function(headers, complete) {
                image = new Image();
                function done(status) {
                    if (image) {
                        var statusText = (status == 200 ?
                            'success' : 'error');
                        var tmp = image;
                        image = image.onreadystatechange=
                            image.onerror = image.onload = null;
                        complete(status, statusText, {image: tmp});
                    }
                }
                image.onreadystatechange = image.onload = function() {
                    done(200);
                };
                image.onerror = function() {
                    done(404);
                };
                image.src = options.url;
            },

            abort: function() {
                if (image) {
                    image = image.onreadystatechange =
                        image.onerror = image.onload = null;
                }
            }
        };
    }
});
```

① 为图像定义传输器
② 只有当使用异步 GET 请求时
③ 返回传输器对象
④ 定义发送请求函数
⑤ 当请求完成时回调
⑥ 调用 complete 回调
⑦ 初始化图像回调
⑧ 加载图像
⑨ 处理中止的请求

　　首先通过调用$.ajaxTransport 为 image 数据类型定义传输器函数①。与预过滤器一样，数据类型可以是多个并通过空格分开，可以用*表示所有类型，也可以使用+前缀使这个类型位于列表首位。函数的 options 参数包含这个调用的所有 Ajax 选项，包括那些 jQuery 设置的默认值；originalOptions 参数只包含用户调用时显式指定的参数。jqXHR 持有一个对 jQuery jqXHR 对象的引用，这个引用通常被该请求所使用。因为在使用一个替代机制加载图像，最后的一个参数会被忽略。

　　这个新的传输器只适用于异步的 GET 请求(由于开发者所使用的实际机制的局限性)，所以需要检查这些条件②。如果确实使用这个传输器，则返回一个传输器对象，以允许 jQuery 在恰当的时间调用加载过程③。这个传输器对象包含两个函数：用来初始化一次下载的 send 以及用来清理错误中止的 abort。

　　send 函数④被用来替换这个数据类型的标准 Ajax 处理。它的参数是一个指向请求头(headers)的引用，以及一个在 Ajax 框架内部完成处理(complete)的回调函数。因为使用 Image 元素的已有功能来加载数据，所以首先从创建一个新的 Image 元素开始。

需要定义一个图像加载完成时执行的回调函数❺。在这个函数中，判断下载是否成功并相应地设置状态。然后通过清除它的回调并把它自己的变量设置为 null，清理内部创建的 Image。这样做可以让这些分配的内存被回收，避免内存泄露。这个图像仍然可以通过局部变量 tmp 访问，但是在回调函数 done 之外不再可用。

最后，调用 send 函数中作为参数传入的 complete 回调，把请求结果通知给 jQuery Ajax 框架❻。调用 complete 时传入的参数是数值和文本类型的状态，这是一个包含响应细节以及所有响应头的字符串（可选）的对象。这个对象必须包含一个以请求数据类型命名的属性（本例中为 image），它引用到实际的结果。这里提供一个已经被加载完成的 Image 元素的引用。

在定义处理加载结果的函数之后，为 Image 元素上的标准回调赋值，并且传入恰当的状态码❼。最后一步是通过把 Image 元素的 src 属性设置为 Ajax 调用中提供的 URL 来开始加载过程❽，这最终会触发开发者注册的某一个回调函数。

返回的传输器对象中的 abort 函数❾允许开发者在请求失败时做清理工作。在本例中，通过把所有东西设置为 null 来清除内部的 Image 元素。

为了调用这个替换的传输器，可以为这个新数据类型调用一个 Ajax，这样就会收到一个已下载的图像作为 success 回调的参数。

```
$.ajax({url: 'img/uluru.jpg', dataType: 'image', success: function(image) {
    $('#img1').replaceWith(image);
}});
```

这个传输器说明了如何使用替代的下载机制从服务器上获取数据。下一个例子展示如何通过覆盖标准的传输器模拟正常的 HTML 下载。

12.3.2   为测试模拟 HTML 数据

当测试一个用 Ajax 实现功能的插件时，开发者可能想要避免从一个真实的站点下载数据，这样就不必依赖于一个远程连接。可以使用 Ajax 传输器覆盖默认的获取方式，并使用已知内容替换。这样可以保证测试数据与测试之间的一致性，降低数据没有及时同步或丢失的可能性。

为了恰当地模拟远程访问，开发者应该提供从请求文件到测试内容的映射。此外，开发者可以指定内容返回延迟时间，从而模拟真实的网络延迟。开发者还可以控制页面返回状态来提高测试覆盖率。

程序清单 12.4 展示了如何定义一个 Ajax 传输器来覆盖 html 内容的 GET 请求。

程序清单 12.4　为测试模拟 HTML 数据

```
/* Simulate HTML loading. */                        ➊ 定义文件映射              覆盖 html 传 ➋
$.ajax.simulateHtml = {};                                                      输器

$.ajaxTransport('html', function(options, originalOptions, jqXHR) {
    if (options.type === 'GET') {
        var timer;                                       返回传输器对象 ➍
        return {
            send: function(headers, complete) {                    定义请求发送函
                var fileName = options.url.replace(                数 ➎
                    /.*\/([^\/]+)$/, '$1');
                var simulate = $.ajax.simulateHtml[fileName] ||
                    $.ajax.simulateHtml['default'];
                timer = setTimeout(function() {              引入延迟
                    complete(simulate.html ? 200 : 404,    ➐
                        simulate.html ? 'success' : 'error',
                        {html: simulate.html});
                }, Math.random() * simulate.variation + simulate.delay);
            },

            abort: function() {                        处理终止的请求
                clearTimeout(timer);                 ➒
            }
        };
    }
});
```

只处理 GET ➌ 请求

抽取文件名和设置 ➏

调用 complete 回调 ➑

首先声明一个对象（ $.ajax.simulateHtml ），保持特定页面和返回内容之间的映射➊。如果服务器或路径名不影响测试结果，这个对象属性的索引可以是请求的文件名。每个属性值都是一个对象，包含几个字段：html 表示实际返回内容，delay 表示内容返回前的最小延迟毫秒数，variation 表示在此之上的最大延迟毫秒数（每次调用随机）。如果内容被设置为空字符串，则产生一个 404（找不到页面）错误。最好包含一条 default 索引的映射，以允许处理任意文件名。例如，可以像这样映射 test.html：

```
$.ajax.simulateHtml['default'] = {delay: 500, variation: 1000, html: ''};
$.ajax.simulateHtml['test.html'] = {delay: 500, variation: 1000,
    html: '<p>Try this instead</p>'};
```

为了覆盖默认的 html 传输处理器，开发者要为这个数据类型定义一个新的传输器➋。相关传输器函数的参数与之前 image 示例中的一样：所有选项，仅指定的选项，以及一个 jqXHR 引用。开发者只在 GET 请求时使用这个替代传输器，所以在继续之前要检查这个条件➌。

这个传输器函数返回一个 jQuery 用来实现 Ajax 处理的传输器对象➍。它的 send 函数➎在相应数据类型的请求发生时被调用，这个函数的参数接收请求头和一个回调函数来完成框架内的 Ajax 处理。

在这个函数中，首先抽取被请求的文件名➏。可以使用一个正则表达式获取文件名——匹配最后一个斜杠（∨）前的所有内容（.*），接着捕获没有斜杠（([^∨]+)）的剩余部分，直到字符串结束（$）。然后用捕获到的剩余部分（通过$1 引用）替换整个匹配到

的字符串，就得到了想要的文件名。通过这个文件名从$.ajax.simulateHtml 对象中获取相应的响应细节，或者在没有这个文件的映射时使用 default 设置。

为了模拟网络延迟，可以使用标准 JavaScript 的 setTimeout 函数引入一个延迟❼，它由一个随机变化值加上指定的最小延迟组成。当这个时间过期时，调用在 send 函数中指定的 complete 回调来通知 jQuery Ajax 框架，表明请求的内容已经可以用了❽。与之前一样，complete 函数的参数是数值和文本版本的状态（如果没有返回内容，则分别为 404 和 error），一个包含以数据类型为索引的实际内容（本例中为 html）的对象，以及一个包含所有头信息的可选的字符串。

如果这个请求由于某种原因被终止了，传输器对象的 abort 函数可以让开发者清理环境❾。这里如果计时器还在运行，可以通过调用 clearTimeout 取消它。

为了在 QUnit 测试（参见第 7 章）中使用这个自定义的传输器，开发者需要提供如前面的 test.html 页面中展示的映射。如果为这个页面调用一个 Ajax，开发者可以基于自己的定义来测试期望的内容，图 12.2 展示了程序清单 12.5 的结果。记住，开发者必须创建异步测试，因为这个过程涉及使用 Ajax。

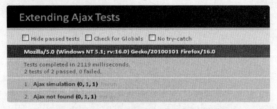

图 12.2　运行模拟的 Ajax 测试

程序清单 12.5　使用模拟 HTML 测试

```
asyncTest('Ajax simulation', function() {          ❶ 定义一个异步测试
    expect(1);
    $.ajax('test.html', {dataType: 'html', success: function(data) {
        equal($(data).text(), 'Try this instead', 'Ajax substitution');
        start();                                            断言正确内容  ❹
    }});                        继续测试过程
});                          ❺                                Ajax 加载测
                                                            试页面  ❸
                                        ❻ 定义页面找不到的
asyncTest('Ajax not found', function() {        测试
    expect(1);
    $.ajax('other.html', {dataType: 'html', success: function(data) {
        ok(false, 'Page found');
        start();
    }, error: function(jqXHR, textStatus, errorThrown) {
        ok(jqXHR.status == 404 && textStatus == 'error', 'Page missing');
        start();                继续测试                断言正确的
    }});                    ❾   过程                    错误  ❽
});
```

❷ 期望一个断言

❼ 如果找到页面则失败

通过 asyncTest 代替 test 定义一个异步测试❶，在这个测试中期望一个断言❷。使用 ajax 调用来加载 test.html 页面❸，这里应该被自定义的传输器替换。注意，需要在这个

Ajax 调用时指定 dataType，让框架使用这个新函数。在 success 回调中，确认返回内容与映射文件映射中的一致性❹。因为这是一个异步测试，所以必须调用 QUnit 的 start 函数来通知测试框架这个测试已经完成，并且结果可以被显示❺。

应该添加第二个测试来确保自定义传输器中的默认处理和错误处理能正常工作❻，一次只期望一个断言。这次请求一个没有指定映射的页面（other.html）来使用默认映射。因为默认映射的内容为空，这个传输器应该产生一个 404 错误。在 success 回调中，让这个测试失败，因为这个路径不应该发生❼。相反地，error 回调应该被调用，允许开发者使用断言来判断状态和状态文本与期望值相同❽。与之前一样，需要在 Ajax 调用结束后调用 start 来重新恢复 QUnit 处理❾。

12.4 添加一个 Ajax 转换器

Ajax 转换器让开发者把一个基于文本的文档转换为另一种更易直接使用的格式，作为一个 Ajax 调用的结果。jQuery 分别通过调用 parseXML 和 parseJSON 函数为 XML 和 JSON 格式做到这一点。开发者可以添加自己的转换器来预处理自己的自定义数据格式。

12.4.1 逗号分隔值（CSV）格式

CSV（逗号分隔值）是一种常见的文本格式，并且经常被用于传输表格信息。CSV 文件的每一行表示一条记录，记录中的每个字段值由逗号分开（由此得名）。CSV 文件的第一行通常包含字段名称，也是由逗号分隔，但不会被当作一条记录。

```
First Name,Last Name
Marcus,Cicero
Frank,Zappa
Groucho,Marx
Jane,Austen
```

当开发者想在一个字段值中包含一个逗号时，就会把情况变得复杂。因为它通常被解析为下一个字段的分隔符，开发者必须指定希望它被作为一个字面值。可以在整个字段值外加上引号（"）来达到这个目的，但是当开发者想在字段中包括一个引号时又会遇到麻烦。这种情况的解决方案是用两个引号字符来转义内嵌的引号。

```
First Name,Last Name,Quote
Marcus,Cicero,"""A room without books is like a body without a soul."""
Frank,Zappa,"""So many books, so little time."""
Groucho,Marx,"""Outside of a dog, a book is man's best friend. ..."""
Jane,Austen,"""The person, be it gentleman or lady, who has not ..."""
```

由于这些 CSV 文件中保留字符的额外需求，在 JavaScript 中直接处理它们并不容易。为了让事情变得简单，可以把 CSV 文本格式转换为一个相应的 JavaScript 对象，它包含一个字段名的列表（fieldsNames）和一个数据行的列表（rows）。每一行中包含一个与字段名位置对应的字段值列表。创建一个自定义转换器使得开发者可以把这个转换整合到标准的 Ajax 处理中去。

12.4.2　把文本转换为 CSV

当从服务器请求一个 CSV 文件时，默认情况下开发者会收到这个文件的文本版本。定义一个 Ajax 转换器，把这个文本转换为相应的 JavaScript 对象，如程序清单 12.6 所示。

程序清单 12.6　把 CSV 文本转换为对象

```
/* Convert CSV file into a JavaScript object.
   @param   csvText  (string) the CSV text
   @return  (object) the extracted CSV with attributes
                     fieldNames (string[]) and rows (string[][]) */
function textToCsv(csvText) {                            ❶ 定义转换函数
    var fieldNames = [];
    var fieldCount = 9999;
        var rows = [];
        var lines = csvText.match(/[^\r\n]+/g); // Separate lines
        for (var i = 0; i < lines.length; i++) {        ❸ 处理每一行
        if (lines[i]) {
            // Separate columns
            var columns = lines[i].match(/,|"([^"]|"")*"|[^,]*/g);
            var fields = [];
            var field = '';                             分离一行中的字段 ❹
            for (var j = 0; j < columns.length - 1; j++) {
                // Found a column delimiter
                if (columns[j] == ',') {
                    // Save field
                    if (fields.length < fieldCount) {
                        fields.push(field);
                    }
                    field = '';
                }
                else { // Remember field value
                    field = columns[j].
                        replace(/^"(.*)"$/, '$1').       ❻ 保存字段值
                        replace(/""/g, '"') || '';
                }
            }
            if (fields.length < fieldCount) { // Save final field
                fields.push(field);
            }
            if (fieldNames.length == 0) {                处理第一行时
                // First line is headers                 ❼ 设置字段名
                fieldNames = fields;
                fieldCount = fields.length;
            }
            else {
                // Fill in missing fields
                for (var j = fields.length; j < fieldCount;j++){
                    fields.push('');
                }
                rows.push(fields);
            }
        }
    }
    // Return extracted CSV data                         ❾ 返回 CSV
    return {fieldNames: fieldNames, rows: rows};            对象
}
```

❷ 分离 CSV 文本的行

❺ 处理每个字段

❽ 添加缺少的字段

　　首先定义一个独立的函数来处理转换❶。它接收一个完整的 CSV 文本（csvText）作为参数。在声明一些工作变量之后，把这个 CSV 文件分离为独立的行❷，并且依次处理每一行❸。这个文本分离由提供给 match 函数的正则表达式来完成。查找不是换行符或回车符（[^\r\n]+）的字符序列，并且在整个字符串中继续（g 标志）。这个调用的结果是文本中匹配到小节（行）的一个数组。

　　如果一行不为空，进一步把它分离为字段❹，同时考虑引号中的字段。和前面一样，这里使用一个正则表达式来分解一行，匹配下列条件中的一个（用|分隔）：

- 一个逗号（,）；
- 一个由两个引号括起来的字符序列（"([^"]|"")*"），其中可能包含转义（escaped）的引号（""）；
- 一个不包含逗号的字符序列（[^,]*）。

这些序列可以在字符串中被重复（g 标志）。由此产生的匹配数组包括字段值（可能带括号）以及逗号分隔符。

　　遍历每一个字段❺，如果当前匹配到的是一个逗号分隔符，且当字段数小于第一行的字段数（字段名）时，把前一个找到的字段值（field）加入字段列表（fields），并且重置这个字段值。如果当前匹配到的不是一个逗号，则把这个匹配项两边的引号去除，并把被转义的引号转换回单个字符，然后把它作为下一个字段值❻。在这里必须后处理字段，以满足没有中间值的逗号序列。在检查一行中所有的匹配项之后，记得保存最后一个找到的字段值。

　　如果这是 CSV 文件中的第一行（意味着没有已经保存的字段名），则把字段值转存到字段名列表（fieldNames）中❼。否则，根据字段名列表中的字段数目补齐缺失的字段值❽，然后把当前行添加到已处理列表（rows）中去。

　　处理过 CSV 文件中的所有行之后，在一个 JavaScript 对象中返回这个提取到的字段名列表和内容行❾。

注意： 如果想要一个更完整的文本到 CSV 的实现，参见 jQuery CSV 插件：https://code.google. com/p/ jquery- csv/.

　　开发者需要通过 $.ajaxSetup 函数来注册这个新的转换器，同时提供一个 converters 设置，其中包括一个以源数据类型和目标数据类型命名的属性，属性值是相关的转换函数：

```
$.ajaxSetup({converters: {
    'text csv': textToCsv
}});
```

　　为了使用这个转换器，在 ajax 调用时把期望的 dataType 设置为 csv。然后把转换后的对象提供给 success 回调，可以直接处理它，而不必处理 CSV 格式的文本。图 12.3 在一个表格中展示了程序清单 12.7 加载 CSV 数据的结果。

First Name	Last Name	Quote
Marcus	Cicero	"A room without books is like a body without a soul."
Frank	Zappa	"So many books, so little time."
Groucho	Marx	"Outside of a dog, a book is man's best friend. Inside of a dog it's too dark to read."
Jane	Austen	"The person, be it gentleman or lady, who has not pleasure in a good novel, must be intolerably stupid."

图 12.3   CSV 数据被加载到一个表格中

程序清单 12.7   获取一个 CSV 对象

```
$.ajax({url: 'quotes.csv', dataType: 'csv', success: function(csv) {     ❶  请求 CSV 文件并
    var table = '<table><thead><tr>';                                         转换
    for (var i = 0; i < csv.fieldNames.length; i++) {
        table += '<th>' + csv.fieldNames[i] + '</th>';
    }                                                               ❸  处理每一行
    table += '</tr></thead><tbody>';
    for (var i = 0; i < csv.rows.length; i++) {
        table += '<tr>';
        for (var j = 0; j < csv.fieldNames.length; j++) {          ❹  创建表格中
            table += '<td>' + csv.rows[i][j] + '</td>';                的行
        }
        table += '</tr>';
    }
    table += '</tbody></table>';                                   ❺  把表格添加到
    $('#tableResult').append(table);                                   页面上
}}});
```

❷ 创建表头

通过在一个 ajax 调用时指定 URL,并把 dataType 设置为 csv 来下载 CSV 文件❶。注意,如果开发者在页面上包括了 12.2.1 节中的预过滤器,就不必指定数据类型,它会被自动设置为 URL 的扩展名。

当 jQuery 下载好文件后,它会确定如何把默认格式(text)转换为请求格式,找到注册的转换器并应用它。结果是一个包含提取的 CSV 数据的 JavaScript 对象,这个对象被传入 success 回调以做进一步处理。

在这个回调中,建立这个表格并存储在一个字符串(table)中,首先为每一个字段名处理表头❷。接下来处理每一行❸,并把每一个格子添加到表格中来展示字段值❹。最终,把这个新的表格添加到页面上❺。

12.4.3   把 CSV 转换为表格

因为经常需要在一个表格中展示 CSV 内容,可以进一步处理转换过程,把程序清单 12.7 中提取的 CSV 对象转换为一个表格,以便直接在页面上使用,如程序清单 12.8 中的转换器所示。

程序清单 12.8　把一个 CSV 对象转换为一个表格

```
/* Convert JavaScript CSV object into a HTML table.
   @param  csv  (object) the CSV object
   @return  (jQuery) the data in a table */          ❶ 定义转换函数
function csvToTable(csv) {
    var table = '<table><thead><tr>';                    ❷ 产生 CSV 表格
    for (var i = 0; i < csv.fieldNames.length; i++) {
        table += '<th>' + csv.fieldNames[i] + '</th>';
    }
    table += '</tr></thead><tbody>';
    for (var i = 0; i < csv.rows.length; i++) {
        table += '<tr>';
        for (var j = 0; j < csv.fieldNames.length; j++) {
            table += '<td>' + csv.rows[i][j] + '</td>';
        }
        table += '</tr>';
    }
    table += '</tbody></table>';                  ❸ 返回创建的表格元素
    return $(table);
}
```

与之前一样，创建一个独立的函数，但是这个函数把 CSV 对象转换为 HTML 表格❶。这个函数体❷与前一个转换器（见程序清单 12.7）的 success 回调函数相同。通过遍历每个字段名产生表头，接着处理每一行产生详细单元格，最终生成一个表格并存储在字符串中。jQuery 把这个结果字符串当作 DOM 元素处理，并返回这个对象❸。

再次调用$.ajaxSetup，使这个转换器变得可用，同时需要在它的 converters 选项中提供新的转换信息。注意，这里的源数据类型是前一个转换器中创建的 CSV 对象：

```
$.ajaxSetup({converters: {
    'csv table': csvToTable
}});
```

现在代码中需要下载 CSV 文件，把它转换为一个表格，并将显示所需的代码大大缩短。调用 ajax 并传入需要下载的 CSV 文件 URL。开发者需要链式指定数据类型——首先把文本转换为 CSV 对象，然后把它转换为一个表格。注意，如果把 12.2.1 节中的预过滤器与这些转换器一起使用，则不必指定前面的 csv 数据类型，因为它会被自动设置。结果的 table 元素会被作为参数传入 success 回调，并可以被直接添加到页面上：

```
$.ajax({url: 'quotes.csv', dataType: 'csv table',
    success: function(table) {
        $('#tableResult').append(table);
    }
});
```

创建自己的转换器可以让开发者始终如一地把一个数据格式转换到另一个数据格式，首先从基本的 Ajax 处理中获取原始文本，经过一个或几个中间步骤，最终达到适用于手头任务的格式。

12.5　Ajax 插件

本章中介绍的 Ajax 插件可以在本书的网站上下载。这里面包括一个网页，该网页演示了与这个 Ajax 框架结合的各种扩展。

开发者需要知道

jQuery 通过它的 ajax 以及相关函数简化远程资源的访问。

当开发者对远程访问和数据格式有额外需求时，可以扩展 Ajax 处理。

开发者可以通过$.ajax-Prefilter 注册一个预处理器来增强或阻止一个远程请求。

使用$.ajaxTransport 注册一个新机制来获取远程内容。

在$.ajaxSetup 调用时通过 converters 选项提供额外的数据转换。

开发者可以链式指定数据类型，创建一个转换管道来获取适用于手头任务的数据类型。

自己试试看

创建一个新的转换器，类似于 CSV 到表格的例子，但是把一个 CSV 对象转换为一个列表。每一个列表项包含多行，表示每个字段名后面跟着这条记录中的字段值。注册这个新的转换器，并把它应用在前面提供的报价数据上。

12.6　总结

jQuery 把对 XMLHttpRequest 对象的使用隐藏在一个更易于使用的接口之下，这使 Ajax 的使用变得简单。ajax 函数给了开发者整个流程的控制权，而相关的便利功能使简单的交互更快捷。当执行一个请求时，这个 Ajax 框架首先检查是否需要应用预过滤器，它可能会修改甚至取消请求。接下来找到一个传输机制，它知道请求的数据格式以及恰当地下载内容。最后可能会调用一个转换器，把接收到的内容转换为一个更易用的格式。

开发者可以在 Ajax 处理的每一个点上进行扩展。如本章所示，可以添加一个预过滤器来自定义访问远程内容，或者完全禁用远程访问。开发者也可以在自己的传输器函数中为特殊内容提供一个代替的下载机制，例如下载图片，替代或增强现有的机制，就像为测试目的而模拟 HTML。通过把一个转换器集成到 Ajax 处理中，开发者可以获取对手头工作更有用的数据格式。联合这些扩展点，开发者可以让 jQuery 的 Ajax 处理以自己期望的方式工作。

下一章将会着眼于 jQuery 的事件处理，以及分析如何提供可供用户响应的自定义事件。

第 13 章 扩展事件

本章涵盖以下内容：
- jQuery 的特殊事件框架；
- 添加一个特殊的事件；
- 增强一个现有的事件。

jQuery 可以简单地把一个事件处理器与页面上发生的一个标准事件相连接，例如鼠标单击和键盘击键。除了工作在元素集合上的特定函数（例如 click 和 keyup）之外，开发者可以使用通用的 bind 或 on 函数把一个处理器附加在一个事件上。

jQuery 增强了基本的事件处理，支持在一个元素的同一个事件上附加多个事件处理器，它通过使用命名空间帮助区分这些事件处理器。另外，它也允许事件委托，开发者可以把一个事件处理器连接到一个容器元素上，但是在容器内的某个元素上操作它，这样就减少了需要注册的事件处理器数量。此外，事件代理允许开发者为那些在添加事件处理器时 DOM 中还不存在的元素添加处理器。

但是在页面上，有些事情的发生并不对应于一个标准的 JavaScript 事件，例如禁用和启用一个控件。不过，这些不规范的事件可以从相同的事件处理方法中受益。对于这些情况，jQuery 提供了一个*特殊事件框架*。特殊事件可能包括自定义初始化和终止代码，为元素附加或移除事件处理器。它们可以修改一个已经触发的事件，或者甚至产生其他事件。使用这个框架，开发者可以定义自己的事件，它们可以（但不是必须）被绑定在普通 JavaScript

事件上，同时还可以被集成到标准的处理中，使开发者能够访问 jQuery 提供的其他功能。

　　jQuery 使用这个特殊事件框架提供一致的跨浏览器事件，开发者可以为自己的事件使用相同的处理。读者将会看到如何创建一个鼠标右键的单击事件，首先这会作为一个独立事件，再被集成到普通的 click 处理中。此外，读者还会看到如何在一个单独的控件上禁用这些单击，以及如何把多次单击当作单个事件来处理。

13.1 特殊事件框架

　　jQuery 的特殊事件框架与原生的事件处理一起工作，允许开发者定义有特定行为的自定义事件，或者甚至自定义已有事件，为它们添加额外功能。

　　开发者需要提供一个特殊事件，这个事件通过提供自己的初始化和终止代码以及内部事件处理器来完全处理新事件。但是开发者也可以仅仅增强一个已有事件，并把这个事件监听代理到 jQuery。

　　jQuery 使用这个特殊事件框架提供一致的跨浏览器事件，例如 mouseenter 和 mouseleave，这两个事件只在鼠标悬停或离开某个选定元素时被触发。然而，原生的 mouseover 和 mouseout 事件在鼠标悬停或离开这个元素所包含的任何元素时都会被触发。

　　在这一节中，读者将会看到如何使用这个特殊事件框架为新事件创建处理器，然后在用户将这个事件绑定到某个元素时调用代码，并且当事件被触发时会再次调用。

13.1.1 绑定事件处理器

　　为了使用这个特殊事件框架，开发者需要注册一个事件处理器对象。它包含特定的函数和/或属性来覆盖默认的事件处理。jQuery 使用这个对象处理与相应事件之间的交互。

　　图 13.1 展示了用户为一个特殊事件附加或移除一个回调的时序图。

　　当用户使用 bind 或 on 函数在一个元素上绑定一个特殊事件时，jQuery 检查这个事件类型是否已存在一个特殊事件处理器。如果没有，jQuery 则使用标准的 JavaScript 事件处理。如果这个类型存在一个事件处理对象，则它的 setup 函数会被调用，但是这只会发生在这种事件第一次被附加到当前元素上时。处理器对象上的 add 函数总是被调用，允许自定义一个元素上某个事件类型的每个回调。

　　根据开发者的事件所允许的定制级别，这两个函数中的其中一个将会创建一个处理器。它会响应这个被监听的事件，并且在恰当的时机调用用户的回调函数。

　　同样，当用户使用 unbind 或 off 从一个元素上移除一个特殊事件时，jQuery 会再次检查特殊事件处理器，如果没找到，则回到标准处理。如果 jQuery 找到一个处理器对象，它的 remove 函数每次都会被调用，从而允许开发者清理该元素上这个事件类型的每一个回调。然后，当调用到此元素上这个事件类型的最后一个回调时，这个处理器对象的 teardown 函数被调用。在这个函数中，开发者会清理 setup 函数中所做的所有初始化工作。

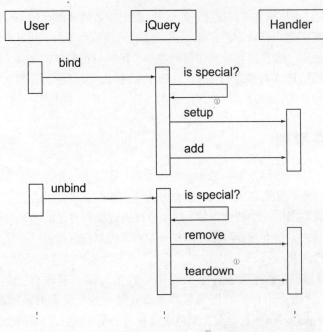

图 13.1   绑定和解绑特殊事件的时序图

13.1.2 触发事件

如前所述，在 setup 或 add 函数中建立自己的特殊事件与底层事件触发之间的连接后，开发者就可以坐等这一事件的发生了。

图 13.2 展示了底层事件发生后的系统控制流。

无论应用何种触发机制，它都会调用开发者的特殊事件对象中的内部事件处理器。首先应用一些逻辑判断是否应该传入这个事件，例如为一个多次单击事件检查鼠标单击是否达到最少次数，然后更新这个事件对象，并把它传入标准的 jQuery 分发流程。

jQuery 再次检查这个事件类型是否有一个已经注册的特殊事件处理器。如果有，它调用这个对象上的 preDispatch 函数做一些必要的额外处理，包括终止这个事件处理过程。接下来调用用户回调，并传入创建的或被特殊事件处理器修改的详细事件对象。最后，jQuery 会调用这个特殊事件处理器中的 postDispatch 函数做最终处理。

为了看到这一切是如何运作的，将会为一个鼠标右键单击事件创建一个特殊事件处理器。

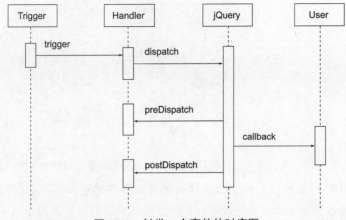

图 13.2　触发一个事件的时序图

13.2　添加一个特殊事件

假定开发者需要在用户单击鼠标右键时添加一些功能。理论上开发者需要为 click 事件添加一个处理器，并检查单击的是哪一个键（通过 event.which 属性）。但是浏览器会截获右击事件来显示它们自己的快捷菜单，并不会把控制权交给开发者的事件处理器。正如本节所介绍的，此时开发者可以通过为右键单击定义一个特殊的事件来解决这个问题，这样开发者就能像普通的左键单击那样为右键单击事件注册回调。

开发者需要通过扩展$.event.special 定义一个对象来添加自己的事件，这个对象知道如何监听和通知感兴趣的事件。这个事件处理器函数通常定义一个 setup 函数来让开发者初始化一个元素，以及一个 teardown 函数来回滚这些初始化工作。

当用户在开发者的新事件上绑定事件处理器时，jQuery 事件框架使用这个特殊事件的定义在恰当的时机调用需要的功能。开发者的事件可以利用事件处理的所有优点，例如使用命名空间、事件代理，以及事件传播。

13.2.1　添加一个右键单击事件

浏览器会为了自己的一些目的拦截鼠标右键单击（或者甚至是中键），那么开发者如何订阅右键单击事件来为自己的应用执行一些自定义功能呢？这种情况下触发的事件名称叫作 contextmenu。通过开发自己的特殊事件，开发者可以把这个名字变为一个更直观的名字 rightclick，并且围绕这个事件提供额外功能。

开发者将使用标准的 bind 或 on 函数把这个新事件直接附加到选定元素上，结果如图 13.3 所示。

```
$('#myDiv').on('rightclick', function(event) {
    alert('Notified of event ' + event.type);
});
```

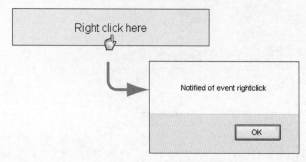

图 13.3   有自定义光标的可右击 div，以及用户单击后的弹出框

程序清单 13.1 展示了 rightclick 事件的特殊事件对象。与通常一样，开发者使用一个匿名函数包围这个新的事件代码，为自己的变量提供一个新的作用域，并且确保$与 jQuery 等同。

程序清单 13.1   添加一个右击事件

```
(function($) { // Hide scope, no $ conflict

/* Provide an event for a right mouse click. */          ❶ 定义特殊事件对象
$.event.special.rightclick = {

    /* The type of event being raised. */                ❷ 设置事件类型
    eventType: 'rightclick',

    /* Initialise the right-click event handler.
       @param  data  (object, optional) any data values passed to the bind
       @param  namespaces  (string[]) any namespaces passed to the bind */
    setup: function(data, namespaces) {
      $(this).addClass('right-clickable').
          bind('contextmenu', $.event.special.rightclick.handler);
    },
                                                          在元素上初始化第一个
                                                          事件 ❸
    /* Destroy the right-click event handler.
       @param  namespaces  (string[]) any namespaces passed to the unbind*/
    teardown: function(namespaces) {
      $(this).removeClass('right-clickable').
          unbind('contextmenu', $.event.special.rightclick.handler);
    },
清理一个
元素 ❹

    /* Implement the actual event handling.              内部事件 ❺
       @param  event  (Event) the event details          处理器
       @return  (boolean) false to suppress default behaviour */
    handler: function(event) {
      event.type = $.event.special.rightclick.eventType;
      return $.event.dispatch.apply(this, arguments);     调用用户
    }                                                      处理器 ❻
};

})(jQuery);
```

通过扩展$.event.special 并提供一个与事件同名的对象来注册开发者的新事件定义
❶。根据约定，事件名都是小写。另外，尽管不是必须，但是为了保证整个插件中使用
的一致性，在这个对象中添加一个属性来保存事件类型❷很有用处。

当在一个元素上添加某种事件类型的第一个事件时，setup 函数❸会被调用一次，
允许开发者执行一些支持这个新事件的一次性初始化工作。它接收两个参数：传入绑
定函数的任何数据值（data），以及在绑定中使用的任何命名空间（namespaces）。如
果这个事件没有提供的数据，第一个参数值为 undefined。如果这个事件没有命名空
间，第二个参数为只有一个空字符串作为元素的数组。在这个函数中，this 变量指向
目标元素。

对于 rightclick 事件，开发者可以为受影响的元素添加一个类，这样就可以一致地
改变这些元素的样式以标识它们可以被右击。例如，可以当鼠标悬停在这些元素上时改
变光标。必须注册一个内部处理器来响应标准的 contextmenu 事件，并把它转换为
rightclick。

相反地，teardown 函数❹允许开发者回滚 setup 中所做的一次性初始化工作，它会
在某种类型的最后一个事件从元素上移除时被调用。它也会接收事件的命名空间列表作
为参数。对于 rightclick 事件，移除标记类并解绑 contextmenu 事件。

被注册在 contextmenu 事件上的内部事件处理器❺允许开发者转换事件类型（作为
参数传入），然后通过$.event.dispatch 函数把它分发到附加的事件处理器上去❻。尽管
setup 和 teardown 函数在每个元素上只调用一次，但是开发者可以为这个事件类型注册
多个处理器，并且它们都通过这个函数调用。

作为一个额外的功能，可以添加在单个元素上禁用这个事件的能力。

13.2.2　禁用右击事件

有时候开发者想要在一些或所有受影响的元素上禁用右击功能，例如为了防止发生
双击。因为开发者现在可以完全控制这些事件的处理，所以可以很容易地添加这个功能，
如程序清单 13.2 所示。

首先定义一个变量来保存禁用元素的列表。记住，这个变量必须可以从插件外部访
问，所以它必须以某种形式扩展$，或者最好是扩展$.event 以表明它所关心的领域。这
个列表被初始化为一个空的 jQuery 集合，可以在必要时替换它，或通过使用 add 函数来
添加内容：

```
$.event.rightclickDisabled = $.event.rightclickDisabled.add('#elemID')
```

可以使用 filter 函数移除一个元素：

```
$.event.rightclickDisabled =
    $.event.rightclickDisabled.filter(':not(#elemID)')
```

程序清单 13.2　禁用右击事件

```
$.event.rightclickDisabled = $([]);

/* Provide an event for a right mouse click. */
$.event.special.rightclick = {

    ...

    /* Implement the actual event handling.
       @param  event  (Event) the event details
       @return  (boolean) false to suppress default behaviour */
    handler: function(event) {
        if ($.event.rightclickDisabled.length &&
                $(this).is($.event.rightclickDisabled)) {
            event.stopPropagation();
            event.preventDefault();
            return;
        }
        event.type = $.event.special.rightclick.eventType;
        return $.event.dispatch.apply(this, arguments);
    }
};
```

禁用元素
的列表 ❶

如果该元素
在列表中 ❷

防止进一
步处理 ❸

　　这个新功能被添加在 handler 函数的开始部分。通过 is 函数检查禁用列表中是否包含当前元素(被 this 引用)❶。如果包含，调用这个事件的 stopPropagation 和 preventDefault 函数来终止事件处理❷。

　　之前创建的这个事件只处理一个元素上的单个右击事件，但是当开发者想要监听两个或更多右击事件时呢？下一小节将介绍这样一个特殊的事件定义。

13.2.3　多个右击事件

　　处理多个右击事件比处理单个单击更加复杂，因为开发者必须跟踪发生的单击次数。此外，还要允许事件进行这样的配置——多少次的鼠标单击会触发最终的事件处理器，以及以多长时间间隔内的单击可以被认为是同一个事件。

　　可以使用这个事件监听一个元素上的多次右击。甚至可以跟踪多个单击序列，如图 13.4 所示。如果在给定时间内在单击区域上单击两次或三次鼠标右键，则会输出一条消息（ 参见程序清单 13.3 ）。

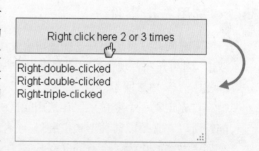

图 13.4　多次右击事件处理：单击
两次，然后快速连续地单击三次

　　尽管开发者可以通过增强之前开发的特殊事件来满足多次单击的需求，但是本书将把它作为另一个事件来开发，这样就可以对比它们。程序清单 13.4 展示了这个新的事件处理器。

程序清单 13.3　响应两次和三次右击事件

```
$('#multiRightClick').
    bind('rightmulticlick', function(event) {
        $('#multiOutcome').val($('#multiOutcome').val() +
            'Right-double-clicked\n');
        return false;
    }).
    bind('rightmulticlick', {clickCount: 3}, function(event) {
        $('#multiOutcome').val($('#multiOutcome').val() +
            'Right-triple-clicked\n');
        return false;
    });
```

程序清单 13.4　多次右击事件

```
/* Provide an event for a right mouse multi click. */
$.event.special.rightmulticlick = {                    ①  定义特殊事件
                                                          对象

    /* The type of event being raised. */
    eventType: 'rightmulticlick',                      ②  设置事件类型

    /* Initialise the right-multi-click event handler.
       @param  data  (object, optional) any data values passed to the bind
       @param  namespaces  (string[]) any namespaces passed to the bind */
    setup: function(data, namespaces) {                ③  某个元素上第一个事
        $(this).addClass('right-clickable');              件的初始化
    },
                                                       ④  每一个事件的
                                                          初始化
    /* Initialise the settings.
       @param  handleObj  (object) details about the binding */
    add: function(handleObj) {
⑤      var data = $.extend({clickCount: 2, clickNumber: 0,
特定事件     lastClick: 0, clickSpeed: 500,
的数据        handler: handleObj.handler}, handleObj.data || {});
        var id = $.event.special.rightmulticlick.eventType +
            handleObj.guid;
        $(this).data(id, data).
            bind('contextmenu.' + id, {id: id},        ⑥  绑定数据和内部
                $.event.special.rightmulticlick.handler);   事件处理器
    },

    /* Remove the settings.
       @param  handleObj  (object) details about the binding */
    remove: function(handleObj) {                      ⑦  每一个事件的
        var id = $.event.special.rightmulticlick.eventType +   清理
            handleObj.guid;
        $(this).removeData(id).unbind('contextmenu.' + id);  ⑧  解绑数据和内
    },                                                       部事件处理器

    /* Destroy the right-click event handler.
       @param  namespaces  (string[]) any namespaces passed to the unbind*/
```

```
teardown: function(namespaces) {
    $(this).removeClass('right-clickable');
},
...
```
❾ 一个元素的
清理
```
};
```

　　与之前一样，使用$.event.special❶注册这个新的特殊事件定义，并且提供一个持有事件
类型的属性❷。只需要在 setup 函数❸中添加类来通过样式区分这些元素。因为用户注册的
每一个事件处理器都可能有它自己的选项，所以开发者不能为所有事件使用同一个处理器。

　　相反，定义一个 add 函数❹，每当在某个元素上绑定一个这种类型的事件时都调用
它，允许开发者分别处理每一个事件。这个函数接收一个参数（handleObj），它封装了
当前事件处理器的所有信息。这个对象的属性包括为这个事件提供的任何数据
（handleObj.data）和命名空间（handleObj.namespace）、用户的回调函数（handleObj.handler），
以及一个唯一标识符（handleObj.guid）。与前面一样，this 变量指向当前事件的目标元素。

　　首先整理这个事件处理器的选项❺，从一组默认值开始，但它们可能被绑定调用中传
入的设置所覆盖。因为提供的数据值可能为 null，应该将其默认设为空对象（‖{}）。

　　为了随后获取这些选项，应当基于事件类型和参数对象中的唯一 ID 为它们创建一
个标识符。使用这个标识符把选项与当前元素相关联（this）❻，然后把一个包含命名
空间的事件处理器绑定到标准的 contextmenu 事件上，并把标识符作为附加数据传入这
个处理器。接下来将介绍这个处理器本身。

　　当一个事件处理器从一个元素上解绑时，remove 函数会被调用❼。它也会接收事件
信息对象作为它的参数（handleObj）。开发者需要再次根据事件类型和唯一 ID 计算这个
标识符，并且使用它删除保存的选项信息，以及用来解绑包含命名空间的事件处理器❽。

　　为了抵消 setup 函数中的动作，teardown 函数只需要移除添加的类❾。

　　与单个右击事件一样，使用一个内部处理器来处理 contextmenu 事件，并且把它们
转换为开发者的新事件。但是在本例中，还需要做额外的工作来跟踪发生了多少次单击，
如程序清单 13.5 所示。

程序清单 13.5　多个右击事件的处理器

```
$.event.special.rightmulticlick = {
    ...

    /* Implement the actual event handling.
       @param  event  (Event) the event details
       @return  (boolean) false to suppress default behaviour */
    handler: function(event) {
        if ($.event.rightclickDisabled.length &&
                $(this).is($.event.rightclickDisabled)) {
            event.preventDefault();
            return;
        }
        var data = $(this).data(event.data.id);
```
❶ 内部事件
处理器

若禁用
则忽略 ❷

❸ 获取事件选项

```
                    event.timeStamp = event.timeStamp || new Date().getTime();
                    if (event.timeStamp - data.lastClick <= data.clickSpeed) {
计算当前 ❹            data.clickNumber++;
时间戳              }                                              若事件未超时，计算单 ❺
                                                                  击次数


                    else {                                        否则，重置单击 ❻
                        data.clickNumber = 1;                      次数
                        data.lastClick = event.timeStamp;
                    }
                    var result = false;                           若达到所需次数 ❼
                    if (data.clickNumber == data.clickCount) {
                        event.type = $.event.special.rightmulticlick.eventType;
                        result = data.handler.apply(this, arguments);
调用用户 ❽          }
处理器              return result;
                }                                                 返回结果
        };                                                   ❾
```

需要定义一个内部 handler 函数❶，它用来响应标准的 contextmenu 事件。与单个右击处理器一样，首先要检查被禁用的元素并阻止进一步处理❷。如果元素没有被禁用，则使用绑定回调时作为事件数据传入的标识符（event.data.id），为当前元素（this）获取选项数据❸。

为了限制单个事件内的单击事件间隔，必须首先使用提供的值或当前日期和时间（从一个基点开始的毫秒数）来确定事件的时间戳❹。如果这个事件时间戳与最后一次单击（保存在 data.lastClick 属性中）的开始时间的差值小于或等于指定限制（data.click-Speed），就增加多次单击的计数❺。如果这个延迟超过了限制，必须重置单击计数，并为新的单击序列重置开始时间❻。

现在已经计算出了单击次数，把它与触发事件所需的次数（data.clickCount）相比❼。如果数字匹配，则把接收到的事件转换为新事件，并且直接调用这个事件的处理器（data.handler）❽。因为每一个注册的事件都可能有不同选项，它们需要被独立处理，所以不会使用单个右击事件中的$.event.dispatch 函数。每个处理器的调用结果都被保存并作为内部处理函数的最终值返回❾。

为了方便用户，开发者还可以提供与自己的特殊事件相关联的集合函数，这将在下小节中讨论。

13.2.4 事件的集合函数

有了前面定义的特殊事件，现在就可以用 bind 和 on 函数把这些事件的处理器附加到元素上（以及使用 unbind 和 off 移除它们）了。通过这些函数，可以得到其他事件特性所带来的好处，例如使用命名空间、事件代理，以及事件传播。但是开发者没有任何附加处理器或触发事件的简便函数，就像普通鼠标单击事件的 click 函数那样。

添加这样的函数允许用户以他们喜欢的方式与开发者的事件交互——使用 bind/ on/ trigger 或以这个事件命名的函数，就像内置事件那样。

```
$('#myDiv').rightclick(function() {
    ... // Handle a right-click
});
```

这些函数本身就是集合插件，可以像这样定义（见程序清单 13.6）：

程序清单 13.6   为事件添加集合函数

```
/* Add collection functions for these events. */
$.each([$.event.special.rightclick.eventType,        ❶ 处理事件类型
        $.event.special.rightmulticlick.eventType],
    function(i, eventType) {
        $.fn[eventType] = function(data, fn) {
创建集          if (fn == null) {
合函数 ❷            fn = data;                            ❸ 若没有数据
                    data = null;
                }
                return arguments.length > 0 ?
                    this.on(eventType, null, data, fn) :   ❹ 附加或触发
                    this.trigger(eventType);                  处理器
        };
    }
);
```

要为每一个事件类型注册一个函数，所以首先得处理一个内联数组中的每一个事件名 ❶。接着定义一个以事件类型命名的新集合插件（扩展$.fn）❷。它接收两个参数：一个是传入这个事件的所有数据（data，可选），另一个是当这个事件发生时需要调用的函数（fn）。

在这个集合插件中，处理一个可选的 data 参数（意味着没有第二个参数时）❸，把它的值转到函数参数上，然后清除 data。如果传入这个集合函数的参数个数大于零❹，则需要把这个给定的函数绑定在当前元素的当前事件类型上。否则，要触发这个事件类型所有的处理器，就像在已有的类似函数中做的那样。

13.3   增强一个已有事件

除了定义自己的自定义事件之外，开发者可以用同样的方式通过定义一个同名的特殊事件来替换或增强已有事件。例如，可以修改 click 事件，让所有可单击的元素把它自己的光标变为一个指针，就像 David Walsh 建议并在 Brandon Aaron 中实现的那样[①]。或者可以拦截每个事件，并在继续处理它之前把它的详细信息记录下来。

[①] 在 http://www.slideshare.net/brandon.aaron/special-events-beyond-custom-events 的第 15 张幻灯片中（最初发布在 Brandon Aaron 的博客，http://brandon.aaron.sh/blog/2009/06/17/automating-with-special- events）。

注意：当用一个自定义的特殊事件替换现有事件时要特别小心，因为开发者的新处理器将会被用在这种类型的所有事件上，开发者有可能遇到意外的副作用。

开发者也可以增强 click 事件来处理右击，这将在下一小节中介绍。在这个例子中，会像之前一样监听 contextmenu 事件，但是这次把它转换为一个正常的单击事件，并用 event.which 属性识别使用了哪个按键。

13.3.1 在 click 事件上添加右击处理

与创建一个单独的 rightclick 事件相比，使用现有的 click 事件处理右击更为简便。click 事件本该做到这一点——基于使用的按键设置事件对象的 which 属性。但是浏览器在这些事件得到处理之前就劫持了它们。

可以重写 rightclick 事件来作为标准 click 处理器的一个增强。当使用这个特殊事件插件替换之前的事件，用来响应右击后，可以像往常一样附加一个 click 事件，但是需要检查 event.which 属性来判断是哪个按键被按下。

```
$('#myDiv').click(function(event) {
    alert('Clicked ' + (event.which == 3 ? 'right' : 'left') +
        ' mouse button');
});
```

程序清单 13.7 为这个增强后的 click 事件的代码。

程序清单 13.7　为 click 添加右击功能

```
/* Add support for right mouse click. */
$.event.special.click = {                                    ❶ 覆盖 click
                                                                处理器

    /* Add a right-click event handler.
       @param  data  (object, optional) any data values passed to the bind
       @param  namespaces  (string[]) any namespaces passed to the bind */
    setup: function(data, namespaces) {
        $(this).addClass('right-clickable').
            bind('contextmenu', $.event.special.click.handler);
        return false;                    附加默认事               绑定内部事件
    },                                   ❹ 件处理器               处理器  ❸

    /* Destroy the right-click event handler.
       @param  namespaces  (string[]) any namespaces passed to the unbind*/

    teardown: function(namespaces) {                            清理一
        $(this).removeClass('right-clickable').                 ❺ 个元素
            unbind('contextmenu', $.event.special.click.handler);
        return false;                                           拆卸默认
    },                                                          ❼ 事件处
                                                                理器
    /* Implement the actual event handling.
       @param  event  (Event) the event details
       @return  (boolean) false to suppress default behaviour */
```

❷ 元素上第一个事件的初始化

❻ 解绑内部事件处理器

```
        handler: function(event) {                         ◁──  内部事件
            event.type = 'click';                          ❽  处理器
            event.which = 3;
            return $.event.dispatch.apply(this, arguments); ◁──  改变设置
        }                                                  ❾  并通知
    };
```

　　这次通过声明一个特殊事件版本的 click 来覆盖标准 click 事件的处理❶。新处理器的 setup 函数❷把元素标记为 right-clickable，并为通知右击的 contextmenu 事件绑定一个内部事件处理器❸。开发者*必须*从 setup 函数中返回 false❹来通知 jQuery 事件框架自己想要它继续正常处理这个事件——附加标准的 click 事件处理器。开发者依赖于这个标准的过程来处理正常单击事件，但是通过同时监听右击来增强它。

　　与之前相同，teardown 函数❺需要撤销 setup 函数中所做的一切——移除标记类并解绑 contextmenu 事件❻。开发者*必须*再次从这个函数中返回 false❼，让 jQuery 也清理标准的 click 事件处理器。

　　当 contextmenu 事件发生时，开发者的内部事件处理器❽会被调用。开发者需要把这个事件转换为替换的 click 事件，但是还得设置 event.which 属性来标识使用了右键（文档中右键的值为 3——http://api.jquery.com/event.which/）。然后通过调用内置的 $.event.dispatch 函数继续标准的事件处理（使用这个修改过的 event 对象）❾。

13.4　事件的其他功能

　　这个特殊事件框架也提供一些额外的功能，允许开发者用来进一步自定义自己的事件处理。开发者可以为一个事件定义默认动作，禁止事件冒泡，在事件被派发到标准处理之前或之后加入回调。接下来的几小节将详细介绍。

13.4.1　事件的默认动作

　　当一个事件在 DOM 层次中完成冒泡，并且在这个路径上的所有事件处理器都被调用之后，事件的默认动作会被执行，就像一个锚点标签加载它的 href 属性中指定位置的内容一样。这个链条上的任何处理器都可以通过调用 event 对象上的 preventDefault 方法来阻止默认动作。

　　通过在事件处理器对象上添加一个 _default 函数来为开发者的特殊事件处理器指定默认动作，例如对于一个假想的 destroy 事件，如程序清单 13.8 所示。

程序清单 13.8　添加一个默认动作

```
$.event.special.destroy = {
    ...

    _default: function(event) {                ◁──  ❶ 默认动作处理器
        $(event.target).remove();
    }
};
```

在默认函数中 ❶，this 变量指向当前文档，因为这个事件已经冒泡到 DOM 层级的顶部。这个 event 参数包含所有开发者需要的信息。它的 target 属性指向这个事件最初发生的元素，而 handleObj 属性提供与传入 setup 和 teardown 函数相同的值。

13.4.2　派发前和派发后回调

开发者可以通过为事件处理对象添加一个 preDispatch 函数，在自己的特殊事件被传递到任何事件处理器之前插入额外的处理。这个函数在标准的事件派发处理中被调用，它允许开发者通过返回 false 终止这个事件处理。

注意：preDispatch 函数在 jQuery 1.7.2 中已加入。

例如，可以在 preDispatch 函数中实现禁用 rightclick 事件的功能，而不是在前面的内部处理器中。在这个函数中，this 变量指向当前元素，然而 event 参数持有事件自身的详细信息。程序清单 13.9 是一个可能的实现。

程序清单 13.9　添加 preDispatch 功能

```
$.event.special.rightclick = {
    ...

    handler: function(event) {                                    ❶ 处理器只翻译
        event.type = $.event.special.rightclick.eventType;           事件
        return $.event.dispatch.apply(this, arguments);
    },
                                                                  ❷ 添加 preDispatch
    preDispatch: function(event) {                                   处理
        return !($.event.rightclickDisabled.length &&
            $(this).is($.event.rightclickDisabled));              ❸ 返回 false 以
    }                                                                禁用
};
```

可以移除 handler 函数中的禁用代码 ❶，并定义一个 preDispatch 函数作为替代 ❷。在这个函数内部，如果当前元素在禁用列表中，则返回 false ❸。

以类似的方式，可以通过在事件处理器对象中添加一个 postDispatch 函数在标准事件的结尾添加额外代码。当事件被传递到事件处理器之后，这个函数被调用，并且不能改变正常流程。

注意：postDispatch 函数在 jQuery 1.7.2 中已加入。

例如，可以在这个点上添加事件日志，如程序清单 13.10 所示。与 preDispatch 回调一样，this 变量指向当前元素，event 参数持有当前事件的其他详细信息。

程序清单 13.10   添加 postDispatch 功能

```
$.event.special.rightclick = {
    ...
                                              ❶ 添加 postDispatch
                                                 处理
    postDispatch: function(event) {       ←─┘
        console.log(event.type + ' on ' + event.target.nodeName);
    }
};
```

需要定义一个 postDispatch 函数❶来添加普通事件处理之后的处理。在本例中，可以记录事件类型，以及触发的元素名称。

13.4.3   阻止事件冒泡

特殊事件也支持通过在事件处理器对象上把 noBubble 属性设置为 true 来阻止事件冒泡。jQuery 内部使用它来阻止 load 事件的冒泡回 window 对象。

```
$.event.special.load = {
    // Prevent triggered image.load events from bubbling to window.load
    noBubble: true
};
```

注意：这个 noBubble 属性在 jQuery 1.7.1 中已加入。

13.4.4   自动绑定和代理

事件处理器对象中的 bindType 和 delegateType 属性允许开发者指定当绑定或代理一个特殊事件时使用的事件类型。jQuery 将自动响应这些事件，并且调用用户提供的事件处理器。例如，jQuery 使用这个机制把特殊事件 mouseenter 和 mouseleave 直接映射到 mouseover 和 mouseout 上。

为了进一步自动化这个过程，事件框架使用这个事件处理器对象中的 handle 函数响应映射的事件。如果开发者希望以某种方式改变这个过程，例如修改事件类型，就需要提供这样一个函数，否则就会直接调用用户回调。

注意：bindType 和 delegateType 属性在 jQuery 1.7.1 中已加入。

但是当开发者使用这个技术时，setup 和 add 函数不再被调用，因为基于这样的假设——直接映射到原生事件不需要调用这些函数。因此，不再需要 teardown 和 remove 函数（尽管有时为了某些原因仍然需要调用）。

例如，前面介绍的 rightclick 事件可以使用自动绑定和代理重写，代码如程序清单 13.11 所示。

程序清单 13.11　使用自动代理和绑定

```
$.event.special.rightclick = {                          ❶ 定义右击事件

    bindType: 'contextmenu',                            ❷ 映射到原生事件
    delegateType: 'contextmenu',
    eventType: 'rightclick',
                                                        ❸ 原生事件的自动
    handle: function(event) {                              处理器
        event.type = $.event.special.rightclick.eventType;
        return event.handleObj.handler.apply(this, arguments);
    }                                                   调用用户
};                                                      ❹ 处理器
```

开发者需要像之前一样定义 rightclick 特殊事件❶，但是提供不同的实现。使用这个 bindType 和 delegateType 属性❷把这个事件映射到已有的原生事件 contextmenu 上。handle 函数❸被附加到这个原生事件上，并且允许开发者在通过 event.handleObj 对象调用用户的处理器之前修改事件类型❹。

注意：这个实现并没有把 right-clickable 类添加到受影响的元素上。可以把之前 rightclick 实现中的 handler 函数中的禁用功能添加到这个 handle 函数中。

这些特殊事件的完整代码可以从本书的网站上下载。

开发者需要知道

创建一个新事件来提供跨浏览器的事件处理。

jQuery 提供一个特殊事件框架，允许以一种标准的方式处理事件。

扩展$.event.special 来添加一个新的事件处理器或替换现有的。

开发者的事件处理器可以监听其他事件，并且修改它们或触发自定义事件。

在开发者的处理器中，setup 和 teardown 为每个元素调用一次，然而 add 和 remove 会在绑定和解绑每个事件处理器时调用。

从 setup 和 teardown 中返回 false 允许 jQuery 继续正常的事件处理。

自己试试看

为一个表单创建一个 reset 事件，要求用户确认后再做进一步处理。此表单中有一个内置的 reset 事件，所以开发者也要让 jQuery 处理它。通过调用 event.preventDefault 函数，实现取消 reset 请求。

13.5　总结

jQuery 通过提供多种方式把一个事件处理器添加到一个给定元素上的特定事件上，使得原生 JavaScript 的处理更加容易。它还支持事件代理，允许开发者为多个从属元素

创建一个处理器，或者处理在 DOM 上还不存在的元素事件。

为了使新事件能以 jQuery 同样的处理方式操作，它提供了特殊事件框架。开发者使用这个框架注册一个新事件，并定义一个对象。它知道如何为这些事件初始化自己，如何清理，以及如何把这些事件发送到附加的事件处理程序。

读者已经看到如何使用这个特殊事件框架把原生的 contextmenu 事件转换为更有意义的 rightclick 事件。然后增强它的功能，产生可以在一个元素上跟踪多次右击的 rightmulticlick 事件处理器。最后替换标准的 click 事件来支持右击事件通知。

在最后一章中，读者将会看到 Validation 插件，以及如何使用自定义验证规则来扩展它。

第 14 章　创建验证规则

本章涵盖以下内容：

■　jQuery Validation 插件；

■　添加验证规则。

尽管 JörnZaefferer 的 Validation 插件并不是 jQuery 本身的一部分，但它被广泛使用并提供了自己的扩展点（http://jqueryvalidation.org）。这个插件帮助开发者在提交一个表单时确保只有合法的数据被发送到服务器，从而避免了一些不必要的请求——用户自己就可以纠正的错误，例如没有输入必填字段或者不正确的邮件地址。

这个插件提供的内置规则包括用在必填字段上的 required、数值输入的 digits 或 number、最小值 min 和最大值 max、邮件地址 email 和 URL 格式 url，以及用作比较字段的 equalTo。开发者可以在一个字段上组合这些规则来产生更复杂的验证，例如一个必填的有最大值限制的数值字段。

这个插件在恰当的时机应用这些规则，例如当字段输入时或提交表单时。如果字段不合法，则显示恰当的错误信息，目的是提供较好的用户体验：在一些用户动作后显示错误信息，并且尽快移除它们。尽管默认行为在大部分时候是比较恰当的，但用户可以在必要时控制错误消息的显示位置和外观。

当内置的规则不能满足自己的要求时，开发者可以随时定义自己的规则，并把它们整合到插件的正常处理中。很简单，一个新的规则只需提供一个函数，返回 true 表示一个字段验证通过，返回 false 则表示没有验证通过。

在本章中，读者将会看到如何定义自定义验证规则，用来检查输入的文本是否与期望的模式匹配，以及如何把规则应用在多个字段上，如何把它们应用在开发者的应用程序中。

14.1　Validation 插件

Validation 插件被应用在一个表单上，它确保在表单可以被提交到服务器时所有字段都是合法的（见图 14.1）。通过在客户端上执行这样的验证，可以避免一些只在返回页面上显示错误的网络调用。注意，永远都不要让开发者的网站只依赖于客户端验证。开发者应该在服务器端进一步处理这些收到的值之前，再次对它们进行同样的验证。

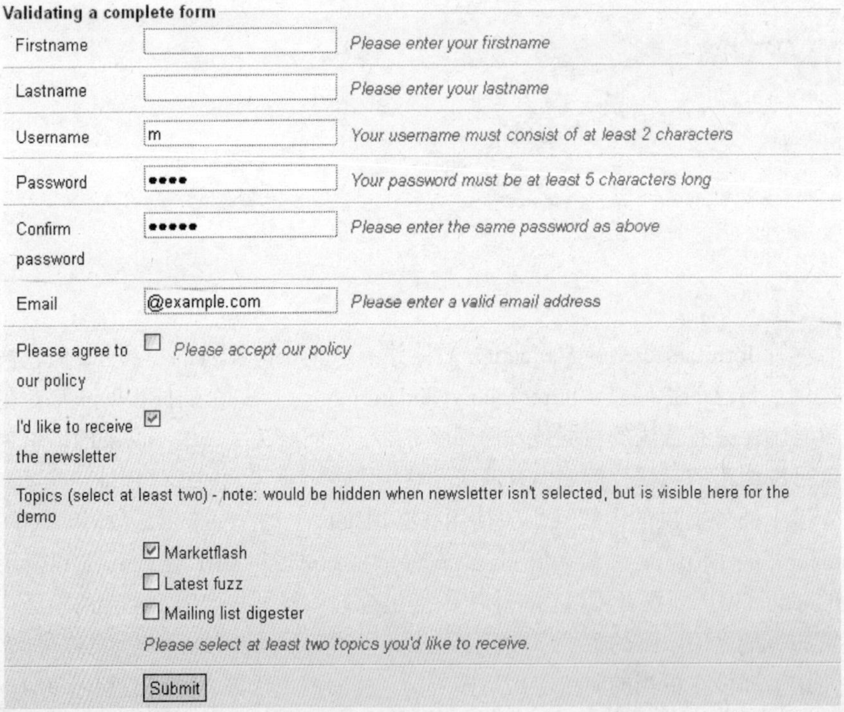

图 14.1　实际使用中的 Validation 插件，显示了多个验证问题的错误信息以及相关字段

本节介绍如何在页面上使用这个 Validation 插件把特定的规则应用在特定字段上，包括通过在每个 HTML 元素上附加元数据或通过在插件初始化调用时传入选项。

14.1.1 指定验证规则

这个插件允许开发者通过多种途径把验证规则指派到字段上，以允许其页面设计和框架使用的灵活性。两个主要的指派方法是通过附加在字段上的类和属性（元数据），以及通过插件初始化时的 rules 选项。

元素元数据

使用第一种方法时，对于那些不需要任何参数的规则，开发者可以把规则对应的类添加在适用的输入字段上。如果开发者需要为一个规则提供一个参数，这个规则被指定为以它命名的一个属性，它的值就是这个参数值。然后当开发者为表单初始化这个插件时，这些类和属性会触发相应的规则。

例如，程序清单 14.1 展示了如何使用内联属性把验证规则应用到一个表单。

程序清单 14.1 应用内联验证规则

```
<script type="text/javascript">
$(function() {
    $('#myform').validate();      ❶ 验证整个表单
});
</script>
...
<form id="myform" method="get">
    <input type="text" name="firstName" class="required">     ❷ 名为必填项
    <input type="text" name="age" class="digits" min="18">    ❸ 年龄必须为数字
    <input type="submit" value="Submit">                          并大于 18
</form>
```

首先把这个 Validation 插件应用在表单本身❶，这会扫描它的字段上的内联属性以调用特定的验证规则。通过指定一个 required 类，firstName 字段成为必填项❷。尽管 age 字段是可选的，但是因为 digits 类，它的输入必须由数字组成（一个整型值）❸。此外，min 属性表示还要应用最小值验证规则，并且使用 18 作为参数值来设置下限。

规则选项

在插件初始化时，可以提供一个 rules 选项来指定验证规则。这个选项值是一个对象，它的属性包括每一个字段和相应的验证规则。

程序清单 14.2 实现了与之前一样的功能，但是使用初始化调用时指定的验证规则。

程序清单 14.2 在初始化调用时应用验证规则

```
<script type="text/javascript">
$(function() {
    $('#myform').validate({      ❶ 验证整个表单
```

```
            rules: {
                firstName: 'required',
                age: {
                    digits: true,
                    min: 18
                }
            }
        });
    });
</script>
...
<form id="myform" method="get">
    <input type="text" name="firstName">
    <input type="text" name="age">
    <input type="submit" value="Submit">
</form>
```

名为必填项 ❷

年龄必须为一个
❸ 数字并大于 18

❹ 字段上没有
额外属性

再次为整个表单调用 Validation 插件 ❶。但是这次使用 rules 选项连接验证规则和相应字段。rules 的属性被定义为受影响的字段名（注意，使用的是 name 属性，不是 id）。当规则没有参数时，属性值就是验证规则名，例如 required。当应用多个验证或一个验证需要参数（例如最小值）时，这个属性值就是另一个属性名为验证规则，属性值为参数的对象。如果第二种情况中不需要参数，使用 true 值。与之前一样，firstName 是必填项 ❷，age 字段只能输入数字组成的小于 18 的值 ❸。使用这个方法，实际的表单字段上不再有额外的类或属性，这样有助于分离表单内容和它的功能需求。

注意：如果开发者的字段名中包含非字母数字的字符，在 rules 选项中把它们作为属性名使用
    时，就应该用引号把它们括起来。例如：rules: {'first-name': 'required'}。

14.2   添加一个验证规则

尽管插件中内置了许多验证规则，但是有时开发者需要一些更具体的，例如用来检查美国社会保障号码（SSN）格式的规则。通过调用验证器的 addMethod 函数，开发者可以定义自己的规则，并与内置的一起使用。开发者的规则被添加在可用验证规则列表中，用其提供的名字来识别。开发者也使用同样的名字把规则应用在页面上的特定字段上。

一个很常见的需求是把输入数据与一个字符模式匹配，例如电话号码。实际上，Validation 插件包括一个 additionalmethods.js 文件提供了这种规则，包括使用用户指定模式的 pattern，以及实现一个特定模式的 phoneUS。

接下来将重新实现模式匹配验证，以学习它的做法。然后创建一个验证规则生成器来生成这种规则，使得将来的定义更加容易。

14.2.1 添加一个模式匹配规则

在 JavaScript 中检查一个值是否匹配一个模式时，需要使用语言中内置的正则表达式对象（参加附录 A 中关于 JavaScript 正则表达式的入门介绍）。正则表达式被定义为一个字符串，它必须被逐字匹配或使用有意义的表达式，例如表示代替值，表示重复字符，或表达字符类型。

为了保证模式匹配规则可以被用在所有情况中，开发者应该允许在规则初始化时把这个模式作为参数传入。可以像下面这样指定一个字段要求输入美国 SSN。

```
$('#myform').validate({rules: {
    ssn: {matches: /^\d{3}-\d{2}-\d{4}$/}
}});
```

这个模式表示字段值必须以三个数字（\d{3}）开始（^），后面跟着一个连接符（-）、两个数字（\d{2}）、另一个连接符（-），最后以四个数字（\d{4}）结尾（$）。为了更加灵活，可以使用一个字符串代替这里的 RegExp 对象来提供这个模式。注意，当使用一个字符串作为模式时，必须对反斜杠（\）和引号（'）字符进行转义，本例中应该为'^\\d{3}-\\d{2}-\\d{4}$'。

程序清单 14.3 展示了如何定义模式匹配验证规则。与之前的插件一样，开发者应该把自己的代码包在一个匿名函数中，以提供一个新作用域来隐藏内部变量以及确保$与jQuery 的等同性。

程序清单 14.3 添加一个模式匹配规则

```
/* Custom validator to match a regular expression.
   @param  value    (string) the current field value
   @param  element  (jQuery) the current field
   @param  param    (string or RegExp) the pattern to match     ❶ 定义新的
   @return (boolean) true if valid, false if not */                验证规则
$.validator.addMethod('matches', function(value, element, param) {
         var re = param instanceof RegExp ? param : new RegExp(param);
         return this.optional(element) || re.test(value);        ❸ 验证值
    },
    $.validator.format('Please match this format "{0}".'));       ❹ 格式化错
                                                                     误消息
```

❷ 创建正则表达式

开发者必须调用$.validator.addMethod 函数来定义自己的新规则❶。这个函数的参数包括新规则的名字（这样它就能被应用在一个字段上），用来检查一个元素值是否正确的验证函数，以及一个当字段不合法时显示的错误消息。

这个验证函数也接受三个参数，包括验证元素的当前值（value）、DOM 元素的引用（element），以及验证初始化时提供的任何参数（param）。

首先需要创建一个用作检查的正则表达式❷。如果参数中提供了一个正则表达式对象，则直接使用它。否则，需要使用这个给定的模式创建一个新的 RegExp 对象。

如果这个字段和它的值是正确的，这个验证函数返回 true，否则返回 false❸。应该通过调用标准的 optional 函数并传入元素引用来允许一个空字段。否则，在当前值上应用这个正则表达式，使用它的 test 函数检查是否匹配。

如果一个值不匹配，则把调用 addMethod 函数时提供的错误消息显示给用户❹。可以提供一个静态的消息字符串，但是如果想要包括参数中的动态值，就需要使用 $.validator.format 函数。它接收一个字符串消息作为它的参数，并返回一个可以用来生成最终消息的函数。开发者通过序列 {n} 指定自己希望把参数放在哪里。*n* 是一个序列号，它与参数数组中的索引相对应，单个参数时使用 0。

通过提供一个模式作为参数值，可以使用这个验证规则。另外，也可以把这个规则与其他规则组合为更复杂的验证。图 14.2 展示了程序清单 14.4 的结果，它使用模式匹配验证规则来确保正确输入美国 SSN。

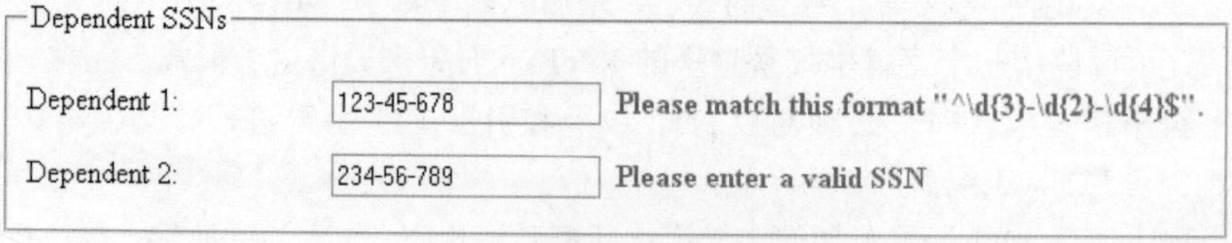

Dependent SSNs

Dependent 1: `123-45-678`   Please match this format "^\d{3}-\d{2}-\d{4}$".

Dependent 2: `234-56-789`   Please enter a valid SSN

图 14.2 使用模式匹配验证规则

程序清单 14.4 使用模式匹配验证规则

```
$('#myform').validate({
    rules: {
        ssn1: {
            required: true,
            matches: '^\\d{3}-\\d{2}-\\d{4}$'        ❶ 匹配一个字符
                                                        串模式
        },
        ssn2: {
            matches: /^\d{3}-\d{2}-\d{4}$/            ❷ 匹配一个正则
                                                        表达式
        }
    },
    messages: {
        ssn2: {
            matches: 'Please enter a valid SSN'      ❸ 自定义错
                                                        误消息
        }
    }
});
```

在定义的验证规则中，通过提供一个字符串版本的 SSN 模式把 matches 规则应用到第一个 SSN 字段上❶。同时，通过使用 required 规则把这个字段定义为必填。对于第二个字段，使用一个正则表达式对象代替字符串❷，并且这个字段不是必填的。也可以覆盖特定字段和规则的错误消息，为用户提供更有意义的反馈❸。在 messages 选项中，使用名字识别字段和 rules 选项，然后通过规则名为一个特定规则提供新的消息。

如果想使用内联的方式指派验证规则，开发者可以像下面这样标记自己的字段来创建一个强制输入 SSN 格式的元素。

```
<input type="text" id="ssn1" name="ssn1"
    class="required" matches="^\d{3}-\d{2}-\d{4}$">
```

读者已经看到如何把 matches 规则应用到一个字段上来验证它，并通过提供任意的正则表达式来满足开发者期望的字段格式。但是这些表达式比较难以理解和维护，所以下一小节着眼于如何保留模式匹配规则功能，同时也能清晰地表达它的目的。

14.2.2　生成模式匹配规则

程序清单 14.5 再次展示了上一小节中的模式匹配规则验证函数，它从验证框架中接收匹配表达式作为参数（param）。但是开发者可以在创建新的验证规则时提供一个模式，并产生一个容易使用和理解的目标规则，如图 14.3 所示。

```
┌─Dependent SSNs──────────────────────────────────────────┐
│                                                          │
│ Dependent 3:        │ 123-45-      │  Please enter a SSN - nnn-nn-nnnn. │
│                                                          │
└──────────────────────────────────────────────────────────┘
```

图 14.3　通过模式匹配规则生成器为 SSN 验证所产生的错误信息

程序清单 14.5　前一个模式匹配规则

```
function(value, element, param) {
    var re = param instanceof RegExp ? param : new RegExp(param);
    return this.optional(element) || re.test(value);
},
```

程序清单 14.6 展示了如何写一个用来定义规则的函数，它用来生成一个类似的模式匹配验证函数。

程序清单 14.6　生成一个模式匹配规则

```
    /* Create a validation rule for a given regular expression.
       @param pattern  (string or RegExp) the pattern to match
       @return  (function) the validation function */           ❶ 定义生成器函数
    function createRegExpRule(pattern) {
      var re = pattern instanceof RegExp ? pattern : new RegExp(pattern);
创建正则        return function(value, element, param) {
  表达式❷          return this.optional(element) || re.test(value);    返回验证
      };                                                            规则函数❸
    }                                           验证这个值❹
```

首先定义这个 createRegExpRule 函数，产生开发者的验证规则函数❶。它接收一个要匹配的模式（pattern）作为参数，并且返回一个可以被验证框架用来检查值的函数。

与之前一样，根据传入的模式创建一个在实际验证中使用正则表达式对象❷。如果提供了一个对象，则使用它，否则创建一个新的对象。这些需要在返回验证函数之前完成，以避免每次应用它时都重新计算。

然后返回这个实际的验证函数❸。尽管这个函数接收三个参数，但是最后一个（param）已经不再使用了。这个函数重复了上一小节中通用验证函数的最后一行，在使用计算出的表达式匹配当前值之前，首先检查这个字段是否为可选❹。如果这个值被接受，返回 true，否则返回 false。

使用这个生成器函数，可以很容易地创建一个自定义模式匹配验证规则，如程序清单 14.7 所示。

程序清单 14.7　使用正则表达式规则生成器

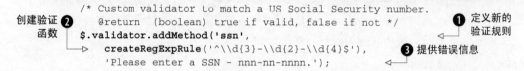

```
/* Custom validator to match a US Social Security number.
   @return  (boolean) true if valid, false if not */
$.validator.addMethod('ssn',
   createRegExpRule('^\\d{3}-\\d{2}-\\d{4}$'),
   'Please enter a SSN - nnn-nn-nnnn.');
```

❷ 创建验证函数　　**❶** 定义新的验证规则　　**❸** 提供错误信息

再次使用$.validator.addMethod 函数注册这个新的验证规则❶。需要指定这个规则的名字，并通过 createRegExpRule 函数产生实际使用的验证函数❷，以及提供一个自定义错误信息❸的简单字符串，因为不需要参数。

为了把这个新规则应用到一个特定字段上，不再需要提供任何参数，只需提供这个规则的名字。

```
$('#myform').validate({rules: {
    ssn3: 'ssn'
}});
```

如果想要为这个字段应用多个验证，把它们列在一个对象中，并把开发者的新规则的参数指定为 true。例如，若同时想让这个字段为必填，可以这么做：

```
$('#myform').validate({rules: {
    ssn3: {required: true, ssn: true}
}});
```

这个验证规则只能被应用在单个字段和它的值上，但是开发者也可以创建检查多个字段的验证规则。这将在下一小节中介绍。

14.3　添加一个多字段验证规则

验证规则不仅可以被应用在单个字段上，还可以与几个相关的字段一起工作（例如一个由年、月、日组成的日期），因为有可能一个单独的字段是合法的，但放在一起却是非法的。

这个 Validation 插件已经有一个 equalTo 规则来确保一个字段的值与另一个字段相等，通常用于密码或电子邮箱地址。此外，还可以为一个规则添加一个依赖来控制生效条件。例如，可以让一个字段只在另一个字段被选中时才是必填的：

```
$('#myform').validate({rules: {
    myField: {required: '#otherField:checked'}
}});
```

如果这些还不够，开发者还可以创建自己的自定义规则来检查相关字段。假定在一个投票中开发者有一定的票数，可以分配在几个项目上，开发者必须在提交前把所有的票都分配完才算合法。检查单个字段并不能告诉开发者整个分配是否正确。可以创建一个新的验证规则来处理这个情况，但是开发者首先需要把这些字段分组，以便只显示一个错误消息。

14.3.1 分组验证

在初始化 Validation 插件时，可以提供一个选项来定义相关字段的分组。开发者需要为每一个分组定义一个名字，以及组成分组的字段名列表（用空格分开）。注意，必须使用字段名，而不是 ID。

```
$('#myform').validate({groups: {
    address: 'address1 address2 city state postcode'
}, ...});
```

每个分组最多只产生一个错误消息，开发者可以使用 errorPlacement 选项指定错误消息在分组上的位置。

14.3.2 定义一个多字段规则

回到开发者在一个调查中验证多个字段间票数分配的需求，需要一个验证规则，把所有字段的票数加起来与总票数做比较。图 14.4 展示了这个验证规则的使用结果。任意一个字段变化后如果总票数不合法，都会显示一条错误信息。

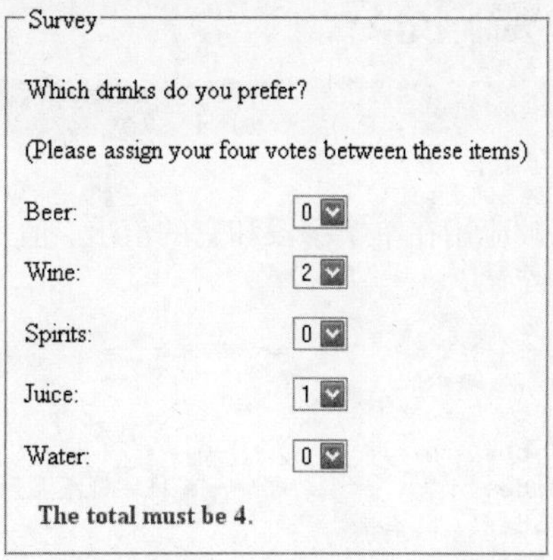

图 14.4　实际使用的 totals 验证规则，所有字段的累计票数不正确时展示一个错误信息

为了保证重用性和灵活性，应该把总数量和选取相关字段的方法从参数传入。程序

清单 14.8 展示了这个规则。

程序清单 14.8　定义一个多字段规则

```
/* Custom validator to ensure a summed total.
   @param  value    (string) the current field value
   @param  element  (jQuery) the current field                    定义新的 ❶
   @param  param    (number and string) the total required         验证规则
                     and the selector for all fields
   @return (boolean) true if valid, false if not */
$.validator.addMethod('totals', function(value, element, param) {
    var sum = 0;
    $(param[1]).each(function() {                              累加每一个相
        sum += parseInt($(this).val(), 10);                 ❷ 关字段的值
    });
比较累加值与 ❸
  期望的总数      return sum == param[0];
    },                                                          ❹ 动态错误
    $.validator.format('The total must be {0}.'));                  信息
```

调用 addMethod 函数注册新的验证规则❶，把它命名为 totals。与之前一样，这个验证函数接收的参数包括当前字段值（value）、字段本身（element），以及验证设置中的参数（param）。当然，只有最后一个在规则中被使用，因为开发者每次都要关心所有字段的情况。

然后初始化一个总数变量，选择所有相关字段（参数数组中的第二项），并且依次处理每一个❷。从每个字段中获取当前值，并且在累加到总量之前确保它是一个数值（parseInt）。当所有值都被累加后，把这个累加值与期望的总数（参数数组中的第一项）进行对比，并且把比较结果作为这个验证的结果返回❸。

如果这个总数不对，就显示相关的错误信息❹。为了在错误信息中包括期望的总数以提供更好的用户反馈，开发者需要调用$.validator.format 函数，并且用{0}指定第一个参数值（总数）的显示位置。

如程序清单 14.9 所示，为了在页面上使用这个规则，开发者需要在表单上初始化Validation 插件时提供必要的自定义信息。

程序清单 14.9　应用规则

```
var allVotes = {
    totals: [4, 'select.item']                      ❶ 定义验证规则设置
};
$('#myform').validate({
    groups: {
        items: 'item1 item2 item3 item4 item5'      ❷ 定义相关字段分组
    },
    rules: {
        item1: allVotes,
        item2: allVotes,                             ❸ 把验证指派到字段
        item3: allVotes,
        item4: allVotes,
        item5: allVotes
    },
                                                     ❹ 自定义错误
    errorPlacement: function(error, element) {          位置
```

```
         ┌─→ if (element.hasClass('item')) {
若是一个分  ❺      error.appendTo(element.closest('fieldset'));      ⟵  移动错误
组中的元素           }                                              ❻   消息
             else {
                 error.insertAfter(element);      ⟵  否则使用
             }                                ❼   默认位置
         }
     });
```

因为这个新的验证规则被应用到多个字段上时，其设置都是一样的，所以只需定义一次并在需要时重用。因此，allVotes 对象❶定义了这个新的 totals 验证规则，并且指定了总数应该是 4，以及通过使用 "select.item" 选择相关的字段。这些参数都放在一个数组中。

在初始化这个 Validation 插件时定义相关字段的分组❷，这样它们就只需创建一个共享的错误消息。接下来使用之前定义的公用设置，把这个新的验证规则依次应用在这些字段上❸。以这种方式，任意一个字段发生变化时都会触发这个验证。

通过覆盖 errorPlacement 函数控制这些字段错误信息的显示❹。如果当前字段在开发者的分组之中（通过它们的公共类识别）❺，把这个错误消息放置在它的容器（最近的 fieldset 元素）后❻。否则，使用标准的错误位置❼，把这个错误消息放在受影响的字段后。

这些验证规则的完整代码可以在本书的网站上下载。

> **开发者需要知道**
>
> Validation 插件允许开发者定义可以应用在字段上的规则，在表单提交之前检查它们的内容。
>
> 创建新规则来完成特定的验证需求。
>
> 调用$.validator.addMethod 注册一个新的验证规则。
>
> 规则可以接收参数来修改它们的行为。
>
> 这些规则的错误消息可以包括参数值。
>
> 规则不仅仅可以被用在单个字段的验证上。
>
> 使用 groups 选项来定义相关字段，这样就只需要显示一个公用的错误消息。

> **自己试试看**
>
> 创建一个新的验证规则，它要求一个字段必填，但是只允许使用给定数组中的值。
>
> ```
> field: {oneof: ['one', 'two', 'three']}
> ```
>
> 然后使用正则表达式规则生成器重新实现这个规则。
>
> 提示：使用字符|分隔可选项。

14.4 总结

Validation 插件是一个被广泛使用的插件。它简化了页面上表单字段的验证，以及处理验证错误结果的过程。尽管它有许多内置的验证器，包括额外附加模块中的一些，但是有时候内置的规则并不适用于开发者的情况。幸运的是，这个插件提供了一个扩展点，允许开发者添加与内置规则使用方法相同的自定义规则。

开发者注册自己的规则时调用$.validator.addMethod 函数，并提供一个验证函数。如果合法，则返回 true，否则返回 false。通过添加一个通用的模式匹配规则，可以使用指定模式把它应用在多种情况中。这种方式还可以被进一步增强，开发者通过生成自定义模式匹配规则来简化程序，以及提供可读性。

开发者还可以创建应用在多个字段上的验证规则，并且使用 Validation 插件的分组和错误位置功能帮助它们融入开发者的页面。

当开发者创建自己的插件时，需要考虑到其他人希望如何使用和扩展它。通过添加一个扩展点，开发者可以使用户更容易地增强自己的插件，也提高了插件在多种情况下的接受度和可用性。

附录 A 　正则表达式

在 JavaScript 中，一个*正则表达式*（regular expression）是一个描述字符串模式的 JavaScript 对象。它被用来匹配字符串或部分字符串，以及搜索和替换操作。jQuery 在多种应用中广泛使用正则表达式，例如解析选择器表达式，确定浏览器类型，以及去除文本中的空格。

使用正则表达式是高效使用 JavaScript 语言的一个重要部分。正则表达式出现在本书的多个插件中，它被用来检查值或分解字符串。读者应该熟悉它们的语法以及使用模式。

在线资源

网上有更多关于 JavaScript 的信息和例子。下面的链接是关于这个话题的众多参考和教程中的一小部分：

- JavaScript RegExp object：www.w3schools.com/jsref/jsref_obj_regexp.asp
- Regular expressions：https://developer.mozilla.org/en/JavaScript/Guide/Regular_ Expressi -ons
- Using regular expressions：www.regular-expressions.info/javascript.html
- Regular expression tutorial：www.learn-javascript-tutorial.com/RegularExpressions. cfm

---

A.1　正则表达式基础

开发者可以使用 RegExp 函数创建一个正则表达式：

```
var re = new RegExp(pattern, modifiers);
```

或者使用字面形式：

```
var re = /pattern/modifiers;
```

　　pattern 在第一个版本中是一个字符串,在第二个版本中是一个不用引号括起来的字面正则表达式。两者都需要通过加上反斜杠(\)前缀转义保留字。在字符串版本中,需要转义用于分隔字符串的引号("或')和反斜杠;而在字面形式中,只需转义斜杠(/)。*modifiers* 是可选的,如果不需要则可以被省略。它们在第一个版本中通过一个字符串指定,在第二个版本中只能通过字面字符指定。这些修饰符如表 A.1 所示。

表 A.1　正则表达式修饰符

修饰符	功能
i	执行大小写敏感匹配
g	查找所有匹配(全局),而不只是第一个
m	在所有新行(多行)中匹配^和$

　　pattern 是一个用来匹配的字符序列,其中包括表示更复杂模式的元字符。表 A.2 展示了一些典型模式,下一小节则非常详细地解释了它们的语法。

表 A.2　典型的正则表达式

目的	表达式	解释
美国社会保障号	^\d{3}-\d{2}-\d{4}$	三个数字、一个连接符、两个数字、一个连接符、四个数字
邮件地址(简化版)	^[\w.]+@[\w.]+\.\w{2,3}$	一个或多个字母、数字、下划线或句号、一个@符号;一个或多个字母、数字、下划线或句号;一个句号;两个或三个数字、字母或下划线
美国日期	^(0[1-9]|1[0-2])\/(0[1-9]|[12][0-9]|3[01])\/\d{4}$	两个数字(01 或 12),一个斜杠、两个数字(01 或 31),一个斜杠、四个数字——注意,这里仍然允许非法日期,例如 02/31/2012

A.2　正则表达式语法

　　正则表达式是用来精确匹配的字面字符,其中可以混杂一些元字符用来定义更复杂的模式。开发者可以递归组合简单的模式来更精确地匹配自己的需求。

　　注意:在下一小节中介绍的模式中,*斜体*字符是占位符或例子。开发者应该用需求中恰当的文本加以替换。

　　可以使用表 A.3 中的格式指定那些不能直接输入的字面字符。可以通过在这些元字符前加上反斜杠(\)前缀来转义它们,表示匹配字面值。

表 A.3　字面表达式

模式	功能
\0	匹配 null 字符
\f	匹配换页符
\n	匹配换行符

模式	功能
\r	匹配回车符
\t	匹配制表（tab）符
\v	匹配垂直制表符
\cx	匹配由 x 指示的控制字符
\ooo	匹配八进制值 ooo
\xhh	匹配十六进制值 hh
\unnnn	匹配 Unicode 值 nnnn
\x	转义接下来的字符（x 不是字母数字时表示 x） 把 x 解析为一个字面值
其他字符	直接匹配这些字符

开发者可以使用一个预定义的类指示符匹配一组或一类字符，或者可以指定自己接受的字符集合，如表 A.4 所示。

表 A.4 字符类表达式

模　　式	功能
.	匹配任意字符（除了换行）
[abc]	匹配括号中的任意字符。括号中的特殊字符没有任何特殊含义，并且不需要转义
[^abc]	匹配任意不在括号中的字符
[a-z]	匹配 a 到 z 之间的任意字符
[0-9A-Za-z]	匹配任意 ASCII 或数字字符
\w	匹配任意单字字符（字母、数字、下划线），等价于[0-9A-Za-z _]
\W	匹配任意非单字字符（除前一个模式外的字符），等价于[^0-9A-Za-z _]
\d	匹配任意数字字符（数字 0~9，.等价于[0-9]
\D	匹配任意非数字字符（除前一个模式外的字符），等价于[^0-9]
\s	匹配任意空白字符（空格、制表、换页、换行、等），等价于[\f\n\r\t\v\u00A0\u1680\u180e\u2000\ u2001\u2002\u2003\ u2004\u2005\u2006\u2007\u2008\u2009\u200a\u2028\u2029\u202f\ u205f\u3000]
\S	匹配任意非空白字符（除前一个模式外的字符），等价于[^ \f\n\r\t\v\u00A0\u1680\u180e\ u2000\u2001\u2002\u2003\ u2004\u2005\u2006\u2007\u2008\u2009\u200a\u2028\u2029\u202f\ u205f\u3000]

通过表 A.5 中的结构限制开发者的匹配位置。这个表格中的表达式 *E* 用来表示其他任意正则表达式。

表 A.5 位置匹配表达式

模 式	功 能
^E	在字符串的开始匹配表达式 E。例如，使用^foo 在 food 中能匹配到 foo，但是在 junkfood 中不能
E$	在字符串结尾匹配表达式 E。例如，使用 bar$在 rebar 中能匹配到 bar，但是在 embargo 中不能
\b	匹配任意单词边界（空格、换行、标点、字符串开始或结束），但是如果在括号中使用它，则匹配退格字符。例如，使用\\bion\\b 在 a positive ion 中能匹配到 ion，但是在 additional info 中不能
\B	匹配任意非单词边界（前一个模式之外）。例如，使用\\Bion\\B 能匹配到 additional info 中的 ion，但是在 a positive ion 中不能

如表 A.6 所示，可以指定字符为可选，或者可能/必须被重复。不使用这些元字符时，每个文字字符只能出现一次。表 A.6 中的表达式 *E* 用来表示其他任意正则表达式。

表 A.6 重复表达式

模式	功能
E?	匹配 0 个或一个表达式 E 的实例。例如，使用 ba?r 在 broom 中能匹配到 br，并且在 embargo 中能匹配到 bar，但是在 baaaargain 中不能匹配到 baaaar
E*	匹配 0 个或多个表达式 E 的实例。例如，使用 ba*r 在 broom 中能匹配到 br，并且在 embargo 中能匹配到 bar，也能在 baaaargain 中匹配到 baaaar
E+	匹配一个或多个表达式 E 的实例。例如，使用 ba+r 在 embargo 中能匹配到 bar，并且在 baaaargain 中能匹配到 baaaar，但是在 broom 中不能匹配到 br
E{n}	匹配 n 个表达式 E 的实例。例如，使用 t{2}能在 committee 中匹配到 tt，但是不能在 title 中匹配到 t
E{n,m}	匹配 n 到 m 个表达式 E 的实例。使用例如 t{1,2}能在 title 中匹配到 t，以及在 committee 中匹配到 tt
E{n,}	匹配 n 个或更多表达式 E 的实例。例如，使用 t{2,}能在 committee 中匹配到 tt，但是不能在 title 中匹配到 t

如表 A.7 所示，通过定义备选匹配或分组，并且获取开发者的模式中的一部分，可以创建更加复杂的表达式。与之前一样，这个表格中使用的表达式 E 和 F 表示其他任意正则表达式。

表 A.7 备选或分组表达式

模式	功能
E|F	匹配表达式 E 或表达式 F。还可以有更多备选表达式。例如，使用 ise|ize 能匹配到 localise 和 localize，但是不能匹配到 localisation
(E)	匹配表达式 E 并获取它
(E|F)	匹配表达式 E 或 F 并获取它
(?:E)	匹配表达式 E 但是不获取它
E(?=F)	如果表达式 E 后跟着表达式 F，则匹配表达式 E。例如使用 one(?= two)能在 one two 中匹配到 one，但是不能在 one of 中匹配到
E(?!F)	当表达式 E 后没跟着表达式 F 时，匹配表达式 E。例如，使用 one(?! two)可以在 one of 中匹配到 one，但是在 one two 中则不行

开发者还可以引用之前获取的部分表达式，在自己的表达式中再次进行匹配，如表 A.8 所示。可以使用这个结构来保证一个匹配到的单引号或双引号在字符串尾部出现。

表 A.8　引用表达式

模式	功能
\1 to \9	匹配表达式中之前获取的分组，索引从 1 开始。例如，使用(["'])(.*)\1 能匹配到"real"中的"real"，但是不能从'real"中匹配到

A.3　RegExp 函数

RegExp 对象有许多可以用于内部的正则表达式的函数。

■ compile(*pattern*, *modifiers*)——编译或者重新编译一个正则表达式模式。使用它改变一个正则表达式对象。例如，想要先把 *man* 替换为 *person*，然后把 *woman* 替换为 *person*，可以这么做：

```
var re = /\bman\b/g;
text = text.replace(re, 'person');
re.compile(/\bwoman\b/g);
text = text.replace(re, 'person');
```

■ exec(*string*)——把这个正则表达式应用到给定的字符串上，并返回第一个匹配项，如果没有找到，则返回 null。每一个匹配项都是一个数组，[0]中是整个表达式匹配到的文本，后面跟着这个表达式中每一个括号里的分组所捕获的文本。例如，为了提取一个 URL 中的协议和主机名，可以这么做：

```
var re = /^(http|https):\/\/([^\/]+).*/;
var match = re.exec(text);
if (match) {
    alert('protocol: ' + match[1] + ', host: ' + match[2]);
}
```

注意，这个函数可以被多次应用在同一个字符串上（通过添加 g 修饰符）直到最后一个匹配项，允许开发者处理多次出现匹配项的情况。

■ test(string)——把这个正则表达式应用到给定的字符串上，如果匹配到任何内容，则返回 true，没有找到则返回 false。例如，为了判断一个字符串是否以 *http:* 或 *https:* 开头，可以使用如下代码：

```
var re = /^(http|https):/;
if (re.test(text)) {
    ...
}
```

A.4　String 函数

几个 String 对象的函数也可以使用正则表达式。

- match(re)——把正则表达式应用到当前字符串上，并返回匹配到的数组，没有找到则返回 null。如果 *re* 是全局的，则这个数组包含整个表达式的所有匹配项。否则这个数组只包含第一个完整的匹配项，后面跟着这个表达式中每一个括号里的分组所捕获的文本。例如，为了从一个 URL 中提取协议和主机名，可以使用这段代码：

```
var re = /^(http|https):\/\/([^\/]+).*/;
var match = text.match(re);
if (match) {
    alert('protocol: ' + match[1] + ', host: ' + match[2]);
}
```

注意，这个函数与 RegExp 对象中的 exec 函数很类似，但是以字符串开始。

- replace(*re*, *replacement*)——应用这个正则表达式(*re*)并且用替换值(*replacement*)替换匹配到的文本，返回更新后的值。注意，这个函数并不改变原始字符串。

替换值可以包含 $n 来引用匹配项，*n* 对应于表达式中括起来的(捕获)分组的序号。例如，可以使用下面的代码调换一个人的名和姓：

```
var re = /^(\w+)\s+(\w+)$/;
text = text.replace(re, '$2, $1');
```

匹配值也可以是一个函数。每次调用该函数时，传入的第一个参数是匹配到的整个文本，后面的参数是每一个分组的匹配内容，它返回替换后的文本。例如，可以使用一个回调函数把小写字母转换为大写字母：

```
var re = /[a-z]/g;
text = text.replace(re, function(lower) {
    return lower.toUpperCase();
});
```

- search(*re*)——应用这个正则表达式，并返回第一个匹配项的下标，如果没有找到，则返回-1。例如，可以用下面的代码找到字符串中第一个数字的位置：

```
var index = text.search(/\d/);
```

- split(*re*)——使用这个表达式作为分隔符来把这个字符串打散到一个数组中。一个简单的字符串也可以被用作分隔符。例如，可以使用如下代码以逗号(,)或制表符分解一个字符串：

```
var fields = text.split(/[,\t]/);
```

A.5　有用的模式

当使用正则表达式时，有一些很明显的公共模式。这一节展示了一些例子。

A.5.1　验证使用模式

可以使用一个特定的字符串模式检查一个字段，如果不匹配，则显示验证错误。例如，为了确保 ID 为 ssn 的字段包含一个合法的社会保障号码，可以这么做：

```
var ssnRE = new RegExp('^\\d{3}-\\d{2}-\\d{4}$');
if (!ssnRE.test($('#ssn').val())) {
    alert('Invalid SSN');
}
```

注意，这个例子使用了一个字符串风格的正则表达式，所以它必须转义匹配数字字符时的反斜杠 (\)。

A.5.2　提取信息

通过在开发者的正则表达式中使用括起来的捕获分组，可以从一个字符串中提取有用的信息。例如，为了把一个 URL 分解为它的组成部分——协议（://之前）、主机名、可选的主机端口（以：开始）、路径，以及文件名（最后一个/之后），可以使用如下代码：

```
var urlRE = /^(.*):\/\/([^/:]*)(:\d+)?\/(.*)\/(.*)$/;
var matches = url.match(urlRE);
alert('Protocol: ' + matches[1] + ', server: ' + matches[2] + ', port: ' +
    matches[3] + ', path: ' + matches[4] + ', file: ' + matches[5]);
```

A.5.3　处理多个匹配

可以使用 exec 函数扫描一个模式在一个字符串中的多个匹配项，并记下它们的位置，然后单独处理每一个。例如，可以使用如下代码处理一个字符串中多次出现一个数字后跟一个时间单位（y 代表年，o 代表月，w 代表星期等）的情况：

```
var re = /([+-]?\d+)\s*([yowdhms])/gi;
var match;
while (match = re.exec(text)) {
    switch (match[2]) {
        case 'y': case 'Y':
            ... // process match[1] years
            break;
        case 'o': case 'O':
            ... // process match[1] months
            break;
        case 'w': case 'W':
            ... // process match[1] weeks
            break;
        case 'd': case 'D':
            ... // process match[1] days
            break;
        case 'h': case 'H':
```

```
        ... // process match[1] hours
        break;
    case 'm': case 'M':
        ... // process match[1] minutes
        break;
    case 's': case 'S':
        ... // process match[1] seconds
        break;
    }
}
```

A.6   总结

正则表达式是高效使用 JavaScript 的一个重要工具。它们允许开发者验证字符串的格式，以受控的方式修改字符串，以及从字符串中提取信息。尽管需要花一些时间来学习使用正则表达式语法，但是它还是很值得研究的。

词汇表

$

jQuery 定义的一个 JavaScript 变量，作为 jQuery 对象的同义词。

ActiveX

一个微软的框架，用来定义与语言无关的可重用软件组件。

Ajax

异步 JavaScript 和 XML（Asynchronous JavaScript and XML），一个网页开发技术，用来异步（后台运行）地向服务器发送数据，以及从服务器获取数据，而不必妨碍当前页面的显示和行为。

API

应用编程接口（Application Programming Interface），一个软件组件之间用来通信的接口协议。

Assertion（断言）

在单元测试（unit test）中对一个预期结果的陈述。

Base62 encoding（Base62 编码）

一个基于 62 个数字表示字符串的编码方案，使用字符 0~9、a~z 及 A~Z 代表这些数字。

Behaviour

一个启发了 jQuery 的 JavaScript 库。

Boolean（布尔）

值为 *true* 或 *false* 的一个数据类型。

Callback（回调）

一段可执行代码的引用，可以被作为参数传入另一段代码。目的是为了让底层能调用上层定义的函数。在 JavaScript 中经常被用于响应异步事件。

Canvas

一个 HTML 5 元素，可以动态地使用脚本绘制 2D 图形和位图。

CDN

内容分发网络（Content Delivery Network），一个高可用度、高性能的大型分布式系统，用来服务终端用户的内容请求。

Chaining（链式调用）

jQuery 的编程范式，在一个函数中返回当前元素集合，以允许继续调用其他函数。

Chrome

Google 开发的一个免费网页浏览器。

Closure（闭包）

一个包含自由变量的表达式（通常是一个函数），以及绑定这些变量的一个环境（"闭包"了这个表达式）。参见 http://jibbering.com/faq/notes/closures/。

Collection plugin（集合插件）

一个操作元素集合（通过选择器或遍历 jQuery）的 jQuery 插件。大多数第三方 jQuery 插件都是这种类型。

Cookie

从网站返回的一小段数据，被存储在用户的浏览器中。当用户再次浏览这个站点时，它会被发回服务器。

CSS

级联样式表（Cascading Style Sheets），与 HTML 标签分离的样式定义。

CSV

逗号分隔值（Comma-separated values），一个以纯文本格式存储表格数据（数字和文本）的文件格式，字段之间用逗号分隔。

Dance

很难用言语表达。

Deferred

一个可以链式调用的 jQuery 工具对象。它可以把多个回调函数注册到一个队列中，然后根据同步或异步函数的成功或失败状态调用这个回调队列。

DOM

文档对象模型（Document Object Model），HTML 文档的模型，使它更容易在 JavaScript 中操作。

Ease-in（缓入）

从静止位置加速，缓动（easing）的一种形式。

Ease-out（缓出）

减速直到停止，缓动（easing）的一种形式。

Ease-in-out

ease-in 和 ease-out 的组合。缓慢开始、加速，最后减速到停止。

Easing（缓动）

一个运动物体的加速或减速，在动画中用来改变一个属性值的变化速率。

Effect（特效）

一个预包装好的动画，可以用在网页元素上。

Encapsulation（封装）

一个限制访问的语言机制，用来限制某些对象组件和语言结构的访问，有利于绑定数据和操作数据方法（或其他函数）。参见 http://en.wikipedia.org/wiki/Encapsulation_ (object-oriented_programming)。

Escape（转义）

在一个字符序列中，使用一个字符代表接下来的字符使用另一种解释。

Filter（过滤器）

jQuery 选择器（jQuery selector）的另一个术语。

Firebug

一个 Firefox 的插件，用于辅助调试、编辑和监视任何网站的 CSS、HTML、DOM、XHR 和 JavaScript。

Firefox

Mozilla 基金会开发的一个免费开源浏览器。

Function plugin（函数插件）

不操作一个 DOM 集合，但是提供工具函数的 jQuery 插件。

GZip

一个用于压缩和解压文件的软件。

HTML

超文本标签语言（Hypertext Markup Language），网页内容的一般性定义。

IE

参见 Internet Explorer。

Internet Explorer

微软开发的一个图形化网页浏览器，被作为 Windows 操作系统的一部分。

Java

一种通用、支持并发、基于类的面向对象编程语言，最初由 Sun Microsystems 开发。

JavaScript

一种脚本语言，通常作为网页浏览器的一部分，用来创建更好的用户体验和动态网站。

jQuery

一个快速且简单的 JavaScript 库。它简化了 HTML 文档的遍历、事件处理、动画和 Ajax 交互，提高了网页开发的速度。

jQuery UI

构建在 jQuery 上的一个单独项目，用来提供通用且一致的 UI 小部件和行为。

JSON

JavaScript 对象表示法（JavaScript Object Notation），基于 JavaScript 编程语言的一个子集，是一种轻量级数据交换格式。

Localisation（本地化）

参见 Localization。

Localization（地方化）

为不同的语言和文化定制一个应用。

Method（方法）

一个插件上的额外函数，可以在插件的主函数中传入它的名字来调用，例如 $('#tabs').tabs('disable')。

Minimizing code（最小化代码）

通过移除不必要的文本（例如注释和空格）使得代码更小。

MooTools

一个类似于 jQuery 的 JavaScript 库。参见 http://mootools.net/。

Namespace（命名空间）

一个抽象的容器环境，用以保存唯一标识符或符号（名字）的逻辑分组。

.Net

微软开发的一个软件框架，包括一个大型类库，以及提供了语言的互操作性。

Plugin（插件）

一组打包的脚本。它通过一些扩展点与 jQuery 集成，这样它的功能就可以与 jQuery 内置的功能集成。

Prototype

一个类似于 jQuery 的 JavaScript 库。参见 http://www.prototypejs.org/。

Pseudo-class selector（伪类选择器）

一个基于特征而不是元素名字、属性或内容来分类元素的选择器（selector）。

QUnit

jQuery 团队使用的一个强大的、易于使用的 JavaScript 测试套件。参见 http://qunitjs.com/。

Refactor（重构）

一个重新组织代码的技术。修改代码内部结构，而不改变它的外部行为。

Regular expression（正则表达式）

一个简洁灵活的匹配（指定识别）字符串的方式。例如特定字符、单词，或者字符模式。正则表达式常用的缩写包括 *regex* 和 *regexp*。

RGB

红/绿/蓝（Red/Green/Blue），一个定义了三种相应颜色值的颜色编码。

Rhino

一个开源 JavaScript 引擎。参见 www.mozilla.org/rhino。

Safari

苹果（Apple）开发的一个网页浏览器。

Scope（作用域）

程序中的一段上下文。它限制了一个变量名或其他标识符的可用范围。

script.aculo.us

一个类似于 jQuery 的 JavaScript 库。参见 http://script.aculo.us/。

Selector（选择器）

一个在 DOM 中匹配元素的模式，用来获取元素，以便进一步处理。

Singleton（单例）

一个设计模式，在全局作用域中只有一个对象实例。

Sizzle

jQuery 内嵌的一个独立的选择引擎。参见 http://sizzlejs.com/。

SSN

社会保障号码（Social Security Number），颁发给美国公民、永久居民、临时（工作）居民的一个 9 位数字号码，用于社会保障的目的。

Theme（主题）

jQuery UI 小部件的显示样式。

ThemeRoller

一个用来设计与开发者的项目紧密集成的 jQuery UI 主题的工具。参见 http://jqueryui.com/themeroller/。

this

JavaScript 的一个保留变量，用来表示一个函数的当前上下文。

UI

用户界面（User interface）。

Unit test（单元测试）

一系列用来确认一个模块/插件本身功能（作为一个单元）的测试。

URL

统一资源定位器（Uniform resource locator），引用一个网络资源的特定字符串。

Validation（验证）

把元素值提交到服务器之前检查正确性的过程。

Widget（小部件）

UI plugin（UI 插件）的同义词，通常用于 jQuery UI 模块。

XML

可扩展标记语言（Extensible Markup Language），一个以纯文本表示的分层文档结构。

XHR

参见 XMLHttpRequest。

XMLHttpRequest

一个用于 Ajax 处理的原生 JavaScript 对象。

Zip

一个用于数据压缩和归档的文件格式。

关于封面插图

　　本书的封面插图名是 "Dolenka"，表示一位从斯洛文尼亚和匈牙利边界上的村庄 Dolenci 来的妇女。该插画取自克罗地亚斯普利特民族博物馆 2008 年出版的 Balthasar Hacquet 的《图说西南及东汪达尔人、伊利里亚人和斯拉夫人》（Images and Descriptions of Southwestern and Eastern Wenda, Illyrians, and Slavs）的最新重印版。Hacquet（1739～1815）是一名奥地利内科医生及科学家。他花费数年时间去研究各地的植物、地质和人种，这些地方包括奥匈帝国的多个地区，以及许多部落和民族居住过的威尼托、尤里安阿尔卑斯山脉及西巴尔干等地区。Hacquet 发表的很多论文和书籍中都有手绘插图。

　　Hacquet 的出版物中丰富多样的插图生动地讲述了阿尔卑斯山和巴尔干地区 200 年前的独特个性。在那时，着装风格就可以区分相隔几英里^①的两个村庄的人们，通过服装，人们能轻易地分辨不同人的民族部落、社会阶层，以及从事的行业。从那以后，服装风格发生了改变，丰富的地区多样性开始淡化。现在，通常很难说一个洲的居民和其他洲的居民有什么不同，今天的意大利阿尔卑斯山风景如画的城镇和村庄的居民已经很难轻易地与欧洲其他地方的居民进行区分。

　　我们在 Manning 通过图书封面让这些两个世纪前的服装重现于世，并借此来颂扬计算机行业的创意、进取和乐趣。

---

① 1 英里 ≈ 1.609 千米。——译者注